AF496127

LES MÉTAUX

A L'EXPOSITION UNIVERSELLE DE 1878

PARIS. — TYPOGRAPHIE LAHURE
Rue de Fleurus, 9

LES MÉTAUX

A L'EXPOSITION UNIVERSELLE DE 1878

LEURS PROPRIÉTÉS RÉSISTANTES
LEUR EMPLOI DANS LE MATÉRIEL DES CHEMINS DE FER

PAR

H. LEBASTEUR

ANCIEN INGÉNIEUR DE LA MARINE
INGÉNIEUR A LA COMPAGNIE DES CHEMINS DE FER DE PARIS-LYON-MÉDITERRANÉE
SECRÉTAIRE DU JURY INTERNATIONAL DES RÉCOMPENSES
(CLASSE 43 — PRODUITS DE LA MÉTALLURGIE)

PARIS

DUNOD, ÉDITEUR

LIBRAIRE DES CORPS DES PONTS ET CHAUSSÉES ET DES MINES

49, QUAI DES GRANDS-AUGUSTINS, 49

1878

PRÉFACE

Depuis l'invention des procédés Bessemer et Siemens-Martin, les produits de la métallurgie du fer sont devenus extrêmement variés : au fer affiné, puddlé, corroyé et à l'acier naturel, cémenté, puddlé, corroyé, etc., sont venus s'adjoindre le fer et l'acier Bessemer, le fer et l'acier Siemens-Martin : à chacune de ces nuances, on a attaché à tort ou à raison, des vertus particulières, bien que bon nombre d'entre elles se confondissent absolument au point de vue de l'emploi : il en est résulté une grande confusion pour les consommateurs, aussi s'est bientôt imposée la nécessité de s'entendre tout au moins pour classer méthodiquement en un petit nombre d'espèces les produits si variés de la nouvelle métallurgie du fer.

A l'occasion de l'Exposition de Philadelphie, un comité international composé de sommités métallurgiques (entre autres M. Grüner) proposa de distinguer les produits ferreux en fer soudé, acier soudé, fer fondu et acier fondu.

Ce serait déjà beaucoup que ces expressions fussent admises dans la pratique industrielle, mais le seraient-elles, que toute difficulté ne serait pas applanie pour cela. Il resterait toujours à déterminer les valeurs relatives du métal fondu et du métal soudé, au point de vue de l'emploi dans les constructions, à décider si, dans certains cas, l'une des natures de métal doit être préférée à l'autre, ou bien si l'on peut, avec la même sécurité, employer l'une ou l'autre indifféremment, en ne se référant *qu'aux nuances de solidité* que les deux natures de métal peuvent présenter.

C'est dans cet ordre d'idées que, depuis plusieurs années, de nombreuses expériences ont été faites dans tous les pays du monde en vue de comparer les propriétés résistantes des divers composés ferreux : c'est surtout au moyen de l'épreuve par traction que ces comparaisons ont été faites ; de nombreuses publications relatives à ces expériences ont vu le jour en France et à l'étranger, mais toutes ces publications ont trait à quelque point de vue particulier, aucune ne constitue un exposé didactique de la question ; cet exposé didactique est cependant bien nécessaire car les expériences sur la résistance des métaux et notamment l'épreuve par traction ne donnent que des résultats illusoires, si elles ne sont pas faites dans des conditions bien déterminées : le mode de préparation du barreau soumis à l'épreuve, sa longueur, ses dimensions transversales, la forme de sa section, la durée de l'opération, la température, etc., sont autant de facteurs qui influent sur les résultats obtenus.

L'ouvrage que nous publions comble la lacune que nous venons de signaler ; on y trouvera un exposé complet et méthodique des conditions dans lesquelles les épreuves par traction doivent être exécutées pour que les résultats n'en soient pas faussés, la description et le dessin de la plupart des machines à essayer les métaux employées en France et à l'étranger, celle des appareils employés pour la mesure des allongements, celle des barreaux d'épreuve et des agrafes usitées pour leur mise en prise.

Les chapitres II et III de l'ouvrage, qui ont trait à ces questions sont un guide, en quelque sorte indispensable pour toutes les personnes qui s'occupent de la résistance des métaux.

Ce sont les expériences sur la résistance des métaux qui ont permis de rechercher et de découvrir l'influence des divers métalloïdes sur la résistance des composés ferreux, ainsi que celle du recuit et de la trempe.

Des recherches d'un grand intérêt ont été faites dans ces dernières années sur ces questions si importantes; nous citerons particulièrement celles de la Société de *Terrenoire* en France, de MM. Kirkaldy et Adamson, en Angleterre; du professeur Bauschinger, en Allemagne; du colonel Rosset, en Italie; du *Comptoir des Forges*, en Suède. — Le chapitre IV de l'ouvrage donne les résultats de ces expériences.

Tout le monde sait que les métaux ferreux obtenus par voie de fusion présentent, dans certaines conditions, une fragilité particulière, que notamment toute variation brusque des dimensions d'une pièce métallique de cette espèce, crée un péril pour la solidité de cette pièce; on trouvera dans l'ouvrage que nous publions les motifs de cette singularité et les moyens d'y remédier.

Les quatre derniers chapitres de l'ouvrage constituent une monographie très-complète des produits de la métallurgie qui figuraient à l'Exposition universelle de 1878, dans la classe 43; les fontes, les fers de forge, les métaux Bessemer et Siemens-Martin, les tôles, les fers spéciaux, etc., y sont examinés, usine par usine, et pour un grand nombre d'usines, on donne les classifications commerciales de ces divers produits, avec les éléments de la résistance des diverses nuances de la classification : Tous les produits de l'élaboration des métaux, essieux, bandages, etc., qui intéressent l'industrie des chemins de fer, sont l'objet d'un examen particulièrement attentif.

Enfin, la métallurgie du cuivre et les diverses applications de ce métal constituent un chapitre spécial, dans lequel on trouve sur la résistance du cuivre et de ses alliages, de nombreux renseignements pour la plupart inédits.

EXPOSITION UNIVERSELLE DE 1878

LES MÉTAUX

LEURS PROPRIÉTÉS RÉSISTANTES
LEUR EMPLOI DANS LE MATÉRIEL DES CHEMINS DE FER

CHAPITRE PREMIER

PRÉLIMINAIRES

§ 1. — De toutes les industries qui emploient les produits réunis à l'Exposition universelle dans les galeries de la classe 43, l'industrie des chemins de fer est à coup sûr l'une de celles que touchent le plus les progrès réalisés dans la fabrication et l'amélioration de qualité qui en est la conséquence. Il n'est aucune industrie, en effet, qui ait à leur demander de déployer à un plus haut degré les qualités de résistance qui leur sont propres : alors que le génie civil, l'architecture et, bien souvent même, la construction mécanique ne demandent aux métaux qu'ils emploient que de faire face aux efforts statiques qui leur ont été assignés, alors qu'aucune autre considération que celles qui dérivent du prix de revient ne limite la plupart du temps l'ingénieur quant à la masse à opposer à un effort déterminé, le matériel des chemins de fer attend des métaux bien davantage : il ne faut pas seulement qu'ils aient toutes les qualités qu'en requiert le génie civil; il faut, en outre, qu'ils soient propres à résister aux chocs incessants auxquels ils sont exposés ; il faut qu'ils résistent aussi longtemps que possible aux frottements qui tendent à les user ; il faut enfin qu'ils présentent ces propriétés à un si haut degré qu'on puisse réduire à sa plus simple expression la masse à opposer à un effort déterminé : car si, dans les constructions fixes, un excès de masse n'a d'autre inconvénient que d'accroître le prix de l'ouvrage, dans le matériel des chemins de fer, il accroît en outre en pure perte le poids à transporter et est, par conséquent, un embarras permanent.

Nous nous proposons de passer en revue ci-après les efforts développés par l'industrie universelle pour accroître les propriétés résistantes des métaux : les produits réunis dans les galeries de la classe 43 sont une intéressante manifestation de ces efforts.

§ 2. — Depuis les progrès survenus dans les procédés de production des métaux et, en particulier, depuis l'invention des procédés Bessemer et Siémens-Martin pour la production du fer et de l'acier, les produits de la métallurgie sont devenus singulièrement variés, non-seulement quant à leur nature, mais aussi quant à leur dénomination.

Au fer affiné, puddlé, corroyé, etc., à l'acier naturel cémenté, puddlé, corroyé, etc., sont venus s'ajouter le fer et l'acier Bessemer, le fer et l'acier Siémens-Martin.

A chacune de ces nuances de métal, on a attaché à tort ou à raison des vertus particulières bien qu'un bon nombre d'entre elles se confondissent absolument au point de vue de l'emploi : il en est résulté une grande confusion pour les consommateurs, aussi s'est bientôt imposée la nécessité de s'entendre tout au moins pour classer méthodiquement, en un petit nombre d'espèces, les produits si variés de la nouvelle métallurgie du fer.

A l'occasion de l'Exposition de Philadelphie, un comité international fut nommé par l'*Américan Institute of the mining engineers* pour fixer le sens des mots fer et acier.

Ce comité, composé de MM. Lowthian Bell, P. Tunner, L. Grüner, H. Wedding, R. Akerman, A. L. Holley et T. Egleston, décida, après discussion approfondie, de soumettre à l'approbation du monde industriel les propositions motivées suivantes, sur la nomenclature des produits ferreux malléables :

« Considérant que la fabrication des fers doux malléables fondus, tant par « les procédés Bessemer et Siémens-Martin que par la fusion au creuset, semble « réclamer une nouvelle nomenclature des produits ferreux, afin d'éviter tout « malentendu ;

« Considérant, en effet, que le mot *acier*, par lequel ces fers doux sont dési- « gnés, en Angleterre et aux États-Unis, dans les relations commerciales et « dans les forges, ne les distingue pas des anciens aciers proprement dits, qui « jouissent de la propriété spéciale de durcir par la trempe ;

« Considérant qu'une nomenclature commune à toutes les langues semble

« désirable aussi bien au point de vue commercial qu'au point de vue scien-
« tifique, puisque déjà des procès sont engagés sur le vrai sens du mot acier;

« Considérant enfin que le caractère définitif des fers fondus, doux ou durs, « c'est-à-dire leur parfaite homogénéité due à la fusion, peut tout aussi bien être « exprimé par un autre terme que par le vieux mot acier, nom qu'il convient « de laisser aux composés malléables du fer qui durcissent par la trempe;

« Recommande l'adoption de la nomenclature suivante :

« I. — Tout composé ferreux malléable, comprenant les éléments ordinaires « de ce métal, et obtenu soit par la réunion de masses pâteuses, soit par paque- « tage ou par tout autre procédé n'impliquant pas la fusion, et qui d'ailleurs « ne durcit pas sensiblement par la trempe, bref, tout ce que l'on a désigné « jusqu'à ce jour par le nom de fer doux (*Wrought-iron*, anglais) sera appelé à « l'avenir *fer soudé* (*Weld-iron?* anglais; Schweiss-eisen, allemand).

« II. — Tout composé analogue qui, par une cause quelconque, durcit sous « l'action de la trempe et fait partie de ce qu'on appelle aujourd'hui : acier « naturel, acier de forge, ou plus particulièrement acier puddlé (*Puddled-* « *steel*) sera appelé *Acier soudé* (*Weld-steel*, anglais; *Schweiss-stahl*, alle- « mand). »

« III. — Tout composé ferreux malléable, comprenant les éléments ordi- « naires de ce métal, qui aura été obtenu et coulé à l'état fondu, mais qui ne « durcit pas sensiblement sous l'action de la trempe, sera appelé *Fer fondu* « (*Ingot-iron*, anglais; *Fluss-eisen*, allemand).

« Enfin IV. — Tout composé pareil qui, par une cause quelconque, durcit « sous l'action de la trempe, sera appelé *Acier fondu* (*Ingot-steel*, anglais; *Fluss-* « *stahl*, allemand). »

Si les propositions du comité de Philadelphie pouvaient passer dans la pra tique du monde industriel, ce serait assurément déjà un heureux résultat, mais toute difficulté ne serait pas aplanie pour cela.

Il resterait toujours à déterminer les valeurs relatives du métal fondu et du métal soudé au point de vue de l'emploi dans les constructions, à décider si dans certains cas l'une de ces natures de métal doit être préférée à l'autre, ou bien si l'on peut, avec la même sécurité, employer l'une ou l'autre indifféremment en ne se référant qu'aux nuances de solidité que les deux natures de métal peuvent présenter.

Si le débat devait aboutir au dernier terme de cette alternative, il importerait peu au consommateur que le métal qu'il emploie ait été obtenu par soudage ou par fusion : cette distinction n'aurait plus d'intérêt que pour le producteur.

La classification adoptée par le Comité de Philadelphie pourrait dès lors être réduite à deux termes :

1° *Fer.* — Tout composé ferreux malléable ne durcissant pas sensiblement par la trempe ;

2° *Acier.* — Tout composé ferreux malléable durcissant sous l'action de la trempe.

Nous croyons que la question finira par se simplifier à ce point : déjà en effet, comme nous le verrons plus loin, certains fers fondus d'une grande douceur sont laminés en barre et s'écoulent dans le commerce sous les mêmes dénominations et pour les mêmes usages que les fers connus jusqu'ici sous le nom de fers fins au bois.

Ce n'est que subrepticement, il est vrai, que les fers fondus se sont ainsi introduits dans la série des fers de forge puisqu'on ne leur donne pas leur vrai nom, mais cela tient à ce qu'il y avait certaines préventions à ménager, et nul doute que la pratique ne sanctionne cette assimilation des fers fondus très-doux avec certains fers de forge.

Il est même probable, à notre avis, que l'assimilation se poursuivra, et dans un avenir peut-être peu éloigné, nul consommateur ne s'inquiétera de savoir si les fers qu'il emploie ont été obtenus par voie de fusion ou autrement, pourvu qu'ils remplissent les conditions de qualité qu'il en attend.

§ 3. — Cet état de choses, toutefois, ne pourra s'établir qu'à la condition de classer méthodiquement les fers et les aciers selon leurs qualités et de donner au consommateur un moyen simple de reconnaître la qualité d'un échantillon déterminé. Si pareil résultat pouvait être obtenu, les ingénieurs ne tarderaient pas à fixer les conditions de l'emploi de telle nuance de métal d'après les propriétés de résistance qui le caractérisent, et dès lors, il suffirait que les producteurs fussent en état de réaliser avec une régularité suffisante les diverses nuances de la classification méthodique, pour que toute difficulté fût écartée.

§ 4. — Les efforts de la plupart des grands établissements métallurgiques se sont effectivement portés, dans ces dernières années, sur la classification méthodique des fers et des aciers.

Antérieurement aux progrès réalisés par les procédés métallurgiques, les nuances dans les produits ferreux malléables n'étaient pas si nombreuses que l'œil de certains praticiens ne pût se former suffisamment à la longue pour déterminer, à la seule inspection de la cassure d'un échantillon ou par quelques épreuves très-simples, la nature et même les qualités résistantes du métal. Aujourd'hui, ces produits sont devenus si variés que le praticien le plus exercé est sans cesse exposé à être dérouté. Il y a donc nécessité de recourir à d'autres éléments d'information ?

Quels doivent être ces éléments d'information?

§ 5. — Certains métallurgistes pensent que la composition chimique d'un métal est assez intimement liée à ses qualités résistantes pour les caractériser à elle seule : d'après cette opinion, il suffirait de fixer la teneur en carbone et autres métalloïdes d'un certain acier pour que ses propriétés résistantes s'ensuivissent par cela même.

La Société de Terre-noire, par exemple, dans l'historique de ses travaux qu'elle a publié à l'occasion de l'Exposition, s'exprime en ces termes :

« L'acier tient toutes ses propriétés physiques de sa composition chimique :
« le travail mécanique de forgeage ou de laminage n'est pas nécessaire au déve-
« loppement de ses qualités. L'acier, coulé sans soufflures dans de bonnes
« conditions et convenablement trempé ou recuit, atteint un état moléculaire
« absolument satisfaisant. »

L'opinion, exprimée par la Société de Terre-noire ne répond pas à la réalité des faits. Il est certain, en effet, que le forgeage modifie très-notablement les propriétés résistantes de l'acier. Ce fait a été mis en évidence par les expériences suivantes exécutées en 1877 par les soins de la Compagnie P. L. M.

Un lingot d'acier, provenant d'une coulée au four Sémens-Martin, fut fractionné en deux parties qui furent étirées, l'une au marteau-pilon, l'autre au laminoir, sous forme de barres ayant pour section un carré de 36^{mm} de côté. Dans ces barres, on découpa à la machine-outil des barreaux d'épreuves cylindriques ayant 14^{mm} de diamètre, et ces barreaux essayés par traction donnèrent les résultats suivants :

Lingot étiré au laminoir. . . . . Moyenne de 5 épreuves.	Résistance par $^{m}/_{m}$ □. . . . . Allongement.	= 40^{k} = 13,5 %
Lingot étiré au marteau-pilon. . . . . Moyenne de 5 épreuves.	Résistance par $^{m}/_{m}$ □. . . . . Allongement.	= 52^{k} = 17 %

De la même coulée du four Siémens-Martin provenait un lot de bandages dans l'un desquels on découpa des morceaux ayant pour base la section transversale du bandage, et ces morceaux furent laminés en forme de barres ayant pour section des carrés de 35, 45 et 60^{mm} de côté : enfin, dans ces barres, on découpa à la machine-outil des barreaux d'épreuves cylindriques ayant 14 $^{m}/_{m}$ de diamètre.

Ces barreaux, essayés par traction, donnèrent les résultats suivants :

Barre laminée ayant une section carrée de 60 $^{m}/_{m}$ de côté.	Résistance par $^{m}/_{m}$ □. . . . Allongement.	= 55^{k} = 18,6 %

Barre laminée ayant une section carrée de 45 m/m de côté.	Résistance par m/m □. . . . . =56k Allongement. . . . . =20,8 %
Barre laminée ayant une section carrée de 35 m/m de côté.	Résistance par m/m □. . . . . =54k6 Allongement. . . . . =23,1 %

Chacun des chiffres précédents est la moyenne des résultats donnés par 5 épreuves.

Il y a lieu d'observer que les barreaux provenant du bandage présentent, par rapport à ceux provenant du lingot, un excès de forgeage considérable, le bandage, dont ils proviennent, ayant lui-même été tiré d'un lingot au moyen d'un martelage et d'un laminage. Or la résistance et la faculté d'allongement de ces derniers barreaux sont notablement inférieures à celles des premiers ; il faut donc en conclure que le forgeage améliore les propriétés résistantes de l'acier. On peut même aller plus loin dans les conclusions à tirer des expériences précitées : si l'on compare les éléments de la résistance des barreaux provenant de l'étirage au laminoir avec ceux des barreaux provenant de l'étirage au marteau-pilon, on constate que ces derniers présentent, par rapport aux premiers, une résistance et une faculté d'allongement notablement supérieures. On peut donc conclure que le forgeage au marteau-pilon améliore les propriétés résistantes de l'acier à un plus haut degré que le forgeage au laminoir.

Ces conclusions, vérifiées par de nombreuses expériences répétées sur plusieurs coulées obtenues tant par le procédé Siémens-Martin que par le procédé Bessemer, nous paraissent infirmer l'opinion professée par la Société de Terre-noire sur l'innocuité du forgeage ou du laminage dans le développement des qualités résistantes de l'acier fondu.

L'opinion de la Société de Terre-noire s'applique, il est vrai, à l'acier coulé sans soufflures par les procédés spéciaux à cette société ; mais je ne crois pas qu'on puisse douter que les essais effectués par les soins de la Compagnie P. L. M., qui ont été relatés ci-dessus, ne donnassent exactement les mêmes résultats, s'ils étaient répétés sur les aciers coulés sans soufflures de la Société de Terre-noire.

Alors même que la composition chimique de l'acier suffirait à en déterminer les propriétés physiques, une classification basée sur la composition chimique ne serait pas pratique ; les métalloïdes, qui exercent une influence sur les propriétés physiques de l'acier, sont en effet assez nombreux : la part d'influence de chacun d'eux varie selon les circonstances, et les doses suffisantes, pour qu'ils exercent une action appréciable, sont souvent très-faibles. Les analyses chimiques, par lesquelles on pourrait déceler leur présence et évaluer leur quantité, seraient nécessairement délicates et ne sauraient entrer dans la pratique journalière de l'industrie.

On a donc dû chercher d'autres bases pour la classification des fers et des aciers, et ce sont les éléments de la résistance à la traction qui ont été choisis dans ce but par un accord presque unanime.

§ 6. Sir Joseph Whitworth, dans la communication qu'il a faite en 1875 à la Société des ingénieurs-mécaniciens anglais, au sujet de son procédé de compression de l'acier à l'état fluide, s'exprime comme il suit :

« Quand on examine la question : Qu'est-ce que le fer? et qu'est-ce que « l'acier ? une des premières difficultés qui se présentent est le manque d'une « définition rigoureuse qui distingue immédiatement le fer de l'acier.

« Une définition, basée sur la composition chimique amène évidemment à « recourir aux données des ingénieurs-mécaniciens pour deux métaux de « composition analogue, sinon identique, tels que ceux connus, tantôt comme « fer, tantôt comme acier, selon leur procédé de fabrication.

« De même, la définition, basée sur la trempe de l'acier, est aussi sujette « à caution depuis que l'acier employé actuellement dans la construction, « par exemple la fabrication des chaudières, celle des canons, celle des tor- « pilles, etc., ne durcit ni ne trempe, selon l'acception usuelle de ces expressions.

« Sir Whitworth a exposé une pièce d'acier qui a été chauffée jusqu'au « rouge et ensuite plongée dans l'eau froide, et par suite de cette opération, la « résistance à la traction s'est accrue de 54 kilogrammes à 74 kilogrammes « par m/m□, l'allongement à la rupture s'étant maintenu à 24 % : cette pièce « présentait, par conséquent, l'absence complète de cette fragilité qui est le « caractère de l'acier trempé.

« Avec des définitions si opposées et si peu satisfaisantes au sujet de l'acier, « l'auteur (Sir Whitworth) devait mettre de côté toutes les diverses dénomina- « tions qui font connaître les différentes sortes d'acier, telles que acier cémenté, « corroyé, double corroyé, acier ordinaire, acier fondu, etc., qui n'ont « aucun sens bien défini et qui seraient mieux en rapport avec les besoins, si « ces sortes d'acier étaient représentées par deux nombres indicateurs : l'un « de l'effort de rupture par traction, l'autre de l'allongement correspondant.

« L'auteur propose l'établissement d'une nomenclature basée sur ces deux « éléments, en évitant tout emprunt à la composition chimique ou au procédé « de fabrication.

« Il propose, comme limite de résistance entre le fer et l'acier, une charge « de rupture de 45 kilogrammes par m/m□, de telle sorte que le métal, dont la « résistance dépasserait ce chiffre, serait appelé acier, tandis que toute nuance

« de métal dont la résistance serait inférieure à ce chiffre serait considérée « comme du fer.

« Dans certains cas, c'est la faculté d'allongement, qu'on exprime par le « mot *ductilité*, qui est de première importance, par exemple lorsqu'il s'agit « des canons, des torpilles, des chaudières, etc., dans tous les cas, en un « mot, où le métal peut avoir à résister à des efforts considérables et subits, « tandis que dans d'autres circonstances, comme dans le cas des outils cou- « pants, c'est la résistance du métal qui a une importance prépondérante. »

Nous avons exposé tout d'abord l'opinion de Sir Joseph Whitworth, parce que la haute situation de cet illustre métallurgiste donne à sa parole une autorité toute particulière, mais nous devons nous empresser d'ajouter que, bien avant Sir J. Whitworth, beaucoup d'industriels en France et à l'étranger, et avant eux peut-être, la marine nationale française, avaient adopté les éléments de la résistance à la traction comme base de la classification des fers et des aciers. Nous reviendrons plus loin en détail sur cette question, en exposant les divers systèmes de classification adoptés dans cet ordre d'idées. Nous devons pour le moment examiner une question de principe.

Les éléments de la résistance à la traction caractérisent-ils la qualité du métal au point d'écarter tout alea?

La réponse à cette question est malheureusement négative.

§ 7. Les fers ou, si on l'aime mieux, les aciers riches en phosphore présentent en effet des particularités singulières au point de vue de la résistance.

Certains fers de forge provenant du district industriel des Ardennes, ayant été essayés par traction, nous ont donné les résultats suivants :

1er échantillon.	Résistance par m/m □.	= 48k
	Allongement.	= 14 %
2e échantillon.	Résistance par m/m □.	= 72k
	Allongement.	= 20 %

Ces fers de forge présentaient une grande ductilité à froid, les barres se ployaient parfaitement au marteau sans se criquer; mais, si l'on pratiquait au burin une très légère incision à la surface d'une barre, elle se brisait net en cet endroit sous un coup de marteau modéré : le métal, quoique ductile, était donc fragile sous les chocs. Par l'analyse chimique, on a constaté que la teneur en phosphore variait entre 0,25 pour 100 et 0,5 pour 100 dans les divers échantillons analysés : soumis à des essais au choc au moyen de l'appareil installé à la fonderie nationale de Bourges, appareil dont il sera parlé plus loin (§ 57), ces fers riches en phosphore dénotèrent une grande fragilité sous les chocs joints à une grande ténacité, sous des efforts de traction progressifs : on a vu plus haut qu'ils présentaient en même temps, dans certains cas, une grande ductilité.

De pareils fers sont assurément d'un mauvais emploi dans la plupart des constructions, et cependant ils occuperaient dans une classification, uniquement fondée sur la résistance à la traction et sur la faculté d'allongement, un rang fort honorable.

L'anomalie présentée, à ce point de vue, par les fers phosphoreux est bien connue, et il est aisé de l'appuyer de témoignages autorisés.

M. Lowthian Bell, dans la communication qu'il a faite à « l'Institut du fer et de l'acier » dans la session de novembre 1877, au sujet de son procédé de déphosphoration des fontes du Cleveland, s'exprime ainsi :

« Avant d'abandonner la question des rails, permettez-moi d'ajouter quel- « ques mots encore au sujet de l'irrégularité de résistance que j'ai constatée, « de même que plusieurs de mes collègues, dans les barres de railways, « lesquelles barres se présentent cependant, pour autant qu'on peut en juger, « dans des conditions identiques. Ceci ressort déjà des expériences indiquées, « où l'on a soumis les rails à des chocs successifs ; mais ce défaut d'unifor- « mité apparaît souvent quand on essaye différentes parties d'une même « barre.

« Un rail ayant été brisé par la chute d'un mouton, les deux moitiés séparé- « ment ont été mises à l'épreuve de la même manière. Or l'une d'elles « supportait parfois un choc plus considérable, et parfois elle se rompait sous « un choc moindre. Ainsi, dans le cas des rails durcis, deux coups avec une « chute de 2 à 3 pieds de haut suffisaient à les briser, tandis qu'il fallait « 6 à 8 coups avec une hauteur de chute depuis 1 jusque 6 ou 8 pieds pour « rompre chacune des deux portions séparées. Dans un autre cas, la moitié « d'un rail en fer non durci a été trouvée extrêmement fragile, tandis que la « seconde moitié n'a pu être cassée qu'avec de grandes difficultés. Une analyse « a été faite de chacun de ces fragments, la matière étant prise sur les sur- « faces de rupture :

	Partie fragile.	Partie résistante.
Carbone	0,039	0,138
Silicium	0,180	0,179
Soufre	0,034	0,031
Phosphore	0,346	0,386

« Dans ces chiffres, on ne voit rien qui explique le phénomène dont nous « venons de parler.

« D'un autre côté, un rail en acier du Lancashire cassé, rien qu'en tombant « d'un truc, contenait :

Carbone.	0,231	
Silicium.	0,281	proportion extrêmement élevée.
Soufre.	0,086	
Phosphore.	0,054	

« C'est un fait bien connu que plusieurs espèces de fers en barres, telles « que le *Low moor* et aussi un certain fer fin grain fabriqué avec de la fonte « du Cleveland et puddlé dans le four Danks, peuvent se plier à froid face « contre face sans se briser, tandis que si l'on y fait une légère entaille, la « rupture a lieu au premier coup.

« Il est donc possible que le même cas se présente pour les rails et qu'un « défaut quelconque à la surface donne lieu à ce manque de résistance comme « nous l'avons indiqué. »

Ainsi le phosphore et, avec lui, le silicium ont la propriété de rendre le fer cassant dans certains cas, tout en lui laissant, en exagérant même, sa ténacité statique.

Le comptoir des forges suédois (JernKontor) a fait exécuter par M. C. A. Dellwick, sous la direction de MM. H. Didron, E. Westman et C. A. Angstrom, une série fort intéressante d'expériences pour déterminer la résistance, à la traction et au choc, des tôles suédoises obtenues soit par le procédé Bessemer, soit par le procédé Siémens-Martin, comparativement avec celles des tôles de fer du Yorkshire et d'autres provenances.

De l'exposé de ces expériences publié à Stockholm en 1878, j'extrais ce qui suit :

« Nous ne pouvons nous empêcher de mentionner la façon dont se com- « portèrent les tôles Yorkshire. Les deux tôles étaient à peu près susceptibles « du même allongement 9,5 pour 100, mais tandis que pour la première,

La résistance à la traction était de.	36ᵏ par m/m □ en long, 35ᵏ,9 par m/m □ en travers ;
Elle était pour la seconde de.	38ᵏ,3 par m/m □ en long, 36ᵏ3 par m/m □ en travers ;

« aussi la deuxième tôle soutint-elle mieux le ployage que la première. D'un « autre côté, la première subit, avant de se briser, 3 chocs d'un mouton « pesant 872 kilogrammes avec une hauteur de chute de $1^m,50$, tandis que la « seconde se brisa au premier choc sous la même hauteur.

« Ce fait démontre l'impossibilité de juger avec pleine certitude la force de « résistance de la tôle contre les chocs ou les coups, en se fondant uniquement « sur les épreuves de traction ou de ployage et sans prendre aussi la constitu- « tion chimique en considération.

« La première tôle tenait 0,094 pour 100 de phosphore, tandis que la « seconde en tenait 0,125 pour 100.

« La plus grande force de résistance aux épreuves de choc des tôles de fer « puddlé suédois est probablement due à leur faible teneur en phosphore.

« En nous appuyant sur les faits qui viennent d'être exposés et en pre- « nant spécialement en considération les expériences au choc comme « étant au nombre des plus importantes pour l'appréciation de la tôle de « navires, nous considérons que les prescriptions relatives à la force des « matériaux ne doivent pas se baser seulement sur les épreuves à la trac- « tion, il faudrait y ajouter aussi la plus grande teneur tolérée en phosphore « dans la tôle, cette teneur étant sans aucun doute d'une importance essen- « tielle. La fixation de ce dernier chiffre exigerait nécessairement une grande « quantité d'essais sur le métal fondu à teneurs différentes de phosphore, « essais que nous n'avons pas été à même de faire. Selon nous, cependant, « il est impossible de parvenir à des résultats complets sans des épreuves au « choc. »

Le *desideratum* exprimé par le « Jern Kontor », en ce qui concerne les essais sur le métal fondu à teneurs différentes de phosphore, est en partie satisfait par les expériences exécutées par la Société de Terre-noire, expériences dont il sera question plus loin ; nous considérons néanmoins qu'une garantie, résultant exclusivement d'analyses quantitatives de phosphore, ne serait pas suffisante dans la pratique industrielle courante, et nous concluons avec le « Jern Kontor » :

Il est impossible de parvenir à des résultats complets sur la force des matériaux sans des épreuves au choc.

Cette conclusion n'a pas d'ailleurs la prétention d'instituer une nouvelle jurisprudence en matière d'essais de métaux. Elle ne fait que sanctionner une pratique déjà ancienne, mais qui n'a pas toujours été observée par les consommateurs, et dont il semble qu'on ait tendance à s'écarter, depuis que les essais par traction se sont répandus davantage dans la pratique industrielle.

§ 8. Depuis l'origine des chemins de fer français, les conditions de réception des rails comportent non-seulement des essais de flexion à la presse hydraulique, mais aussi des essais de résistance sous le choc d'un mouton : l'un de ces essais ne saurait suppléer en aucune façon à l'autre.

Les bandages de roues de vagons sont également, depuis nombre d'années, soumis pour la réception à des essais de résistance sous le choc d'un mouton : ces essais constituaient même, jusque dans ces dernières années, l'unique condition de réception des bandages ; ce n'est qu'à une date récente qu'on y a ajouté des épreuves de résistance à la traction effectuées sur des barreaux d'épreuves découpés dans le corps du bandage au moyen de la machine-outil. Certaines compagnies de chemins de fer français essayent leurs bandages, en les ovalisant au moyen de la presse hydraulique : cette épreuve ne saurait suppléer à l'essai par le choc d'un mouton ; cela résulte de ce qui a été dit au paragraphe précédent.

Le service de l'artillerie se préoccupe depuis longtemps de la résistance au choc, et il existe à la fonderie de Bourges une machine fort bien entendue qui permet de comparer la résistance au choc des divers échantillons métalliques.

§ 9. Indépendamment des résistances des métaux à la traction et au choc, on s'est préoccupé dans divers pays, et notamment en Allemagne, de leur résistance sous des efforts réitérés : des efforts (chocs, tractions, flexions ou torsions), isolément incapables d'excéder la résistance d'une certaine pièce métallique, paraissent pouvoir l'altérer et en triompher finalement, lorsqu'ils sont répétés un nombre de fois suffisant. Ces épreuves sont intéressantes parce qu'elles reproduisent plus ou moins bien ce qui se passe dans l'application des métaux aux constructions : elles ont aussi le mérite de donner une mesure approximative de la résistance aux vibrations.

Nous analyserons plus loin les recherches effectuées sur cette matière par M. Wöhler, ingénieur en chef du matériel des chemins de fer de la Silésie du Sud.

§ 10. L'usage des machines à essayer les métaux par traction ne s'est répandu, en France au moins, que dans ces dernières années. Il tend à se généraliser de plus en plus et à remplacer les pratiques qui étaient antérieurement en usage pour se rendre compte empiriquement des qualités résistantes des métaux. Cependant un certain nombre de ces pratiques étant encore employées, il y a intérêt à nous y arrêter un instant.

Parmi ces pratiques, les premières à citer sont celles employées de longue date par les agents du service de l'artillerie.

Les épreuves s'effectuent à froid et à chaud.

Les épreuves à froid sont de diverses espèces : l'une de celles les plus usitées s'exécute sur des barreaux de 20 centimètres de longueur, et dont la section est un carré de 3 centimètres de côté ; ces barreaux sont laminés ou étirés au marteau dans les barres de fer dont on veut reconnaître la qualité. On place le barreau à éprouver sur un casse-fer en fonte dont les deux points d'appui de forme cylindrique sont espacés de 16 centimètres : on pose sur le milieu du barreau un dégorgeoir sur lequel on frappe à coups de marteau jusqu'à ce que le barreau ait la forme d'un V dont l'angle varie selon la nuance du métal essayé.

Cet angle est de :

140° à 150° pour les fers fins au bois et les fers forts supérieurs,
150° à 160° pour les fers forts,
160° à 170° pour les fers com uns.

On retourne ensuite le barreau sens dessus dessous, et l'on frappe de nouveau pour le redresser et lui faire prendre un pli égal et opposé au premier ; enfin on redresse le barreau derechef, et après ce double pli et ce double redressement, le barreau doit être intact.

En dehors de cette épreuve qui est méthodique, les agents du service de l'artillerie font subir aux fers de forge de petit échantillon des épreuves assez variées qui sont pour ainsi dire traditionnelles et qui exigent du fer une très grande ductilité. Par exemple, les barres sont repliées à froid sur elles-mêmes à grands coups de marteau plusieurs fois et en différents sens, ou bien on les tord et retord à l'étau : en un mot, on leur fait subir toutes les tortures imaginables.

Des fers de qualité exceptionnelle peuvent seuls répondre à des exigences poussées aussi loin : ces exigences, justifiées par les intérêts qui sont en jeu, ne seraient de mise pour la pratique industrielle courante que dans des cas tout particuliers.

Outre les épreuves à froid dont il vient d'être parlé, il est aussi exécuté des épreuves à chaud : elles sont de diverses espèces.

Voici en quoi consiste l'épreuve des crochets : Un bout de barre ayant été chauffé au blanc, on forme à un décimètre de l'extrémité un crochet à angle droit et à arêtes vives ; ce crochet est ensuite redressé, et l'on forme un second crochet pareil au premier, mais en sens opposé : on redresse ce crochet et ainsi de suite jusqu'à ce que le bout tombe ; l'opération est faite vivement et d'une seule chaude. Le bout du crochet ne doit pas se détacher :

Avant le 3e redressement, pour les fers fins ou au bois et les fers forts supérieurs ;

Avant le 2e redressement, pour les fers forts ;

Avant le 1er redressement, pour les fers communs.

En pratique, on peut effectuer, avant que le bout tombe, un nombre de crochets beaucoup plus considérable que ceux qui sont indiqués ci-dessus.

Une mode d'épreuve tout à fait analogue est usité dans les usines du Creusot et sert à déterminer le *coefficient de qualité à chaud* des fers et des aciers.

Une autre épreuve à chaud consiste à percer, au moyen d'un poinçon conique, dans les barres de fer plat préalablement chauffées au blanc, deux trous consécutifs d'un diamètre égal aux trois quarts de la largeur de la barre pour les fers fins au bois et les fers forts supérieurs, égal seulement à la moitié de la largeur de la barre pour les fers forts et les fers communs. Le percement des deux trous ne doit produire ni fentes ni gerçures notables, bien que le percement du deuxième trou ne s'achève qu'au rouge sombre.

Pour éprouver les barres de fer carré, on fend dans le sens de la longueur l'extrémité des barres préalablement chauffées au blanc : les deux moitiés sont rabattues à angle droit en prolongement l'une de l'autre. La fente ainsi pratiquée ne doit pas se prolonger pendant cette opération.

Les épreuves à froid usitées par le service de l'artillerie sont traditionnelles, mais elles sont aujourd'hui un peu surannées : elles peuvent avantageusement être suppléées par des épreuves de traction.

Quant aux épreuves à chaud, elles méritent d'être conservées. Il ne faut pas demander seulement aux fers de forge d'être résistants à froid, il faut aussi qu'ils supportent bien les façonnages à chaud qu'ils ont à subir dans la mise en œuvre. Les fers sulfureux, par exemple, se travaillent mal à chaud : ils sont rouverins et doivent être écartés de toute fabrication qui demande un façonnage énergique ; or de simples épreuves par traction ne donneraient aucune indication qui prémunisse contre les fers de cette nuance.

Les épreuves à chaud ont donc leur utilité pour les fers de forge : les épreuves empiriques à froid ne sont d'ailleurs pas abandonnées complètement. Voici, par exemple, une épreuve usitée dans les usines suédoise set qui est relatée dans la publication faite par le « Jern Kontor » déjà citée plus haut :

« Dans l'exposition collective du Comptoir des forges, on a mis en évidence, « au moyen d'échantillons, la série des épreuves de forgeage adoptées en Suède « pour caractériser le métal fondu correspondant à chaque teneur en carbone.

« L'épreuve consiste à étirer au marteau l'échantillon que l'on veut essayer « jusqu'à ce qu'il soit réduit à de petites dimensions, à le tremper, puis à le « ployer à froid à coups de marteau sur l'enclume.

« Les différents degrés de dureté, ou, ce qui revient au même, la teneur en « carbone, sont caractérisés par les résultats suivants :

« Le fer contenant 0,10 pour 100 de carbone et au-dessous peut être re- « ployé sur lui-même à grands coups de marteau sans révéler le moindre « défaut.

« Si l'on applique le même traitement au fer qui contient 0,15 pour 100 de « carbone, il se produit de petits défauts, tels que des criques ou des fentes.

« Avec 0,20 pour 100 de carbone, le fer peut être ployé jusqu'à 145° environ, « mais il se brise passé cette limite.

« Avec 0,25 pour 100 de carbone, le pli ne peut être continué que jusqu'à « 90° environ : l'angle de ploiement tombe à 45° pour les teneurs de 0,30 « pour 100 de carbone.

« Au-dessus de 0,30 pour 100, la teneur en carbone s'apprécie par la facilité « avec laquelle l'échantillon se brise sous le marteau, par la texture et surtout « par la plus ou moins grande facilité de soudure. Jusqu'à une teneur en car- « bone de 0,30 à 0,40 pour 100, l'épreuve par le forgeage présente des caractères « parfaitement sûrs, et on la préfère, en général, à l'épreuve chimique qui la « prime toutefois pour les teneurs en carbone plus considérables.

« Les forges suédoises emploient cependant toujours simultanément les deux « modes d'épreuves. Il faut ajouter que l'échantillon soumis à l'épreuve doit « être préalablement martelé sous le martinet ou le marteau, car, si l'on se « contente de le laminer, le métal d'une teneur en carbone de 0,30 pour 100 « et au-dessus supporte même d'être ployé en double, comme le montrent les « échantillons exposés.

« Nous signalerons encore que la quantité plus ou moins grande de phosphore « dans le métal fondu modifie légèrement l'épreuve de forgeage, le phosphore « remplaçant le carbone jusqu'à un certain point et rendant le produit plus « dur. Cependant, avec la teneur peu considérable en phosphore que présente « le métal fondu fabriqué avec le fer suédois, il n'en supporte pas moins par- « faitement l'épreuve du forgeage. »

§ **11**. Les épreuves empiriques, dont il vient d'être question, ou toutes autres analogues, peuvent avoir leur utilité dans certains cas : par exemple, lorsqu'il s'agit, dans une usine métallurgique, d'avoir rapidement des indications approximatives sur la qualité d'un métal, mais nous croyons que les épreuves par traction donnent des indications beaucoup plus sûres, à la condition toutefois qu'on y adjoigne des épreuves au choc et des épreuves à chaud dans tous les cas où il sera nécessaire de se prémunir contre la fragilité à froid, ou à chaud dans de certaines circonstances.

Nous avons dit plus haut que l'accord paraissait s'établir pour classer les fers et les aciers d'après les éléments de leur résistance. Ces éléments sont de deux natures bien distinctes.

Le premier est la plus ou moins grande aptitude du métal à résister aux efforts qui tendent à le déformer.

Le second est la plus ou moins grande aptitude du métal à se déformer sous un effort déterminé.

Il est clair que ces deux aptitudes sont parfaitement indépendantes : un métal peut posséder l'une sans posséder l'autre ; mais un métal de bonne qualité doit posséder l'une et l'autre à des degrés plus ou moins grands selon l'emploi auquel il est destiné.

La résistance par $^{m}/_{m}\square$, que le métal oppose aux efforts de traction qui le sollicitent, peut servir de mesure à la première de ces aptitudes ; l'allongement qu'il prend avant de céder aux efforts qui le sollicitent, ce qu'on appelle l'*allongement à la rupture*, peut servir de mesure à la seconde : on l'exprime ordinairement en tant % de la longueur primitive de l'objet soumis à la traction.

Ces deux éléments suffisent à caractériser le métal, et l'on est généralement d'accord pour les employer à cet effet ; cependant M. David Kirkaldy, qui a fait en Angleterre un très grand nombre d'épreuves par traction, préconise, aux lieu et place de l'allongement à la rupture, un autre élément qu'il appelle la *striction*, et qui n'est autre que la *diminution de section* qui se produit dans l'objet soumis à la traction, sous l'influence de la charge.

Il y a lieu de remarquer que la *striction* varie dans le même sens que l'allongement : elle est grande dans les métaux qui s'allongent beaucoup avant de rompre, elle est petite dans ceux qui s'allongent peu, et cela par la raison bien simple que, la densité des métaux étant très peu changée par suite de la rupture par traction, il faut bien que la section diminue en proportion de l'augmentation de longueur. Il résulte de là que l'allongement à la rupture mesure l'aptitude du métal à la déformation tout aussi bien que la striction, et il a, sur cette dernière, l'avantage d'être plus commode à mesurer non-seulement après la rupture, mais aussi dans les différentes phases de l'opération.

C'est pour cette raison, sans doute, que l'emploi de la *striction*, dans la détermination de la valeur résistante des métaux, n'a pas prévalu dans la pratique industrielle.

Certains industriels, cependant, ont cru devoir employer à la fois la résistance, l'allongement et la striction (à la rupture) comme caractéristiques de la valeur des métaux, mais on n'a pas tardé à reconnaître qu'une telle précision en pareille matière n'était qu'apparente, et la classification à laquelle je fais allusion n'a pas eu de suites.

§ **12**. Lorsqu'on soumet à la traction des barres métalliques, on sait que leur longueur croît à mesure qu'augmente l'effort exercé, et cela jusqu'à ce que la rupture se produise. Le phénomène comprend deux phases bien distinctes :

dans la première, les allongements sont momentanés : si l'effort de traction cesse, la barre reprend exactement sa longueur primitive ; dans la deuxième, la barre se déforme d'une manière permanente : si l'effort de la traction cesse, la barre ne revient plus à sa longueur primitive. Dans la première phase, l'élasticité seule du métal est mise en jeu : la limite de séparation des deux phases correspond à la limite d'élasticité : l'allongement du métal à la limite d'élasticité et l'effort de traction auquel correspond cette limite sont les deux caractéristiques de la résistance élastique du métal, comme les mêmes éléments correspondants à la charge de rupture sont les caractéristiques de sa résistance totale. Dans bien des cas, dans celui, par exemple, où le métal constitue un ressort, sa résistance élastique importe au moins autant, si ce n'est plus, que sa résistance totale.

Les allongements élastiques, toutefois, étant toujours fort petits, l'évaluation de la limite d'élasticité et, par suite, la détermination des éléments de la résistance élastique présentent des difficultés et exigent l'emploi d'instruments de précision dont l'usage ne s'est généralisé que depuis peu de temps.

Pour déterminer la limite d'élasticité, on fait croître la charge par degrés successifs, et l'on mesure pour chaque accroissement de charge l'allongement correspondant du métal : la mesure faite, on supprime la charge et l'on examine si la longueur primitive s'est accrue. La première charge, pour laquelle cet accroissement est constaté, dépasse évidemment celle qui correspond à la limite d'élasticité : la charge précédente lui étant inférieure, la charge cherchée est enserrée entre deux limites connues qu'on peut rapprocher autant qu'on le désire.

On continue, en général, les essais par traction jusqu'à la rupture en faisant passer la charge par une série de stations à chacune desquelles on note l'effort de traction et l'allongement correspondant.

Si l'on prend deux axes coordonnés rectangulaires et qu'on porte en abscisses des nombres proportionnels aux allongements, et en ordonnées des nombres proportionnels aux efforts de traction par $^{m}/^{m}$ □ correspondants, les points ainsi déterminés sont sur une courbe qui représente la loi de la variation des allongements en fonction des charges successives. L'équation de cette courbe peut se mettre sous la forme : $F = f(l)$. F étant les charges et l les allongements, on constate qu'en-dessous de la limite d'élasticité les allongements sont proportionnels aux charges, de sorte que, jusqu'à la limite d'élasticité, la fonction $f(l)$ est de la forme $A\,l$, A étant une constante.

Les courbes se présentent sous une forme semblable à celle représentée ci-après (fig. 1).

Le travail accompli par la matière, lorsque l'allongement croît de o à $ox_1 = \lambda$, est donné par l'intégrale :

$$\int_o^\lambda F\,dl$$

c'est l'aire ox_1y'.

Le travail accompli par la matière, jusqu'à l'allongement $ox = l$ correspondant à la rupture, est donné par l'intégrale :

$$\int_o^l F\,dl$$

c'est l'aire ox_2y''.

Les travaux de résistance élastique et de rupture sont exprimés en kilogrammètres et rapportés au millimètre carré de la section du barreau soumis à l'épreuve.

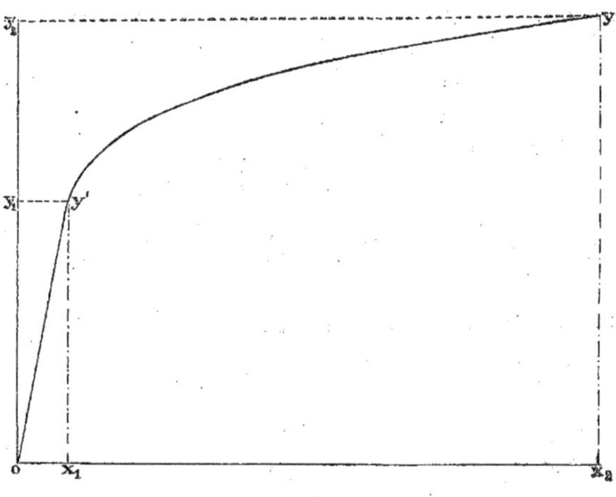

Fig. 1.

§ 13. — Le général Poncelet appelle *résistance vive* d'un prisme le travail

$$\int_o^\lambda R\,dx,$$

R réaction de la barre,
x allongement correspondant,
λ allongement maximum,

que l'élasticité d'un prisme solide oppose à l'action d'un choc dirigé dans le sens de son axe : il nomme plus spécialement *résistance vive d'élasticité* le travail qui répond à l'intervalle où, l'élasticité étant parfaite, les allongements demeurent proportionnels aux efforts de réaction correspondants, et *résistance vive de rupture*, le travail qui a été développé au moment où ces efforts ont atteint leur plus grande valeur et où le prisme se trouve rompu.

Si l'on admet que le travail développé par l'élasticité du prisme soit le même, qu'il s'agisse d'un choc ou d'un effort statique (nous verrons plus loin jusqu'à quel point cette identité peut être acceptée), on peut, comme l'ont fait quelques personnes, emprunter au général Poncelet les expressions qu'il a créées en vue de l'action des chocs, et appeler résistance vive le travail développé par les prismes métalliques lorsqu'on les soumet à des tractions lentes; les résistance vive élastique répond alors à la période de traction dans laquelle la limite d'élasticité n'est pas atteinte : elle a pour mesure l'aire ox_1y' et pour expression algébrique

$$\int_0^\lambda \mathrm{F}\,dl$$

la résistance vive de rupture répond, au contraire, à la période de traction complète depuis l'origine jusqu'à la rupture : elle a pour mesure l'aire ox_2y'' et pour expression algébrique

$$\int_0^l \mathrm{F}\,dl$$

Il serait désirable que ces expressions fussent adoptées par toutes les personnes qui s'occupent d'essais de métaux : elles simplifient le langage, et leur emploi ne présente aucun inconvénient du moment qu'on s'est bien entendu sur leur signification.

§ **14**. — M. Mangin, directeur des constructions navales, dans le rapport qu'il a publié à la suite des expériences qu'il a exécutées sur des tôles et des rivets d'acier, fait, au sujet des courbes réprésentatives des allongements en fonction des charges, une observation fort importante.

M. Mangin fait remarquer que si deux barreaux essayés ont fourni deux courbes OMA, OM_1A_1 telles que les surfaces des rectangles $OX_1A_1Y_1$, OXAY diffèrent peu, et que l'aire $OM_1A_1Y_1$, autrement dit la résistance vive de rupture. soit plus grande que l'aire OMAY, c'est-à-dire si l'aire $OM_1A_1Y_1$ est une plus grande fraction du rectangle que l'aire OMAY, on sera conduit à considérer le métal qui a fourni la première courbe comme plus résistant, plus sûr pour les charges pratiques que celui de la deuxième courbe; de même les aires OMAY, $OM_1A_1Y_1$ étant sensiblement égales, si la première est une plus grande fraction de son rectangle, on sera conduit à considérer le métal qui l'a fournie comme plus résistant dans les limites pratiques que celui de la courbe $OM_1A_1Y_1$.

D'après cela, la valeur absolue de la résistance vive de rupture ne suffit pas pour caractériser un métal : il faut en même temps comparer la valeur de la

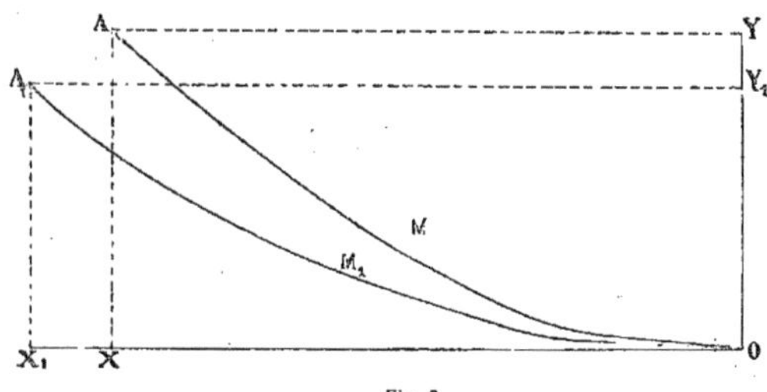

Fig. 2.

résistance vive de rupture avec le produit de la charge de rupture par l'allongement total ; les métaux doivent être considérés comme d'autant plus résistants, toutes choses égales d'ailleurs, que ce dernier rapport est plus grand.

CHAPITRE II

ESSAIS PAR TRACTION — CHOIX DES BARREAUX D'ÉPREUVE

§ **15.** — Les essais par traction, au moyen desquels on détermine les éléments de la résistance du métal, s'exécutent sur des barreaux découpés au moyen de la machine-outil, ou bien forgés au moyen du pilon ou du laminoir, dans les pièces dont on veut étudier les propriétés résistantes.

Ces barreaux sont désignés, selon les usines, sous les noms de barreaux d'épreuve, barettes, éprouvettes, boulons d'épreuve, etc. : il serait à désirer que d'un commun accord on s'arrêtât à une dénomination unique ; la plus naturelle paraît être *barreaux d'épreuve*.

Le corps des barreaux d'épreuve a la forme d'un prisme parfaitement régulier : ils sont terminés à leurs deux extrémités par des appendices disposés en vue de l'application des efforts de traction.

La manière dont ces barreaux sont préparés, leurs formes, leurs dimensions, leur température, le mode d'application des efforts de traction, sont autant de causes qui influent sur les résultats de l'épreuve. Si donc on veut que ces résultats puissent être comparés les uns aux autres, il est indispensable que les épreuves soient exécutées dans des conditions bien déterminées, toujours les mêmes.

A l'effet de déterminer quelles doivent être ces conditions, nous allons examiner ci-après l'influence de divers facteurs qui peuvent intervenir pour modifier les résultats des épreuves par traction.

Influence du mode de préparation des barreaux d'épreuve

§ 16. — Nous avons déjà, au § 5, relaté quelques résultats d'épreuves qui paraissent prouver que l'étirage au marteau ou au laminoir des métaux fondus influe sur leurs propriétés résistantes.

Dans l'ouvrage de M. David Kirkaldy déjà cité, on trouve les renseignements suivants :

« Dans la fabrication ordinaire du fer en barres, il est d'usage dans beau-« coup d'usines de donner plusieurs corroyages au fer pour le rendre plus serré « et de qualité supérieure. Le nombre des corroyages auxquels il a été soumis « est indiqué par les marques « supérieur », « supérieur-supérieur », « trois « fois supérieur », etc., mais cette amélioration progressive a une limite, « comme cela ressort d'une série d'essais qu'a faits M. Clay, des usines de fer « et d'acier de la Mersey, pour constater l'exactitude et la limite de cette amé-« lioration. On a pris du fer puddlé à nerfs de qualité ordinaire. On a choisi « dans ce fer deux échantillons que l'on a mis de côté en les marquant du « n° 1, puis on a traité au marteau le massiot restant qui avait 5 pieds de haut : « on l'a ensuite réchauffé et laminé en 2 barres que l'on a désignées par le « n° 2. Réservant de nouveau deux échantillons pris au milieu de ces barres, « on a fait subir à ce qui restait les mêmes opérations, et ainsi de suite jus-« qu'à ce qu'on eût obtenu un fer travaillé douze fois.

« Le tableau suivant donne la charge de rupture de chacun des échantillons de numéros différents :

N° 1,	fer puddlé	30k8	par m/m □
N° 2,	fer corroyé	37k	—
N° 3,	—	41k	—
N° 4,	—	41k	—
N° 5,	—	38k	—
N° 6,	—	43k	—
N° 7,	—	41k	—
N° 8,	—	38k	—
N° 9,	—	38k	—
N° 10,	—	37k	—
N° 11,	—	36k	—
N° 12,	—	30k	—

« On voit que la qualité du fer a été en s'améliorant régulièrement jusqu'au « n° 6 (la petite différence que nous donne le n° 5 pouvant probablement être « attribuée à un défaut de l'échantillon), et que depuis le n° 6 nous redescen-« dons par une progression inversement semblable.

« M. Clay donne aussi les résultats de quelques essais faits sur des échan-
« tillons découpés dans le « Canon-monstre », dont les dimensions sont les
« suivantes :

Longueur	15 pieds 10 pouces.
Diamètre à la base	44 pouces.
— à la bouche	27 pouces.

« Les résultats ont été comparés avec ceux des essais faits sur le fer avec
« lequel il avait été fabriqué. Voici les charges de rupture en kilogrammes
« par m/m □ :

Fer primitif	moyenne.	34k
Bouche du canon (sens du corroyage)	—	35k
— — (sens perpendiculaire au corroyage)	—	30k
Alésures du canon travaillées à la houille	—	43k
— — au bois	—	53k

« Comme M. Clay, dans les expériences sur les effets produits par les cor-
« royages successifs donnés à une même barre, a trouvé que la résistance
« augmente jusqu'au cinquième corroyage et décroît ensuite, M. Kirkaldy
« regrette que l'on n'ait pas déterminé en même temps la striction, car la
« diminution de résistance pourrait tenir à ce que le fer est devenu plus doux
« pendant la suite des opérations.

« M. Kirkaldy cite d'ailleurs l'expérience suivante qui lui est personnelle :

« Afin de déterminer à quel point un martelage additionnel améliorerait la
« qualité du fer tel qu'il existait dans un arbre à manivelles, 3 masses de
« 1 pouce 3/4 carré ont été forgées à 1 pouce 1/8 de diamètre et amenées à
« 1 pouce sur le tour; on a obtenu les résultats suivants : 26.508k, 23 060k,
« 22608k, avec des strictions respectives de 17,2; 7,9 ; 9,8 %. Une éprouvette
« simplement tournée a donné 20.193k et 12, 5 % de striction.

« M. Clay a fait des expériences du même genre sur l'acier puddlé, et il a
« obtenu les résultats suivants :

N° 1,	acier puddlé en barres	68k
N° 2,	le même acier travaillé	85k
N° 3,	—	78k
N° 4,	—	85k
N° 5,	—	78k
N° 6,	—	78k
N° 7,	—	64k
N° 8,	—	64k
N° 9,	—	64k
N° 10,	—	64k

« On voit que dans ce cas la résistance à la rupture a augmenté tout d'un

« coup. Nous avons exprimé le regret que l'on n'ait pas mesuré en même « temps la striction, attendu que la diminution de résistance tient peut-être à « ce que le métal devient plus doux.

« Cette supposition paraît confirmée par les remarques de M. Clay au sujet « des expériences précédentes : « La cassure dans les échantillons, dit-il, quand « elle est produite par le marteau de la manière usuelle, présente à l'œil une « très-légère différence. La couleur et la grosseur des cristaux sont les mêmes « à peu de chose près dans les n°s 2 et 10, mais si la rupture est due à la trac- « tion, alors apparaît une différence des plus marquées : les numéros supérieurs « présentent dans leur cassure une fibre soyeuse sans que les caractères de « l'acier soient altérés, car le n° 10 durcit, passe par les différentes teintes, « enfin possède toutes les propriétés distinctives de l'acier. »

Nous avons vu par les résultats relatés au § 5 que, pour l'acier fondu obtenu soit par le procédé Siémens-Martin, soit par le procédé Bessemer, l'action du forgeage est analogue. Nos essais n'ont pas été assez nombreux pour que nous ayons pu déterminer pour ces aciers, ainsi que M. Clay l'a fait pour le fer et pour l'acier puddlé, une limite au delà de laquelle l'augmentation de résistance produite par le forgeage cesse et se transforme bientôt en diminution ; mais il semble très probable que cette limite existe pour l'acier fondu comme pour le fer et pour l'acier puddlé.

M. Joëssel, ingénieur de la marine, qui a fait, il y a quelques années, à l'usine d'Indret une série d'expériences aux résultats desquelles nous ferons plus d'un emprunt dans le cours de cette étude, a cru pouvoir conclure ce qui suit en ce qui concerne l'influence du forgeage sur l'acier.

« Les aciers vifs s'adoucissent presque toujours par un étirage à chaud. « Exemple pris dans nos propres expériences :

PROVENANCE DES ACIERS.	AVANT ÉTIRAGE.		APRÈS ÉTIRAGE.	
	Résistance.	Allongements.	Résistance.	Allongements.
Acier Hunstmann.	70^k.96	5.57 %	62^k.55	12.70 %
Acier Talabot.	76^k.54	7.25 %	69^k.06	9.66 %

« Les aciers doux, au contraire, souvent s'avivent par le forgeage à chaud. « Exemples :

PROVENANCE DES ACIERS.	AVANT ÉTIRAGE.		APRÈS ÉTIRAGE.	
	Résistance.	Allongements.	Résistance.	Allongements.
Acier Petin et Gaudet.	62^k »	13.53 %	66^k	10.58 %
— —	54^k.00	18 %	60^k	17.30 %

La conclusion est séduisante par sa simplicité, mais elle ne s'accorde pas avec les résultats d'expériences que nous avons cités au § 5, et nous craignons que les épreuves sur lesquelles M. Joëssel appuie ses ingénieuses déductions ne soient pas assez nombreuses pour qu'on puisse admettre, comme démontrée, la loi qu'il indique.

Dans tous les cas, une conclusion inattaquable se dégage de tout ce qui précède, c'est que, pour tous les métaux ferreux, le forgeage à chaud influe considérablement sur la résistance.

§ 17. — M. Kirkaldy cite quelques expériences faites pour déterminer l'effet du laminage à froid sur le fer, entre autres les suivantes dues au docteur Fairbairn :

« Une barre à sa sortie du laminoir a supporté 41^k par $^m/_m$ □ ; la même barre « tournée à 1 pouce de diamètre a supporté 42^k par $^m/_m$ □ : laminée à froid et « tournée à 1 pouce de diamètre, elle a supporté 62^k par $^m/_m$ □. Les allonge- « ments sur 254 $^m/_m$ étaient respectivement 50,8 $^m/_m$. 55,88 et 20,06. »

Ainsi le laminage à froid augmente beaucoup la charge de rupture du fer et diminue son allongement. Le martelage à froid produit le même effet, on peut dire d'une manière générale que le forgeage à une température peu élevée a le même résultat : il augmente la charge de rupture et diminue l'allongement.

§ 18. — Nous concluons de ce qui précède que si l'on veut se rendre compte de la résistance du métal dans les pièces qu'il constitue, dans un bandage, dans un essieu par exemple, il importe que les barreaux d'épreuve soient découpés à la machine-outil et non pas obtenus par forgeage, tout forgeage ayant pour effet de modifier les propriétés résistantes du métal.

Cette prescription est bien loin d'être suivie dans la pratique industrielle.

§ 19. — Alors même que les barreaux d'épreuve seraient préparés à froid à la machine-outil, il est encore certains détails de la préparation qui peuvent influer sur la résistance du métal, surtout lorsqu'il s'agit d'acier.

Les déformations à froid, cisaillement, poinçonnage, etc., augmentent en effet les résistances de rupture des fers et aciers et diminuent leurs allongements.

M. Joëssel a fait, à cet égard, des expériences que je vais résumer ci-après :

Les essais ont porté sur les bandes de tôles cisaillées à différentes largeurs, ce qui les a courbées en arc de cercle, et qui ont été redressées ensuite, les unes à chaud, les autres à froid. La cisaille a donné à toutes les bandes la même courbure : le martelage qu'elles ont subi représente donc le travail nécessaire pour les redresser du même arc.

Toutes ces bandes ont été essayées à la traction : elles formaient six lots composés chacun de six bandes de largeurs croissant de 5 en 5 $^m/_m$ depuis

18 m/m jusqu'à 43 m/m. Dans le but d'étudier l'effet du cisaillement sur les tôles, l'opinion commune est que cette opération déchire leurs bords en y produisant de petites fentes transversales qui peuvent devenir plus tard l'origine de rupture; s'il en était ainsi, le cisaillement serait accusé par les résistances de rupture des bandes qui devraient aller en diminuant en même temps que leur largeurs, c'est le contraire qui a lieu : les résistances de rupture des bandes dans chaque lot, à peu d'exceptions près, augmentent quand la largeur des bandes diminue, et vice versâ pour les allongements : le même phénomène se présente pour les bandes martelées, comparées à celles qui ont été redressées à chaud. La cisaille agit donc dans cette circonstance à la manière du marteau: c'est en comprimant fortement les tôles entre le couteau et le support fixe de la machine qu'elle les affaiblit, c'est-à-dire en les écrouissant; il en est de même du poinçon.

Les fers comme les aciers sont donc affectés, bien qu'à des degrés divers, par les déformations à froid, et il importe, dans la préparation des barreaux d'épreuve, d'éviter d'altérer de cette manière la résistance du métal : on devra donc éviter, particulièrement lorsqu'il s'agit de barreaux à découper dans les feuilles de tôle, l'emploi des cisailles ou des poinçonneuses; toutefois M. Barba, ingénieur de la marine, a démontré que la zone dans laquelle le métal est modifié par l'action de la cisaille ou du poinçon ne s'écarte pas beaucoup des molécules qui ont subi l'action directe de la cisaille ou du poinçon. Il en résulte qu'on peut sans inconvénient ébaucher les barreaux de tôle à la cisaille, à la condition de ne pas les ployer et de découper les barreaux à une largeur supérieure de quelques millimètres à celle qu'ils doivent avoir, de manière à enlever l'excédant au moyen de la machine à raboter : de même on peut percer les trous au poinçon à la condition de les percer à un diamètre un peu inférieur à la cote définitive et de les terminer au foret.

Influence de la longueur des barreaux d'épreuve

§ 20. Nous avons vu que l'une des caractéristiques de la résistance des métaux était la faculté d'allongement. Cette faculté se mesure par l'allongement que subit le barreau d'épreuve, tant sous la charge correspondante à la limite d'élasticité que sous la charge correspondante à la rupture; afin que ces allongements puissent être comparés les uns aux autres, on les ramène tous à l'allongement de l'unité de longueur, c'est-à-dire qu'on divise les allongements bruts pris par les barreaux d'épreuve par les longueurs de ces barreaux : on obtient ainsi des nombres abstraits qui expriment les allongements en fractions de l'unité, ordinairement les centièmes pour les allongements correspondants à la rupture, les millièmes pour les allongements élastiques : par exemple, on dit qu'un certain métal a un allongement à la rupture de 30 pour 100 ou un allongement élastique de 3 millièmes, et l'on entend par là qu'au moment de la rupture un barreau du métal considéré, ayant primitivement un mètre de longueur, a atteint une longueur de $1^m,30$ ou qu'à la charge correspondante à la limite d'élasticité un barreau, d'une longueur primitive de $1^m,00$, avait pour longueur $1^m,003$.

Or la longueur des barreaux d'épreuve influe beaucoup sur les résultats ainsi obtenus, et cela tient à ce que, pour un même métal, l'allongement proportionnel varie beaucoup suivant la longueur du barreau soumis à la traction.

M. Kirkaldy cite plusieurs expériences du docteur Fairbairn, desquelles il résulte que l'allongement d'un barreau est en raison inverse de sa longueur : « Ainsi, tandis qu'une barre de 120 pouces prend un allongement de 0,216 pouces par unité de longueur, une barre de 10 pouces s'allonge de 0,420 par unité de longueur, soit à peu près le double.

« Le rapport entre la longueur de la barre et son allongement maximum par « unité peut, d'après le docteur Fairbairn, être représenté approximativement « par la formule suivante :

$$l = 18 + \frac{25}{L}$$

« L, longueur de la barre,

« l, l'allongement par unité de longueur. »

Cette formule du docteur Fairbairn s'applique exclusivement au fer à rivets sur lequel ont porté les expériences : pour un fer d'une autre nature les constantes ne restaient pas les mêmes.

M. Joëssel, dans le travail déjà cité, arrive à la conclusion suivante ;

« La longueur des barreaux a peu d'influence sur leur résistance à la rupture,

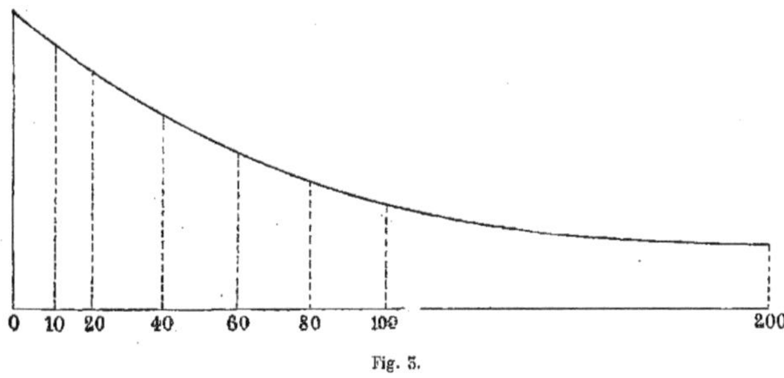

Fig. 3.

« mais elle en a beaucoup sur leurs allongements : ceux-ci diminuent lorsque

« la longueur des barreaux augmente. Si, avec les nombres trouvés par « M. Joëssel, on trace une courbe (fig. 3) ayant pour abscisses les longueurs « des barreaux et pour ordonnées les allongements, on obtient une ligne très « régulière convexe vers l'axe des abscisses qui s'abaisse d'abord rapidement et « tend à devenir parallèle à cet axe pour le barreau ayant 200 millimètres de lon- « gueur. On peut conclure de là que les résultats, donnés par des barreaux qui « ont des longueurs différentes, mais égales ou supérieures à 200$^{m}/^{m}$, sont néan- « moins comparables entre eux. »

La Compagnie P. L. M. a eu occasion de faire exécuter une série d'expériences qui me semblent de nature à éclairer cette question.

Les essais ont porté sur un grand nombre d'échantillons choisis dans des lots de barres cylindriques en acier destinées à être employées comme entretoises de foyers de locomotives. Ces barres avaient été tournées dans toute leur longueur : elles étaient terminées à leurs deux extrémités par des parties renflées filetées qui se vissaient dans des douilles taraudées qu'on mettait en connexion avec la machine à essayer. Ces barres étaient de deux longueurs différentes :

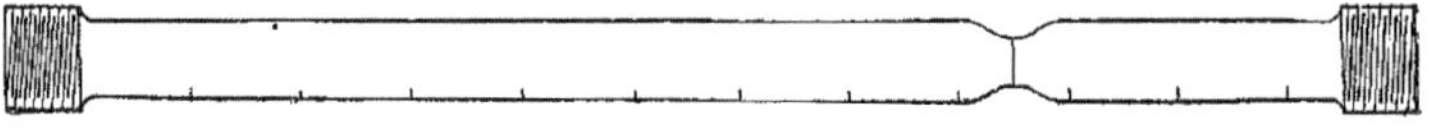

Fig. 4.

les unes avaient 1^{m}.150 de longueur entre les renflements, les autres 40 centimètres seulement. Sur toute la longueur de la partie cylindrique et le long d'une génératrice, on a, au moyen de coups de pointeau légers, divisé chaque barre de 10 en 10 centimètres.

Ces barres ont ensuite été essayées à la traction et après la rupture voici, en prenant, comme exemple, une des barres de 1^{m}.150 au hasard, ce qui était advenu :

le premier intervalle de deux coups de pointeaux, primitivement

de 100 $^{m}/_{m}$ était devenu		111 $^{m}/_{m}$
Le 2^{e}	—	111 $^{m}/_{m}$
Le 3^{e}	—	112 $^{m}/_{m}$
Le 4^{e}	—	113 $^{m}/_{m}$
Le 5^{e}	—	113 $^{m}/_{m}$
Le 6^{e}	—	111 $^{m}/_{m}$
Le 7^{e}	--	124 $^{m}/_{m}$
Le 8^{e}	—	115 $^{m}/_{m}$
Le 9^{e}	—	114 $^{m}/_{m}$
Le 10e, primitivement de 50 $^{m}/_{m}$, était devenu		56 $^{m}/_{m}$

On voit d'après cela que la barre s'était allongée très régulièrement sur presque toute sa longueur, sauf dans le septième intervalle où l'allongement avait été beaucoup plus considérable que partout ailleurs. La raison de ce fait est que dans cet intervalle s'était produite la *striction*.

Voici ce que dit, à propos de ce même fait, M. Kirkaldy :

« Afin de déterminer si les barreaux s'allongent également sur toute leur « longueur, la distance entre les coups de pointeau extrêmes a été divisée en « demi-pouces : à quelques exceptions près, on a trouvé un même accroissement « de longueur d'un bout à l'autre du barreau jusqu'à un point très rapproché « de la charge de rupture : à ce moment, il se produit plus ou moins brus- « quement une *striction* en un point, quelquefois en *deux points*, dans quel- « ques cas exceptionnels en trois points différents. »

Dans nos expériences pourtant très nombreuses (elles ont porté sur près de deux cents échantillons) nous n'avons jamais observé de *striction multiple;* à cela près, on voit que nos résultats sont d'accord avec ceux de M. Kirkaldy.

Or revenons à la barre que nous avons choisie comme exemple :

Cette barre s'est rompue sous une charge de 61^k par $^m/_m$ □. En prenant son allongement total, l'allongement proportionnel ressort à 13,63 $^0/_0$, mais en prenant son allongement sur 20 centimètres de longueur, c'est-à-dire sur un double intervalle de coups de pointeau et dans la région dans laquelle s'est produite la striction, l'allongement proportionnel ressort à 19 pour 100; il serait de 24 pour 100, si l'on prenait l'allongement sur la longueur de 10 centimètres comprise dans l'intervalle des coups de pointeau entre lesquels s'est produite la striction.

Or il est évident que si la longueur primitive de la barre eût été réduite à ces 10 centimètres seulement, la striction n'en aurait pas moins eu lieu à peu près de la même manière : l'allongement proportionnel aurait donc été de 24 pour 100 alors qu'avec une barre de 1^m.150 de longueur il n'est que de 13,63 pour 100, soit 10 pour 100 en moins, là est évidemment le secret de l'influence qu'exerce la longueur des barreaux d'épreuve sur les résultats de la détermination des allongements à la rupture. L'allongement total que prennent les métaux comporte deux facteurs : l'un intéresse la totalité de la longueur de l'échantillon, cette partie de l'allongement est bien proportionnelle à la longueur : l'autre intéresse seulement un tronçon de l'échantillon, celui dans lequel se manifeste la striction, c'est-à-dire la réduction brusque de section avant la rupture, et cette deuxième partie de l'allongement, qui est une fraction importante du total, n'affecte nullement les tronçons de l'échantillon éloignés du point de rupture.

On conçoit d'après cela que les échantillons ressentent d'autant plus l'influence de l'allongement local connexe de la striction que leur longueur est moins considérable, et cela explique à la fois les conclusions de M. Kirkaldy et celles mêmes de M. Joëssel.

Il y a lieu de remarquer que certains aciers durs et certains fers à grains présentent très peu de striction : pour ces variétés, les variations de longueur influent très peu sur les allongements.

Il importe aussi de faire observer que la striction ne se manifeste que près de la rupture, c'est-à-dire bien au delà de la limite d'élasticité, en sorte que les observations d'allongements élastiques ne sont pas influencés par la longueur des échantillons sur lesquels on opère :

§ **21**. Nous concluons de ce qui précède que, pour avoir des résultats comparables dans les essais par traction, il est indispensable d'opérer sur des barreaux d'épreuve de même longueur. Malheureusement, il s'en faut que cette condition soit réalisée dans la pratique industrielle : alors que la marine nationale et la plupart des grandes compagnies de chemins de fer français ont adopté 20 centimètres comme base de la mesure des allongements, de grandes usines et particulièrement celle du Creusot ont cru devoir adopter 10 centimètres : Sir Joseph Whitworth, de son côté, choisit 5 centimètres, tandis que la Staatsbahn autrichienne s'arrête à 25 centimètres. Si l'on ne finit pas par s'entendre sur ce point important, tous les efforts accumulés pour caractériser et classer les métaux ferreux au moyen de leurs éléments de résistance à la traction seront frappés de stérilité.

Influence des dimensions transversales des barreaux d'épreuve.

§ **22**. — Nous allons examiner maintenant l'influence exercée sur les résultats de la traction par les dimensions transversales des barreaux d'épreuve.

La Société autrichienne des chemins de fer de l'État (Staatsbahn) a publié, à l'occasion de l'Exposition universelle, les résultats d'essais de résistance exécutés sur les fontes, fers et aciers de son usine de Reschitza :

J'extrais de cette intéressante publication les données ci-après :

« Les échantillons qui ont servi aux essais à la traction ont été obtenus de « la manière suivante :

« 1° Échantillons d'acier Bessemer et d'acier Martin correspondant, les pre« miers à 5 numéros, les seconds à 6 numéros de dureté.

« Les lingots d'une section carrée de 400 m/m de côté ont été transformés en « une seule chaude, sous un marteau-pilon de 17 tonnes, en brames carrées

« de 100 m/m de côté. Ces brames à leur tour, après avoir reçu une seconde « chaude, ont été étirées en barres rondes et en barres plates.

« *a*/ Les barres rondes avaient 46 m/m de diamètre et 7 mètres de longueur « environ : on a pris sur chacune d'elles deux échantillons, l'un de 40 m/m de « long, l'autre de 4m,60. Les premiers ont été transformés à froid en barres « d'essai dont le corps cylindrique avait 28 m/m de diamètre, tandis que les « seconds, forgés d'abord de champ sur leurs deux bouts pour obtenir des têtes « coniques, ont été passés ensuite au tour pour y prendre, au corps, la forme « d'un cylindre de 36 m/m de diamètre.

« Le rapport de la section finale des barres laminées à celle des lingots bruts « a été de 1 à 93.

« *b*/ Les barres plates, provenant des brames carrées de 100 m/m mentionnées « plus haut, avaient 90 m/m sur 22 m/m de côté et 7 mètres environ de long. Elles « ont fourni, comme dans le cas précédent, 2 échantillons chacune : l'un de « 40 c/m de long, l'autre de 4m,60.

« Les échantillons de 40 c/m ont été convertis à froid en barreaux d'épreuve « dont le corps avait une section rectangulaire de 60 m/m sur 12 m/m.

« Les seconds échantillons, après avoir été forgés de champ sur leurs deux « bouts, ont été amenés à la machine à raboter à la forme de barreaux d'é- « preuve dont le corps avait une section rectangulaire de 80 m/m sur 12 m/m.

« Le rapport de la section finale à celle des lingots a été de 1 à 77.

« 2° Fer puddlé à nerf et à grains.

« Les loupes de fer puddlé ont d'abord été soumises, après une chaude préa- « lable, au corroyage sous un marteau-pilon de 6 tonnes ; puis, après une « seconde chaude, elles ont été étirées au laminoir en barres rondes et en « barres plates.

« *a*/ Les barres rondes avaient 60 m/m de diamètre et 7 mètres environ de « longueur : elles ont fourni 2 échantillons chacune, l'un de 400 m/m de long, « l'autre de 4m, 60.

« Les échantillons de 400 m/m ont été amenés au tour en barres d'essai à « corps cylindrique de 25 m/m de diamètre.

« Le second échantillon, forgé préalablement de champ sur ses deux bouts, « a reçu ensuite au corps la forme d'un cylindre de 50 m/m de diamètre.

« *b*/ Les barres plates avaient 110 m/m sur 30 m/m de côté : elles ont fourni, « comme dans les cas précédents, 2 échantillons chacune, l'un de 400 m/m de « long, l'autre de 4m,60. Le premier, celui de 400 m/m, a été préparé à froid : il « a été converti en barreau d'épreuve dont le corps avait une section rectangu- « laire de 80 m/m sur 2 m/m. Le second échantillon, d'abord forgé de champ sur

« ses deux bouts, a été ensuite ajusté en barreau ayant au corps la forme d'un « rectangle de 100 $^m/_m$ sur 20 $^m/_m$.

« Voici maintenant, les résultats des épreuves par traction des *barreaux* « *cylindriques*.

« (Dans ce tableau, D *est le diamètre* des barreaux d'épreuve.)

MATIÈRES.	NUMÉRO de dureté.	CHARGE de rupture en kilogrammes par $^m/_m$ □ (1)	(2)	DIFFÉRENCES. (1) — (2)	Allongement °/₀ mesuré sur 25 $^c/_m$.	
		D = 36	D = 25		D = 36	D = 25
Acier Martin	2	56	75	+ 19k	0.6	»
	3	82	73	— 9	3.4	0.94
	4	59	60	+ 1	15.7	22.2
	5	53	55	+ 2	16.2	21.7
	6	45	47	+ 2	21.0	26.5
	7	41	45	+ 4	20.5	27.0
Acier Bessemer	3	80	108	+ 28	1.4	4.4
	4	61	62	+ 1	6.9	20.7
	5	59	65	+ 6	11.5	17.0
	6	48	56	+ 8	12.0	14.7
	7	42	51	+ 9	17.2	24.2
		D = 50	D = 25		D = 50	D = 25
Fer à nerf		34	37	+ 3k	16.9	21.6
Fer à grains		34	41	+ 7	7.6	27.9

On remarquera que les barreaux de 36 $^m/_m$ de diamètre avaient 4^{m}60 de longueur et ceux de 25 $^m/_m$, 40 $^c/_m$ seulement. Les différences, qui ressortent du tableau précédent peuvent donc être imputées à la fois à la différence de longueur et à la différence de diamètre ; mais, comme nous avons montré au § 19 que les différences de longueur n'influaient pas sur la charge de rupture, nous devons en conclure que les différences constatées dans les charges de rupture tiennent seulement aux différences de diamètres, et nous pouvons formuler la règle suivante :

Les charges de rupture par $^m/_m$ □ varient en raison inverse des section transversales des barreaux d'épreuve. Plus la barre d'épreuve a une faible section et plus la charge de rupture par $^m/_m$□ est considérable, toutes choses égales d'ailleurs.

En ce qui concerne l'influence des variations des sections transversales sur les allongements, nous devons nous référer aux expériences de M. Kirkaldy.

Voici ce que cet expérimentateur dit à ce sujet :

« Comment juger de la qualité par la comparaison des allongements, si l'on « ne tient pas compte des sections respectives des barreaux? On ne peut assu- « rément attendre que deux barres, malgré l'identité de leur composition, « donnent des allongements égaux si leurs diamètres respectifs sont, par « exemple, 2 pouces et $^1/_2$ pouce. Il était difficile de déterminer expérimentale- « ment l'influence de la section sur l'allongement à cause des variations que « présentent les fers, bien que provenant d'une même fabrication. Pour « remédier à ces écarts, on a pris une barre de fer de Govan de 1 pouce $^1/_2$ de « diamètre, on l'a coupée en cinq morceaux : on en a réchauffé 4 et on les « a amenés au laminoir à des diamètres de $1^1/_4$, 1, $^3/_4$, $^1/_2$ pouces; on les a « alors coupés de longueur et on les a essayés à la traction. Les résultats ont « été :

Diamètre.	1 1/4	Allongement.	28,3 %
—	1	—	26,7 %
—	» 3/4	Allongement.	25,2 %
—	» 1/2	—	23,8 %

« Les charges correspondantes étaient 56 869, 57 379, 58 190, 59 708. Il y « avait donc d'un côté un accroissement de résistance dû au travail du lami- « noir, de l'autre une diminution de l'allongement due à la diminution du « diamètre. Cette diminution eût à coup sûr été plus considérable si la ré- « sistance du fer n'eût pas varié. Cette résistance s'est accrue de 0,9 pour 100 « dans le laminage du barreau de $1^1/_4$ à 1 pouce, de 2,5 pour 100 de 1 à $^3/_4$, de « 5,9 pour 100 de $^3/_4$ à $^1/_2$.

« L'allongement a diminué de 5,7 pour 100 de $1^1/_4$ à 1 pouce, de 10,9 pour « 100 de 1 à $^3/_4$, de 15,9 pour 100 de $^3/_4$ à $^1/_2$. »

Les expériences citées par M. Kirkaldy ne nous semblent pas bien concluantes. Nous avons vu, en effet, que l'étirage à chaud influe sur les allongements, il est donc bien difficile d'affirmer que la diminution d'allongement qu'il a constatée est due à la diminution du diamètre, et non à pas l'étirage à chaud.

Des expériences nouvelles seraient nécessaires pour élucider cette question. Si elles devaient confirmer les idées de M. Kirkaldy, il faudrait définitivement conclure que, plus les barres d'épreuve ont une faible section, plus la charge de rupture par $^m/_m$ □ est considérable, plus les allongements proportionnels sont faibles, toutes choses égales d'ailleurs.

On voit que, dans tous les cas, les essais à la traction, pour être bien comparables les uns aux autres, devraient être exécutés sur des barres de même section transversale. C'est encore un point sur lequel il serait bien désirable qu'on s'entendit.

Influence de la forme de la section transversale des barreaux d'épreuve

§ 23. — Les expériences de la Staatsbahn nous permettent aussi de nous rendre compte de l'influence de la forme de la section transversale des barreaux d'épreuve.

Nous n'avons pour cela qu'à rapprocher les résultats obtenus sur les barreaux cylindriques et sur les barreaux à section rectangulaire de même longueur : par exemple, sur les barreaux de 400 m/m.

Le tableau suivant permet d'effectuer cette comparaison :

MATIÈRES.	NUMÉRO de dureté.	CHARGE de rupture en kilogrammes par m/m □			Allongements °/° MESURÉ SUR 25 c/m.		
		Barreaux cylindriques. (1)	Barreaux rectangulaires. (2)	Différences. (2) — (1)	Barreaux cylindriques. (1)	Barreaux rectangulaires. (2)	Différences. (2) — (1)
Acier Martin	2	76	69	— 7	»	»	»
	3	73	78	+ 5	0.9	2.7	+ 1.8
	4	60	70	+ 10	22	17	— 5
	5	55	54	— 1	22	24	+ 2
	6	47	49	+ 2	26	28	+ 2
	7	45	40	— 5	27	31	+ 4
Acier Bessemer	3	108	108	0	4	4	0
	4	61	61	0	20	21	+ 1
	5	64	60	— 4	17	21	+ 4
	6	56	53	— 3	15	24	+ 9
	7	51	47	— 4	24	26	+ 2
Fers à nerfs		37	40	+ 3	22	29	+ 7
Fers à grains		41	51	+ 10	28	16	— 12

On remarquera que la longueur des deux séries de barreaux est la même (400 m/m) que leur section était de 720 m/m pour les barres à section rectangulaire et de 491 m/m pour les barres cylindriques, qu'enfin le rapport de la section finale des barres laminées à celle des lingots bruts était comme 1 : 93 pour les barres rondes et comme 1 : 77 pour les barres rectangulaires.

Nous avons vu que les résultats des épreuves de traction variaient avec la section transversale (§ 22) et aussi avec la proportion de l'étirage à chaud (§ 16); les résultats inscrits au tableau ci-dessus ont donc certainement été influés par ces deux causes; comme toutefois il n'y avait de grands écarts, ni dans les sections transversales, ni entre les proportions de l'étirage, les différences, s'il y en avait, pourraient être imputées pour une bonne part aux différences de formes : or l'examen du tableau montre qu'il n'y a pas de différences sensibles et qu'en outre elles sont tantôt d'un signe tantôt d'un autre.

Il y a donc présomption que la forme de la section transversale des barreaux d'épreuve n'influe pas sensiblement sur le quantum de la charge de rupture par m/m □ : tout au plus pourrait-on dire que les barreaux rectangulaires paraissent un peu plus favorables que les barreaux ronds à l'allongement des barres d'épreuve.

Nous trouvons dans la communication faite par M. Daniel Adamson à la session de « l'Iron and steel Institute », qui vient d'être tenue à Paris, de nouvelles indications sur la question qui nous occupe.

M. Adamson a découpé, dans une feuille de tôle en acier doux, des barreaux d'épreuve ayant une section rectangulaire d'un pouce carré; d'autre part, il a découpé, dans cette même feuille, des barreaux ayant la section ci-contre : la cannelure centrale est obtenue au moyen de la machine à mortaiser, et la largeur des barreaux est telle que la surface de la section, une fois la cannelure effectuée, soit de un pouce carré, comme celle des barreaux de section rectangulaire.

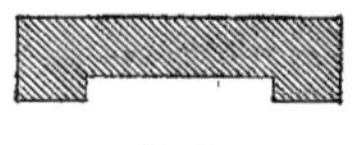

Fig. 8.

Ces derniers barreaux essayés à la traction ont donné une résistance moyenne à la rupture de 45k par m/m □ avec 18,5 pour 100 d'allongement, tout comme les barreaux cannelés.

Les expériences de M. Adamson confirment donc, on le voit, la conclusion formulée ci-dessus à savoir que la forme de la section des barreaux ne paraît pas influer sur les résultats des épreuves par traction.

Influence des formes générales des barreaux d'épreuve

§ 24. — M. Kirkaldy a établi par des expériences nombreuses la nécessité de donner une certaine longueur à la partie prismatique des barreaux d'épreuve dans laquelle la section est régulière et constante.

M. Kirkaldy a montré en effet qu'en pratiquant une rainure circulaire sur les barreaux d'épreuve on augmente invariablement les charges par m/m □ en même temps qu'on diminue la striction : il explique ce résultat par cette considération que la rainure ainsi pratiquée met obstacle au développement de la striction et par suite à celui de l'allongement.

M. Kirkaldy cite, à l'appui de sa manière de voir, le fait suivant :

« L'amirauté anglaise avait fait exécuter, dans l'arsenal de Woolwich, des « essais sur l'acier, le fer et le fer cémenté : les essais avaient porté sur

« des barreaux de très faible longueur dont le profil est indiqué ci-après (fig. 6).
« Dans ces barreaux, il n'y a pas à proprement parler de partie prismatique :

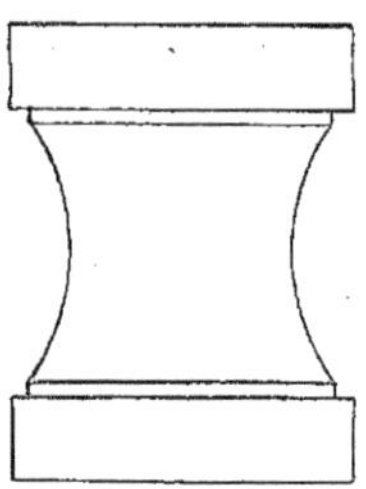

Fig. 6.

« le profil est curviligne et les diamètres décroissent régulièrement des extré-
« mités au milieu où ils tombent à 19 m/m. »

Dans ces conditions, on trouva des charges de rupture par m/m □ considérablement plus élevées que celles trouvées par M. Kirkaldy pour les mêmes métaux.

M. Kirkaldy fait remarquer avec beaucoup de raison que la forme de ces éprouvettes, dans laquelle la section minima se réduit à une ligne géométrique, exagère encore l'effet produit par une rainure circulaire de si faible largeur qu'elle soit : puisqu'il est constaté que l'existence de cette rainure suffit pour augmenter la charge de rupture par m/m □, à plus forte raison la forme adoptée pour les barreaux d'épreuve devait-elle l'augmenter.

§ **25.** — M. Joëssel a, de son côté, fait diverses expériences sur l'influence des formes des barres d'épreuve.

Le tableau suivant donne le résumé de ces expériences :

DÉSIGNATION DES PRODUITS ET MODE D'OPÉRER.	LONGUEUR des barreaux entre les congés en millimètres	RÉSISTANCES de rupture.	ALLONGEMENTS en centièmes.	OBSERVATIONS.
Barreaux de fer doux avec congés, rompus à la vitesse ordinaire 40 à 50″ par barreau.	10 m/m 20 40 80 100 200	35k06 32.44 32.96 32.96 31.92 32.44	78 % 64 44.5 36.83 32.66 28.33	Rompus entre les congés.
Même fer, à angles vifs, rompus à la vitesse ordinaire	200	31.92	28.01	Rompus entre les congés.

DÉSIGNATION DES PRODUITS ET MODE D'OPÉRER.	LONGUEUR des barreaux entre les congés en millimètres	RÉSISTANCES de rupture.	ALLONGEMENTS en centièmes.	OBSERVATIONS.
Même fer avec congés, rompus très vite avec secousses	200	32k44	22.75	Rompus entre les congés.
Même fer avec congés, rompus très lentement avec un arrêt d'une heure à la charge de 29 kilogrammes	200	33.75	25.81	Rompus entre les congés.
Acier fondu Jackson, barreaux avec congés, vitesse ordinaire.	100	83.10	13.50	Rompus entre les congés.
Même acier, à angles vifs.	100	59.75	4.49	Rompus dans un angle.
Même acier, avec congés	200	83.15	9.33	Rompus entre les congés.
Même acier, à angles vifs.	200	59.95	3.25	Rompus dans un angle.

« M. Joëssel conclut de ce tableau que les formes des barreaux à leurs extré-
« mités n'ont qu'une faible influence sur les résultats observés lorsqu'il s'agit
« de barreaux en fer : avec des angles vifs même, les barreaux de ce métal
« n'ont pas rompu aux raccordements des parties rondes et carrées. Les bar-
« reaux d'acier, au contraire, ont tous rompu en ces points et, de leurs
« courbes de ténacité, il résulte que leurs résistances vives de rupture ont été
« diminuées par le fait des angles vifs dans le rapport de 4, 2 à 1, c'est-à-dire
« de plus des $^3/_4$. »

On voit qu'il est important que, dans les barreaux d'acier, les parties prismatiques soient reliées par des congés aux extrémités renflées en vue de l'application des efforts de traction, de manière qu'il n'y ait pas de variations brusques de diamètre. C'est une précaution qu'il ne faut pas perdre de vue dans la préparation des barreaux d'épreuve en acier.

Influence de la durée de l'opération

§ **26.** — Le temps, que l'on met pour rompre les barreaux d'épreuve, paraît influer sur les résultats des épreuves par traction.

M. Kirkaldy a fait une série d'expériences en appliquant brusquement aux barreaux d'épreuve des efforts de traction suffisants pour produire leur rupture.

Dans ces expériences, le levier de la romaine, qui servait à mesurer les efforts de traction, était suspendu au moyen d'une chaîne munie d'un déclic : après avoir accroché au levier le nombre de poids jugé nécessaire pour produire la rupture, on déclanchait le déclic, et toute la charge était appliquée instantanément et sans choc au barreau d'épreuve.

M. Kirkaldy conclut d'abord de ses expériences que les barreaux rompus lentement ont toujours une section de rupture nerveuse, tandis que ceux rompus brusquement ont le plus souvent une section de rupture grenue.

En ce qui concerne les éléments de la résistance, la conclusion de M. Kirkaldy est la suivante :

La résistance à la rupture par $^m/_m$ □ paraît être, toutes choses égales d'ailleurs, lorsque l'effort est appliqué brusquement, de 18 % plus petite que la résistanc observée, lorsque l'effort est appliqué progressivement.

La striction, au contraire, paraît être exactement la même, à la condition toutefois que l'effort appliqué brusquement n'excède pas de beaucoup l'effort qui produit la rupture progressive, car s'il l'excédait beaucoup, la striction n'aurait pas le temps de se produire.

Puisque la striction reste la même, il est très-probable que l'allongement proportionnel reste aussi le même ; cependant nous ne connaissons pas de preuves directes à l'appui de cette conjecture.

Le cas que nous venons d'examiner avec M. Kirkaldy est évidemment un cas extrême puisque la durée de l'opération est réduite à 0, mais il permet de conclure avec une quasi-certitude que, lorsque cette durée n'est pas nulle, la résistance à la rupture par $^m/_m$ □ est d'autant moins élevée, toutes choses égales d'ailleurs, que l'épreuve à la traction est conduite plus rapidement. Il conduit aussi à remarquer que, dans les épreuves par traction, l'application des surcharges successives doit avoir lieu sans secousses, sous peine d'introduire dans l'opération une cause d'erreur importante.

« Voici dans quelles conditions opérait M. le directeur des constructions navales Mangin, dans les expériences sur les tôles d'acier déjà citées :

« Les charges additionnelles étaient placées sur le plateau de la romaine
« avec le plus grand soin : elle variaient de 2 kil. 1/2 par $^m/_m$ au commen-
« cement de l'essai, à 1/2 kil. lorsque les allongements devenaient prononcés
« et qu'on approchait de la charge de rupture. Chaque charge additionnelle
« n'était placée sur le plateau que lorsque l'allongement produit par l'effort en
« action avait cessé de s'accroître. On soutenait alors le levier de la balance au
« moyen d'une vis verticale que l'on forçait même un peu et on plaçait le poids :
« on dévirait ensuite doucement la vis de manière à suivre le mouvement de
« descente du balancier.

« La durée de l'expérience était constatée. Cette durée n'est qu'exceptionnel-
« lement descendue au-dessous de 8 minutes pour les tôles de 0m002 d'épaisseur
« et n'a non plus qu'exceptionnellement dépassé 25 minutes pour les tôles fortes. »

Les épreuves par traction devraient toujours être effectuées dans des conditions analogues à celles qu'indique M. Mangin, mais dans la pratique il s'en faut qu'il en soit ainsi : les épreuves sont le plus souvent écourtées et, par suite, les éléments de la résistance sont plus ou moins influencés par la durée de l'opération.

Influence de la température

§ **27.** — L'influence de la température sur la résistance des métaux a été l'objet d'un grand nombre d'expériences qui ont été résumées par le professeur Thürston, en 1873, dans le journal « Iron age ».

Le professeur Thürston cite les expériences d'une commission de l'Institut Franklin sur la résistance du cuivre et du fer à différentes températures (1837);

Celles de Fairbairn sur le fer et la fonte (1856);

Celles de D. Kirkaldy sur le fer (1860);

Diverses expériences de Brochbauk, Fairbairn; du docteur Joule, de Peter Spence, d'Oliver Williams et du professeur Fritzshe, et enfin des expériences exécutées par une commission nommée par le roi de Suède en 1863, auxquelles prirent part le professeur Angström, R. Thalen Cronstrand, Lindell et Kunt Styffe.

Voici les deux conclusions principales que le professeur Thürston tire de ces diverses expériences :

La résistance à la rupture par m/m □ du fer et du cuivre varie, en général, en sens inverse de la température ;

La résistance vive de rupture (§ 13) des mêmes métaux varie, au contraire, dans le même sens que la température.

L'augmentation proportionnelle de cette résistance est, en général, plus grande que la réduction simultanée de ténacité.

La conséquence pratique que l'on peut tirer de ces observations, c'est que le fer et le cuivre, et probablement aussi les autres métaux, ne perdent pas par le froid de leur résistance lorsqu'ils sont soumis à des charges *statiques*, mais que leur résistance au choc est considérablement diminuée et que, par suite, le facteur de sécurité n'a pas besoin d'être augmenté dans le premier cas en prévision des grands froids, mais qu'il n'en est pas de même pour les machines, les rails et, en général, pour toutes les pièces destinées à recevoir des chocs.

En dehors de ces deux conséquences fort importantes et parfaitement établies, diverses conclusions intéressantes résultent des travaux des nombreux expérimentateurs que nous avons énumérés.

On a constaté, par exemple, que la présence du phosphore et des autres métalloïdes, qui rendent le fer cassant à la température ordinaire, exagère encore la diminution de résistance vive produite par le froid.

L'aspect de la cassure paraît varier dans un même échantillon de fer avec la température : la cassure peut être fibreuse à la température ordinaire et devenir cristalline si la cassure est effectuée à basse température.

§ **28.** — De toutes les observations suggérées par ces expériences, la plus singulière est celle du professeur américain Johnson qui, en 1844, fit des expériences pour le département de la marine des États-Unis.

Le professeur Johnson conclut textuellement ce qui suit :

« 1° L'augmentation de résistance vive produite par l'accroissement de
« température se conserve par le refroidissement, pourvu que les barres soient
« soumises à une forte tension pendant leur échauffement.

« On peut, au moyen de cette remarque, augmenter la valeur du fer de 23,4 %.
« Cette augmentation se décompose ainsi :

Augmentation de longueur.	5,75 %
— de résistance.	16,64 %

« 2° L'allongement de rupture d'une barre de fer à froid est 2 ou 3 fois plus
« grand que celui que produit la même charge à 300 degrés ; seulement, à cette
« température, cette charge n'entraîne pas la rupture. »

Les conclusions du professeur Johnson ne concordent pas bien avec celles qui ont été établies par les autres expérimentateurs. Nous les citons à cause de leur originalité et surtout parce que, dans la première de ces conclusions, il nous semble y avoir une idée fort ingénieuse dont on pourrait tirer un bon parti pour augmenter la résistance de certaines ferrures de chemins de fer et en particulier des organes d'attelage.

M. Daniel Adamson, dans la récente session de « l'Iron and steel Institute » tenue à Paris, a rendu compte des observations qu'il a faites au sujet de l'influence de la température sur les propriétés résistantes des métaux ferreux.

En premier lieu, M. Adamson a reconnu que les tôles d'acier doux ne peuvent se souder avec quelque sécurité, que si la teneur en carbone n'excède pas 0,125 % en même temps que les teneurs en soufre et en phosphore n'excèdent pas 0,04 % et celle en silicium 0,1 % ; nous ferons remarquer qu'un métal de cette espèce est extrêmement peu carburé et ne saurait être classé autre part que dans la catégorie du fer fondu.

M. Adamson dit, d'autre part, qu'au point de vue de cette faculté de souder on semble, à identité de composition chimique, donner la préférence au métal Siémens-Martin par rapport au métal Bessemer, observation singulière qui vient corroborer l'opinion exprimée en divers endroits du présent ouvrage, que ces deux procédés de fabrication donnent lieu, dans les mêmes conditions de composition chimique, à des produits de *tempéraments* différents.

M. Adamson a déterminé par une série d'expériences comparatives la malléabilité des métaux ferreux à diverses températures.

Les spécimens expérimentés étaient des barres prismatiques ayant pour section un carré d'environ 10$^{m}/_{m}$ de côté : ces barres, portées à des températures variées, étaient reployées sur elles-mêmes comme l'indique la figure ci-contre, jusqu'à juxtaposer, si possible, les deux moitiés de la barre : voici les résultats obtenus par M. Adamson :

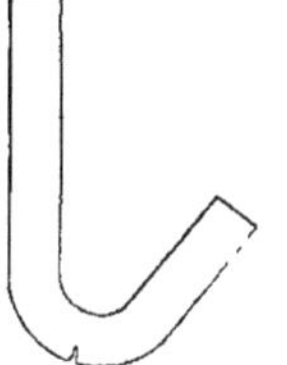

Fig. 7.

1° Le fer *très doux* peut, à toute température, depuis la température ordinaire jusqu'à celle du rouge, être reployé sur lui-même, jusqu'à juxtaposition sans se détériorer. Par fer *très doux*, il faut entendre le fer chimiquement très pur, c'est-à-dire le fer exempt, ou peu s'en faut, de soufre, phosphore et autres métalloïdes. La charge de rupture d'un pareil fer n'est guère que de 32^{k} par $^{m}/_{m}$ □ avec un allongement de 24 %.

2° Dès que le fer n'est pas pur, c'est-à-dire dès qu'il contient une trace de soufre ou une très minime quantité de phosphore, il se présente ceci de particulier, que les barreaux d'épreuve, tout en se pliant avant de se criquer, plus ou moins selon leur nature, soit à froid, soit à la chaleur rouge, ne peuvent supporter aucun ployage à une certaine température que M. Adamson appelle « Colour heat » (littéralement : chaleur de couleur) et qui correspond à la température du suif bouillant, soit 600° Fahrenheit environ. A cette température, le fer ordinaire du commerce perd presque toute sa malléabilité et casse net sous le marteau sans se plier; les aciers fondus doux sont exactement dans le même cas que le fer du commerce.

Nous avons conclu ci-dessus, avec le professeur Thürston, « que la résistance vive de rupture du fer varie dans le même sens que la température. » D'après les expériences de M. Adamson que nous venons de relater, cette conclusion n'est exacte que pour le fer *très doux*. Pour tous les autres composés ferreux, la résistance vive de rupture décroît, jusqu'à un certain minimum correspondant à une température comprise entre 600 et 700° Fahrenheit : au delà, la résistance vive de rupture croît avec la température.

Cette conclusion, si elle devait être vérifiée par des expériences nouvelles, aurait une bien grande importance en ce qui concerne le matériel des chemins de fer : en effet, lorsque les fusées d'essieux chauffent en service, elles atteignent justement la température que M. Adamson appelle : « Colour heat », qui est celle de la fusion du suif et, puisque, à cette température, l'acier et le fer impur perdent beaucoup de leur résistance vive de rupture et deviennent fragiles, les chauffages seraient donc fort dangereux avec les essieux en acier et ceux en fer impur : les essieux qui présenteraient à ce point de vue le plus de sécurité seraient ceux en fer très doux. C'est d'ailleurs dans cet ordre d'idées que s'est tenue la Compagnie P. L. M. dont les cahiers des charges imposent un double ballage dans la fabrication des essieux de vagons, ce qui a pour effet d'adoucir beaucoup le métal.

Influence des tractions réitérées

§ **29**. — Lorsqu'on soumet un barreau à des tractions réitérées qui, chacune isolément, ne suffisent pas pour dépasser la limite d'élasticité du métal, une opinion généralement admise est qu'on élève ainsi peu à peu la charge à laquelle correspond la limite d'élasticité. Cela pourrait s'expliquer par ce fait que les tractions répétées, exercées sur le barreau, écrouissent le métal.

Comme pour rechercher la limite d'élasticité, on a coutume de faire croître la traction par degrés, en supprimant la charge après chaque observation d'allongement afin de vérifier si le métal revient à sa longueur initiale, il résulterait de cette manière de procéder que la limite d'élasticité fuirait en quelque sorte devant l'observateur, dont les opérations seraient entachées d'erreur dans leur essence même.

Pour échapper à cette cause d'erreur, on recherche parfois la limite d'élasticité en opérant la traction progressivement et sans retour en arrière : c'est alors, au moyen de la courbe de résistance (§ 12), que se détermine le point correspondant à la limite d'élasticité; le changement brusque d'allure de cette courbe, au point où les allongements deviennent permanents, rend assez commode la détermination du point-limite.

Lorsque les tractions réitérées, bien qu'inférieures à la charge de rupture, sont assez considérables chacune isolément pour dépasser la limite d'élasticité et donner au barreau de l'allongement permanent, en les répétant un nombre de fois suffisant, on arrive infailliblement à casser le barreau. Cette question est de l'ordre de celles qui ont été étudiées en Allemagne par M. Wohler. Nous en parlerons plus loin.

CHAPITRE III

MACHINES A ESSAYER LES MÉTAUX PAR TRACTION, PAR FLEXION, PAR COMPRESSION, PAR TORSION, PAR LE CHOC. — APPAREILS POUR MESURER LES ALLONGEMENTS — AGRAFES POUR METTRE EN PRISE LES BARREAUX D'ÉPREUVE. — FORMES DES BARREAUX D'ÉPREUVE.

§ **30.** — L'usage des machines à essayer les métaux ayant pris beaucoup d'extension dans ces dernières années, des types très variés ont été créés. Nous nous proposons de passer en revue les types les plus remarquables.

Machines à essayer les métaux par traction

§ **31.** — Toutes les machines à essayer les métaux par traction comportent deux organes principaux : 1° un appareil pour produire la traction : ce sont des treuils ou des pompes actionnant des presses hydrauliques ; 2° un appareil pour mesurer la traction produite : ce sont des poids agissant soit directement, soit par l'intermédiaire de leviers ou bien des manomètres de divers genres.

C'est par le système de mesurage de la traction que les machines à essayer les métaux par traction peuvent se distinguer le plus rationnellement. Nous classerons donc ces machines en deux groupes :

1° Les machines où la traction est mesurée par des poids agissant directement ou par l'intermédiaire de leviers ;

2° Les machines où la traction est mesurée par un manomètre.

Dès que la traction à mesurer est tant soit peu considérable, il est évident que l'emploi de poids marqués n'est plus pratique, car il donne lieu à des manutentions considérables; on est donc conduit à exercer la traction par l'intermédiaire d'un levier qui multiplie l'action du poids. Si l'effort maximum à développer n'est pas trop élevé, un levier unique peut suffire sans que le poids à employer soit trop considérable, mais dès que cet effort maximum devient important, on est conduit à adopter un système de leviers qui se commandent et ajoutent, les uns aux autres, leurs effets multiplicateurs.

Machine à levier simple du Creusot

§ 32. — Les machines à simple levier sont généralement employées toutes les fois que l'effort à exercer ne dépasse pas 30,000^k. Nous citerons, comme exemple, la machine de cette espèce employée au Creusot pour les essais de barreaux d'épreuve des coulées d'acier Bessemer et Siémens-Martin (*planche* 1, *fig.* 2). Le rapport des bras du levier est de 1 : 17. Le poids maximum à mettre dans la balance pour produire l'effort de 30 tonnes est donc de 1765 kilogrammes.

La traction est produite à la main au moyen d'un treuil composé d'une roue dentée engrenant avec une vis sans fin : ce treuil agit pour soulever la mâchoire supérieure à laquelle est fixé le barreau d'épreuve. La mâchoire inférieure est en connexion avec le levier mesureur. Un piston hydraulique, mû par un accumulateur, suit toujours de près le levier dans ses oscillations et empêche qu'au moment de la rupture du barreau d'épreuve ledit levier, n'étant plus soutenu, soit violemment entraîné par les poids placés sur le plateau.

Cette machine fontionne bien : l'inconvénient qu'elle présente est qu'on ne peut exercer des tractions croissant progressivement depuis 0 : le poids du levier seul suffit pour produire sur le barreau d'épreuve, auquel il est suspendu, une traction très notable.

Machines à leviers multiples

§ 33. — Parmi les nombreuses machines à leviers multiples actuellement employées, nous citerons les suivantes :

1° Machine construite par MM. Trayvou et Cie, de la Mulatière, près Lyon;

2° Machine anglaise de M. Kirkaldy;

3° Machine américaine de MM. Flad et Pfeiffer;

4° Machine allemande du professeur Bauschinger;

5° Machines de la Compagnie P. L. M.

Machine de M. Trayvou de la Mulatière

§ 34. — La machine construite par M. B. Trayvou, fabricant de bascules à la Mulatière, près Lyon, est représentée *planche* 1, *fig* 3. Dans cette machine, la traction est produite par un treuil qui agit sur une tige filetée à laquelle est fixée la mâchoire inférieure qui saisit le barreau à essayer. La mâchoire supérieure est en connexion avec une véritable bascule, au moyen de laquelle on évalue les tractions exercées. La puissance de cet appareil est de 25,000 kilogrammes : il est bien ramassé et d'un usage commode, mais ses organes sont peut-être trop multipliés et en rendent l'entretien un peu délicat.

Machine anglaise de M. Kirkaldy

§ 35. — La machine représentée *planche* 2, *fig.* 1 a été construite par MM. Greenwood et Batley, de Leeds, d'après le système breveté de M. Kirkaldy, et employée par le colonel Rosset dans les expériences qu'il a exécutées à la fonderie de Turin dans ces dernières années.

La traction est produite au moyen d'une presse hydraulique actionnée par une pompe à main. Le piston de cette presse hydraulique agit sur le barreau à essayer par l'intermédiaire d'un sommier auquel il est relié par quatre bielles. L'ensemble des bielles et du sommier constitue un chariot porté par des roulettes et, dans le déplacement du piston, tout le système roule sur des rails. L'autre extrémité du barreau à essayer est en connexion avec une bascule composée d'un levier coudé qui commande un deuxième levier sur lequel se meut un curseur portant un poids qu'on peut faire varier à volonté. Le rapport des bras de ces deux leviers est tel qu'il suffit d'un poids modéré pour produire une traction qui peut aller jusqu'à 100,000 kilogrammes.

Un contre-poids équilibre le poids des leviers, lorsque le curseur mobile n'est pas chargé et est aussi rapproché que possible du point fixe du levier sur lequel il se meut : on peut donc faire croître progressivement les tractions depuis 0.

Un contre-poids tend constamment à ramener le piston de la presse hydraulique à bout de course.

Cette machine est d'un emploi commode ; elle présente cependant, à notre avis, un inconvénient : le rapport de multiplication du deuxième levier est très considérable et, par conséquent, on a été amené à réduire beaucoup la longueur de son petit bras afin que sa longueur totale ne soit pas démesurée; il en résulte que les variations d'assiette du couteau, par lequel ce levier repose sur le bâti fixe, sont comparables en grandeur avec le petit bras lui-même : le rapport des bras de levier varie donc avec l'assiette du couteau, ce qui vicie les indications de la bascule.

Machine américaine de MM. Flad et Pfeiffer

PLANCHE 2, FIG. 2

§ 36. — Cette machine, construite sur les plans de MM. Flad et Pfeiffer, a été employée par M. Eads pour l'essai des matériaux du fameux pont construit à Saint-Louis (États-Unis) dans ces dernières années.

La traction est opérée au moyen d'une presse hydraulique actionnée par une pompe. La tige du piston de la presse hydraulique agit directement sur le barreau à éprouver, et, à cet effet, elle traverse le fond du pot de presse ; l'autre extrémité du barreau à éprouver est en connexion avec une bascule agencée de la manière suivante :

Un premier levier coudé commande un deuxième levier par l'intermédiaire d'une bielle sur laquelle il agit par refoulement. Ce deuxième levier est en connexion par une bielle tirante avec un troisième levier qui porte un plateau dans lequel on peut mettre des poids marqués. Les trois leviers multiplient l'action des poids dans le rapport de leurs bras, en sorte qu'il suffit d'un petit nombre de poids dans le plateau pour produire une traction qui peut s'élever jusqu'au delà de 100 000 kilogrammes.

Le système de leviers s'équilibre naturellement, la traction peut donc croître graduellement depuis 0. Lorsqu'il n'y a pas de traction exercée, le grand levier est supporté par deux petites bielles en connexion avec le bâti. Dès qu'il y a traction, le levier est appliqué sur le bâti par son principal couteau et les petites bielles porteuses s'obliquent pour se prêter à ce nouvel état de choses. L'agencement de cette bascule est très-ingénieux, et la machine est bien conçue : on peut regretter seulement que le piston de la presse hydraulique ne soit pas rappelé automatiquement lorsque la traction cesse ; il faut, dans chaque cas, le ramener à bout de course avec la main, ce qui doit être assez malaisé.

Machine allemande du professeur Bauschinger

PLANCHE 3, FIG. 2

§ 37. — La machine que nous allons décrire a été construite, sur les plans de L. Werder de Nuremberg, dans les ateliers de Klett et Cie : elle a servi pour les essais que le professeur Bauschinger, directeur du bureau d'essais de l'école polytechnique de Munich, a exécutés pour la Société autrichienne des chemins de fer de l'État.

Cette machine est extrêmement compliquée, et nous ne pouvons, à moins d'entrer dans de minutieux détails, que donner une idée de sa disposition. La traction est opérée au moyen d'une pompe à main mue par un levier : cette pompe actionne une presse hydraulique dont le piston porte un fort sommier. Avec ce sommier font corps, à sa partie supérieure, deux supports qui fournissent des points d'appuis à un *arbre transversal*.

Sur le bâti de la machine sont fixées deux longrines qui servent de rails à un chariot. Le mouvement du piston de la presse est rendu connexe de celui de ce chariot au moyen de quatre longues bielles qui, du côté de la presse, sont conjuguées deux par deux par des jougs et, du côté du chariot, fixées toutes quatre dans une forte traverse. Le système de bielles, ainsi rendu solidaire, est suspendu par des anneaux, d'une part au chariot et d'autre part à l'arbre transversal porté par le piston de la presse; par conséquent, le système tout entier est entraîné par le piston de ladite presse dans son mouvement.

Or la tête de ce piston porte à sa face postérieure un gros couteau prismatique dont l'arête est horizontale, et sur cette arête vient buter l'arête horizontale d'un couteau semblable, lequel est porté par le fléau d'une balance munie d'un plateau sur lequel on peut mettre des poids : d'autre part, ce même fléau de balance porte un bras transversal qui est supporté sur des couteaux par des chapes passées sur l'*arbre transversal* du piston de la presse. Ce bras transversal porte lui-même deux biseaux dont l'arête est horizontale et sur lesquels viennent buter deux couteaux portés par les jougs qui conjuguent les longues bielles dont il a été parlé plus haut : ces deux derniers couteaux et ceux des chapes sont sur une même ligne droite horizontale située un peu en-dessus de l'arête horizontale commune des deux gros couteaux prismatiques du milieu.

Il résulte de là que, si l'on met la presse en mouvement, on transmettra à la traverse, qui conjugue les bielles, l'effort exercé par la presse, et que cet effort se transmettra également à la balance dont le plateau tendra à être soulevé de bas en haut. Pour la maintenir en équilibre, il faudra mettre sur ledit plateau un certain poids qui sera, à l'effort exercé par la presse, dans le rapport des bras de leviers de la balance. Or l'un de ces bras est égal à la distance des lignes horizontales sur lesquelles se trouvent les couteaux sus mentionnés, et ce bras n'est que le $\frac{1}{500}$ de l'autre bras de la balance : il en résulte que, pour faire équilibre à une traction de 1000 kilogrammes, il suffira de placer sur le plateau un poids de 2 kilogrammes. Les barreaux à éprouver par traction sont fixés, d'une part, à une traverse fixe et, d'autre part, à la traverse qui est en connexion, au moyen des bielles, avec le piston de la presse hydraulique.

Cet appareil laisse beaucoup à désirer au point de vue de la sûreté des indications, attendu que la petitesse de l'un des bras de levier de la balance rend le système de mesurage impressionnable aux moindres dérangements. L'inventeur paraît s'en être si bien rendu compte qu'il y a obvié de la manière suivante :

« En raison de la grande disproportion qui existe entre les deux bras du « levier, il est indispensable, dit-il, de pouvoir contrôler de temps à autre « l'exactitude du rapport qu'ils doivent avoir entre eux. Cet examen, qui ne « peut se faire directement par le mesurage des bras de levier, s'opère au moyen « de la *balance de contrôle*.

« Cette balance se compose d'un levier coudé qui porte un plateau ; le « rapport des bras de levier est de 1 : 10. Ce levier s'appuie, d'une part, sur le « chariot, dont il a été parlé plus haut, d'autre part sur la traverse qui con- « jugue les bielles.

« Si l'on pose des poids sur le plateau de la balance de contrôle, le fléau, qui « prend son point d'appui sur le chariot et, par l'intermédiaire de celui-ci, sur « le piston de la presse, le fléau, disons-nous, transmettra en la décuplant « l'action des poids à la traverse, et celle-ci, au moyen des bielles et des jougs, « reportera l'effort, qui lui est appliqué, sur la balance de l'appareil.

« Si le rapport des bras de levier de cette dernière balance n'a pas subi d'al- « tération, le poids, dont il faudra charger le plateau pour maintenir l'hori- « zontalité, sera donc exactement le cinquantième de la charge placée sur le « plateau de la balance de contrôle : dans le cas contraire, il faudra corriger « la longueur du petit bras de levier, ce qui s'obtient facilement au moyen d'une « disposition spéciale qui permet de déplacer le couteau principal suivant la « verticale à l'aide d'une vis de rappel. »

Nous doutons fort que cet appareil, si minutieux, si complexe, soit d'un usage commode et sûr.

Machines de la Compagnie P.L.M.

§ 38. — La Compagnie des chemins de Paris à Lyon et à la Méditerranée a récemment établi, dans ses ateliers de Paris, deux machines à essayer les métaux qui sont représentées par les fig. 1 et 1 *bis* de la planche 4 et la fig. 1 de la planche 3.

La première de ces machines a plus de 30 mètres de longueur de banc : elle est destinée à l'essai des chaînes, cordages et, en général, de toutes les pièces de grande longueur. La traction est produite au moyen d'une presse hydraulique actionnée soit au moyen d'une pompe, soit au moyen du compresseur sterhydraulique de M. Thomasset. Un contre-poids ramène le piston à bout de course tant qu'il n'y a pas traction exercée. La bascule, qui sert à mesurer les efforts de traction, se compose : 1° d'un grand levier coudé dont les bras sont respectivement de 400 et 2300 m/m ; 2° d'un second levier commandé à l'une de ses extrémités par une bielle tirante en connexion avec le premier et qui commande à son autre extrémité, par une autre bielle tirante, un troisième levier sur lequel se meut un curseur portant un poids d'environ 200 kilogrammes.

Le rapport des bras du levier intermédiaire est 1 : 8 et le rapport des bras du levier, qui porte le curseur mobile, est 1 : 10. Un système de contre-poids équilibre ces divers leviers, en sorte que, lorsqu'il n'y a pas de traction, le système est en équilibre. Les tractions peuvent donc croître progressivement de 0 à 100 000 kilogrammes, limite de la puissance de la machine.

Lorsqu'il n'y a pas de traction, le grand levier coudé ne porte pas sur son couteau principal : il est alors supporté par deux couteaux secondaires qui reposent sur des supports horizontaux et dont les arêtes sont dans le même plan vertical que l'arête du couteau principal. En outre, l'agencement est tel que lorsque le couteau principal vient, par suite de la traction, à être appliqué sur son support, les deux couteaux secondaires ne portent plus sur les leurs.

Il résulte de cette disposition que, lorsqu'au moyen des contre-poids de réglage on a équilibré le système des leviers par rapport aux couteaux supplémentaires, l'équilibre existe aussi par rapport au couteau principal : par suite, lorsqu'en raison de la traction exercée, le grand levier vient porter sur son couteau principal, la somme des moments des poids du système de leviers continue à être nulle par rapport à l'arête de ce couteau. En conséquence, l'appareil étant réglé à vide de manière que l'équilibre existe lorsque le curseur mobile, qui porte le contre-poids, est aussi rapproché que possible du point fixe du levier supérieur, il suffit, pour équilibrer les tractions produites au moyen de la presse hydraulique, de déplacer le curseur mobile sur le dit levier. A cet effet, le curseur forme écrou par rapport à une longue vis qui est solidaire du levier et une roue à main, placée à l'extrémité de cette vis, permet de déplacer le curseur.

Le pas de la vis est tel qu'un tour de roue correspond à une augmentation de traction de 1000 kilogrammes : la roue est creuse et contient un mouvement d'horlogerie qui enregistre le nombre de tours et les fractions de tours faits par la roue ; on peut donc connaître, par une simple lecture, la traction exercée à 10 kilogrammes près.

39. — La deuxième machine est destinée aux essais des objets de petite longueur, barreaux d'épreuve, organes d'attelage, etc.... Elle figure dans l'exposition de la Compagnie P.-L.-M. dans la classe 64.

La traction est produite, dans cette machine comme dans la précédente, soit au moyen d'une pompe, soit au moyen du compresseur sterhydraulique. Un contre-poids ramène le piston de la presse à bout de course tant qu'il n'y a pas de traction exercée. La bascule qui sert à mesurer les efforts de traction, se compose également de trois leviers : les longueurs des bras du premier levier sont : : 1 : 4 ; celles du levier intermédiaire : : 1 : 10 ; et celles du troisième levier sur lequel se meut le curseur qui porte le contre-poids : : 1 : 12. Le contre-poids mobile pèse environ 200 kilogrammes. Un système de contre-poids équilibre ces divers leviers en sorte que, lorsqu'il n'y a pas de traction, l'appareil est en équilibre, Les tractions peuvent donc croître de 0 à 100 000 kilogrammes, limite de la puissance de l'appareil.

La disposition du levier qui porte le curseur mobile est exactement la même que dans la machine décrite précédemment : une vis permet de déplacer le contre-poids et cette vis porte une roue qui permet de connaître par simple lecture, à 10 kilogrammes près, la traction exercée.

Machines à manomètres.

§ 40. — Les machines, dans lesquelles la traction est mesurée par un manomètre, sont de deux espèces :

1° Celles où le manomètre est placé sur la presse hydraulique même au moyen de laquelle on produit la traction ;

2° Celles où le manomètre est distinct de la presse hydraulique et est spécialement employé, au moyen de dispositions particulières, comme appareil mesureur.

Les machines de la première espèce étaient usitées autrefois à cause de la simplicité de leur agencement. Il suffisait, en effet, d'agir au moyen d'une presse hydraulique sur le barreau à essayer attaché par l'une de ses extrémités à un point fixe : on n'a pas tardé à reconnaître que ces machines donnaient des indications très-incertaines. En effet, la traction exercée s'évalue en multipliant la section du piston de la presse hydraulique mesurée en centimètres carrés par le taux de la pression en kilogrammes donnée par le manomètre. Or, la pression totale, exercée sur le piston de la presse au moyen de la pompe, n'est pas intégralement transmise au barreau d'épreuve, puisqu'une partie est employée à vaincre le frottement que la garniture en cuir, qui fait le joint de la presse, oppose au mouvement du piston ; ce frottement est assez considérable pour que la force employée pour le vaincre soit une notable fraction de l'effort total exercé au moyen de la pompe. Si cette fraction de l'effort total, absorbée par le frottement de la garniture en cuir, était constante, on pourrait en tenir compte une fois pour toutes, mais ce frottement varie avec l'état des cuirs, peut-être même avec la pression : les indications d'une pareille machine ne méritent donc aucune confiance. Elles la méritent d'autant moins que les indications des manomètres métalliques, eux-mêmes, sont très-souvent peu exactes et ne peuvent être contrôlées, ce qui contribue pour une autre part à l'incertitude des résultats donnés par les machines à essayer les métaux dont nous nous occupons actuellement.

C'est en raison de ces considérations que la Marine Nationale proscrit l'emploi des machines de cette espèce pour toutes les épreuves des matières qu'elle emploie.

La circulaire du Ministère de la Marine, en date du 11 mai 1876, relative à la classification des tôles en acier, dit en effet formellement :

« Les efforts de traction ne seront jamais calculés d'après les indications « du manomètre, si la machine employée pour les produire, comprend une « presse hydraulique. »

Machine de sir J. Whitworth.

§ 41. — Les difficultés, que nous venons de signaler, ne paraissent pas avoir touché sir Joseph Whitworth, car dans son exposition figure une machine à essayer les métaux qui est précisément de l'espèce de celles que nous venons de critiquer. Cette machine, représentée *planche* 4, *fig.* 2, se compose d'une presse hydraulique dont le piston porte deux tiges réunies à leurs extrémités par un sommier dans lequel on engage l'une des extrémités de la pièce à éprouver : l'autre extrémité est engagée dans un deuxième sommier solidaire du bâti. En agissant sur la presse hydraulique au moyen d'une pompe à main portée par le bâti même, on tend à éloigner les deux sommiers l'un de l'autre et, par suite, à rompre la pièce que l'on veut éprouver : un manomètre métallique du système Bourdon indique la pression exercée dans la presse et permet de calculer la traction exercée sur la pièce éprouvée. Les pièces éprouvées sont de très-petite longueur : on ne peut guère dépasser 5 à 6 centimètres. C'est avec de l'huile que la presse est remplie.

On paraît s'être attaché à disposer cet appareil de manière à ce qu'il ait très-peu d'encombrement. S'il a quelque mérite sous ce rapport, nous pensons qu'au point de vue de la sûreté des indications il est tout à fait inférieur à toutes les autres machines d'espèce analogue qui figurent à l'Exposition.

§ 42. L'Exposition nous offre, en effet, plusieurs machines à essayer les métaux, dans lesquelles le manomètre est aussi employé comme appareil mesureur, mais dans des conditions toutes différentes qui atténuent beaucoup les inconvénients du système. Nous voulons parler des machines de M. Thomasset de celle du colonel Maillard et de celle de MM. Chauvin et Marin-Darbel, dont nous nous occuperons successivement.

Machines de M. H. Thomasset.

§ 43. — M. H. Thomasset, constructeur à Paris, expose plusieurs machines à essayer les métaux ingénieusement agencées.

Celle qui est représentée *pl. 1*, *fig. 4*, et que nous allons sommairement décrire, fonctionne depuis quelques années dans les chantiers de la Buire à Lyon.

La traction est exercée au moyen d'une presse hydraulique actionnée par un instrument que M. Thomasset a nommé le compresseur sterhydraulique : cet instrument se compose d'un piston qu'on enfonce dans un corps de pompe au moyen d'une manivelle; à cet effet, le piston, qui est guidé dans une coulisse, forme écrou sur une vis à laquelle la manivelle imprime un mouvement de rotation par l'intermédiaire d'un pignon. Le pas de la vis est très-petit et l'on peut produire de fortes pressions en exerçant sur la manivelle des efforts relativement modérés. Le fonctionnement du compresseur dans les essais de métaux est excellent, il produit des pressions régulièrement croissantes sans qu'aucun choc soit à craindre.

Dans les machines du système Thomasset, la traction est mesurée de la manière suivante : l'une des extrémités du barreau d'épreuve étant en connexion avec la presse, l'autre est solidaire avec un levier coudé, dont le rapport des bras de levier est :: 1:5. Le grand bras de ce levier vient butter au centre d'un plateau qui s'appuie sur un bassin circulaire rempli de mercure. Ce bassin est recouvert d'une membrane en caoutchouc qui est boulonnée avec lui sur tout son pourtour de manière à constituer une boîte étanche. La pression émanée du levier coudé se transmet au bain de mercure par l'intermédiaire du plateau sur lequel appuie le levier, et si S est la surface du bain exprimée en centimètres carrés et P la traction exercée à l'extrémité du petit bras du levier, la pression par centimètre carré, exercée sur le bain de mercure, sera : $\frac{P}{5S}$

La boîte étanche, qui renferme le bain de mercure, correspond par un tuyau avec un tube en verre ouvert à l'air libre et gradué en centimètres : si l'on marque 0 au point auquel s'élève le niveau du mercure dans ce tube lorsque la traction exercée est nulle, il est évident que si h est la hauteur du mercure exprimée en centimètres lorsque la traction est P, on aura :

$$\frac{P}{5S} = \frac{h}{76}$$

On choisit la surface S du bain de mercure de telle façon que h soit d'environ 2 fois 76 centimètres.

On voit que si la puissance de la machine est de 50 000 kilogrammes, il suffit pour cela de prendre S = 5000c/m□.

La colonne manométrique est graduée par expérience en faisant agir des poids marqués sur le bain de mercure, soit directement, soit par l'intermédiaire d'un levier. L'inconvénient de ces appareils, et de tous les appareils analogues, est qu'on ne peut vérifier si leurs indications sont exactes qu'en renouvelant le tarage direct par poids marqué qui a été effectué pour la graduation primitive : or, cette opération est assez laborieuse et elle exige toute une installation.

Machine du colonel Maillard.

PLANCHE 5, FIG. 1.

§ **44**. La machine à essayer les métaux du colonel Maillard emprunte la plupart de ses dispositions à la machine de M. H. Thomasset que nous venons de décrire : la traction est aussi opérée au moyen d'une presse hydraulique qu'actionne un compresseur. Les différences entre les deux machines portent sur le système de mesurage. Dans la machine du colonel Maillard, la traction est mesurée directement par un manomètre sans aucun intermédiaire de levier : à cet effet, le barreau d'épreuve, en connexion par un bout avec la presse hydraulique, est attelé à l'autre bout à une chape, qui porte un chapeau muni d'un piston ; d'autre part, une pièce en forme de coquille est portée au moyen de tourillons par le bâti de la machine : cette coquille est pleine de mercure et elle est fermée à sa partie postérieure par une membrane en caoutchouc qui est fixée de la même manière que l'organe similaire des machines de M. H. Thomasset. Le piston du chapeau, dont il a été question plus haut, vient presser, lorsqu'on fait fonctionner la presse hydraulique, sur la membrane en caoutchouc et la mesure de la pression exercée s'opère au moyen d'un manomètre à air libre, tout à fait comme dans la machine de M. H. Thomasset.

L'agencement de la machine du colonel Maillard est plus simple encore que celui de la machine de M. H. Thomasset, mais il présente un inconvénient, c'est qu'il est assez difficile de régler la machine de manière que la coquille à mercure et le piston du chapeau aient leurs axes exactement parallèles. Or, si cette condition n'était pas remplie, il pourrait se produire des coincements entre le piston et la coquille, et les indications de l'appareil seraient faussées.

Pour obvier à cette difficulté, le pot de presse est monté sur des vis butantes qui permettent d'en régler la direction : on arrive ainsi à exercer la traction dans l'axe du piston du chapeau ; la difficulté que nous signalions est donc beaucoup atténuée, mais elle n'en subsiste pas moins, car le réglage qu'il faut effectuer est délicat et reste toujours une cause d'erreur.

Machine de MM. Chauvin et Marin-Darbel.

PLANCHE 4, FIG. 3 ET 3 *bis*.

§ 45. MM. Chauvin et Marin-Darbel, constructeurs à Paris, exposent dans la classe 50 une machine à essayer les métaux qui dérive de la machine du système de M. H. Thomasset, mais avec des dispositions toutes différentes. Le bâti est vertical : il se compose d'un soubassement dans lequel se trouve la presse hydraulique au moyen de laquelle on produit la traction et d'un entablement dans lequel se trouve l'appareil de mesurage ; cet entablement est supporté par trois colonnes : la presse est placée entre deux de ces colonnes. Le barreau d'épreuve est mis en connexion, à sa partie inférieure, avec le piston de la presse ; à sa partie supérieure, le barreau est relié à un levier de seconde espèce qui s'appuie d'une part sur l'entablement et d'autre part sur une bride qui fait corps avec un plateau circulaire.

L'entablement constitue une boîte creuse en forme de calotte sphérique dont la partie inférieure est munie d'un diaphragme annulaire en caoutchouc qui est fixé d'une part au pourtour du plateau circulaire sus-indiqué, d'autre part au pourtour de la base de l'entablement. La boîte close ainsi constituée est remplie de mercure et communique par un tuyau avec un tube manométrique à air libre, comme dans les machines du système Thomasset, et la quantité de mercure est telle que, lorsque l'appareil est au repos, le tube manométrique est rempli jusqu'en haut. Si l'on vient à exercer une traction au moyen de la presse, cette traction se communique par l'intermédiaire du barreau d'épreuve à l'appareil mesureur : le diaphragme se déforme ; la capacité de la boîte creuse remplie de mercure augmente et, par un effet analogue à celui de la ventouse, le niveau baisse dans le tube manométrique. On conçoit que, le dit tube ayant été préalablement gradué par expérience, on puisse évaluer ainsi les tractions exercées.

Cette machine présente les mêmes inconvénients que celles de M. Thomasset; son agencement est moins simple et, par suite, elle est plus sujette à se déranger.

Machines à essayer les métaux par compression.

§ 46. — Toutes les machines à essayer les métaux par traction qui viennent d'être décrites, ou du moins presque toutes, permettent, avec des modifications très-simples, d'essayer aussi les métaux par compression.

§ 47. — Dans la machine de MM. Flad et Pfeiffer, le corps du piston de la presse hydraulique se rapproche lorsqu'on fait agir les pompes, d'un robuste sommier fixé à l'extrémité du banc de l'appareil, en sorte qu'on peut comprimer les objets qu'on place entre le piston et ce sommier : les efforts de compression sont mesurés par la bascule de la même manière que les efforts de traction.

§ 48. — Dans la machine de M. Kirkaldy employée par le colonel Rosset, on dispose l'échantillon à essayer entre deux tas qui sont rendus, au moyen de tirants, solidaires l'un de la presse hydraulique, l'autre de l'appareil de mesurage.

Le colonel Rosset a soumis les métaux à deux sortes de compression : l'une est la compression libre, l'autre est celle en matrice. Dans la première, l'échantillon est seulement appuyé aux deux extrémités sur des coussinets en acier placés sur les deux tas, il peut donc se déformer librement; dans la deuxième, l'échantillon, étant maintenu par des matrices *ad hoc*, peut seulement se raccourcir sans se déformer.

Pour la compression en matrice, on dispose l'échantillon dans un tronc de cône en acier trempé divisé longitudinalement en deux parties égales et parfaitement ajustées, ayant un vide intérieur du diamètre de l'échantillon. Les deux parties du tronc de cône sont ensuite solidement réunies en repoussant fortement une frette extérieure : deux petits pistons en acier trempé sont placés dans le vide intérieur du tronc de cône, leurs têtes s'appuyant d'une part contre l'échantillon soumis à l'essai, d'autre part contre des coussinets qui sont encastrés dans les tas.

Pour la compression libre, on opère de la même manière en mettant l'échantillon directement entre les deux coussinets.

§ 49. — Avec les machines de la Compagnie P.-L.-M., on se sert pour les essais par compression, de deux brides en fer forgé emmanchées perpendiculairement l'une à l'autre comme les deux parties d'un joint à la Cardan : l'une de ces brides est mise en connexion avec l'appareil de mesurage, l'autre avec le piston de la presse hydraulique ; chacune de ces brides porte un coussinet en acier et l'échantillon à éprouver est placé entre les deux coussinets.

Machines à essayer les métaux par flexion.

§ 50. Toutes les machines à essayer les métaux par traction peuvent également être disposées pour essayer les métaux par flexion. Par exemple, la machine de MM. Chauvin et Marin-Darbel, telle qu'elle est représentée sur la planche 4, est disposée pour les essais des rails par flexion : il a suffi pour cela de mettre en connexion, avec l'appareil de mesurage, un balancier qui porte à ses deux extrémités deux bielles pendantes munies de couteaux sur lesquels on pose les pièces à essayer par la flexion. La tige de piston de la presse est, d'autre part, en connexion avec une chape munie aussi d'un couteau et qui est passée sur la pièce à essayer.

En faisant agir la presse hydraulique, on produit de la sorte la flexion de la pièce soumise à l'essai et l'appareil de mesurage donne l'intensité des efforts exercés.

Machines à essayer les métaux par torsion.

§ 51. — Ces machines ne sont pas encore très-répandues, les essais par torsion ayant un intérêt moins général que les essais par traction. Il existe cependant quelques types de machines à essayer les métaux par torsion : nous en décrirons sommairement trois :

1° La machine américaine du professeur Thürston ;

2° La machine allemande employée par le professeur Bauschinger de Munich ;

3° La machine française de M. H. Thomasset.

Machines américaine du professeur Thürston.

§ 52. — Cette machine dont on trouvera le dessin dans la planche 6, fig. 1 et 1 bis, se compose de deux châssis en forme de A solidement montés sur une forte plaque de fondation : les deux châssis sont entretoisés par des boulons. Près de la partie supérieure de chacun des châssis, se trouvent des tourillons qui portent chacun un coussinet destiné à recevoir les têtes des échantillons à éprouver.

Les échantillons, employés par le professeur Thürston, ont le corps cylindrique sur une longueur de $0^{m},025$; ils sont terminés à leurs extrémités par des parties prismatiques carrées qu'on engage dans les coussinets sus-indiqués. Le diamètre du corps cylindrique des barreaux est de $0^{m},015$.

Les deux tourillons qui portent les coussinets, ne sont reliés l'un à l'autre que par l'échantillon mis en prise pour être essayé. A l'un de ces tourillons est fixé un long bras qui supporte un lourd contre-poids à son extrémité inférieure ; sur l'extrémité du 2e tourillon extérieure aux châssis est calée une roue dentée qui engrène avec une vis sans fin qu'on peut mouvoir au moyen d'une manivelle. Lorsque l'échantillon est placé dans les deux coussinets et que l'on fait tourner ce deuxième tourillon, l'autre tourillon est entraîné par l'intermédiaire de l'échantillon soumis à l'épreuve, mais pour qu'il en soit ainsi, il faut que le contre-poids placé à l'extrémité du bras soit dévié de la verticale : plus le bras est dévié de la verticale, et plus grande est la résistance du contre-poids qu'il supporte, au mouvement de rotation de l'arbre.

Le moment du contre-poids par rapport à la verticale mesure justement la résistance à la torsion qu'oppose l'échantillon soumis à l'essai.

Le tourillon, qui porte la manivelle, porte également un tambour cylindrique situé entre les deux châssis et sur lequel est enroulée une feuille de papier. Au bras de levier du contre-poids calé sur l'autre tourillon, est fixé un porte-crayon dont un ressort tend toujours à appuyer la pointe sur le papier enroulé sur le tambour.

Supposons que l'échantillon à éprouver se torde sans opposer aucune résistance, le contre-poids ne bougerait pas et le tambour, étant mis en mouvement par la manivelle, tracerait sur le papier une ligne plane qui, une fois le papier développé serait une ligne droite : la longueur de cette ligne donnerait le degré de torsion qu'aurait subi l'échantillon. Si, au contraire, l'échantillon se tord, mais en opposant une certaine résistance, le contre-poids sera dévié de la verticale d'une quantité proportionnelle à la résistance à la torsion et le porte-crayon, qui est fixé sur le bras qui porte le contre-poids, sera dévié en même temps que lui.

Or, le tourillon, qui porte le contre-poids, porte en même temps un tambour cylindrique qui est découpé suivant une courbe, comme l'indique le dessin ci-dessous ; la queue du porte-crayon vient buter contre cette courbe de manière que, lorsque le contre-poids est dévié de la verticale, le crayon qui part de la position a vient successivement occuper les positions a' a''...

Soit ob' une position du contre-poids, α l'angle qu'elle fait avec la verticale, l la longueur ob comprise entre l'axe d'oscillation et le centre de gravité du contre-poids et P le poids de ce contre-poids, le moment du poids P pour la position ob' est :

$$P \times l \sin \alpha$$

la courbe $a\ a'\ a''$ est une sinussoïde tracée sur le cylindre : par conséquent : si a'

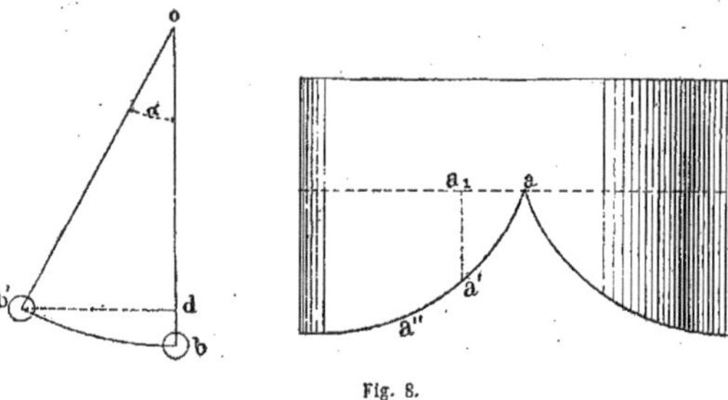

Fig. 8.

est la position occupée par le crayon sur la courbe pour une déviation du contre-poids égale à α, la longueur $a'\,a'$, sera proportionnelle au moment correspondant du contre-poids.

On voit donc que le crayon guidé par cette courbe tracera, sur le papier enroulé sur le tambour, une courbe dans laquelle les abscisses seront proportionnelles aux angles de torsion et les ordonnées proportionnelles aux moments de torsion correspondants. Nous verrons plus loin l'usage que fait le professeur Thürston des courbes ainsi tracées pour déterminer les éléments de la résistance à la torsion.

Contentons-nous pour le moment d'achever la description de la machine en disant que les échantillons à éprouver sont centrés dans les coussinets qui les tiennent en prise, au moyen de pointeaux fixés sur les tourillons ; que l'un des tourillons est fixe, tandis que l'autre est poussé dans la direction du premier par un ressort en spirale de manière que l'échantillon à essayer est serré entre les deux tourillons ; qu'enfin on consolide l'échantillon dans les coussinets au moyen de petites clavettes coniques.

Machine allemande du professeur Bauschinger.

PLANCHE 5, FIG. 3 ET 3 *bis*.

§ 53. — La machine, employée par le professeur Bauschinger dans les essais par torsion qu'il a exécutés pour la « Staatsbahn », n'est autre chose que la machine système Werder, qui a été décrite au § 37 appropriée à cette nouvelle destination au moyen de dispositions que nous allons faire connaître.

Sur les longrines de la machine et adossé à la presse hydraulique, on pose un sommier : d'autre part, un chariot, rendu solidaire, au moyen de tiges rigides, de la traverse qui conjugue les bielles, est mis en mouvement par le piston de la presse hydraulique. Sur le sommier, on fixe deux supports munis de manchons à douille carrée dans lesquels viennent s'engager les têtes des barreaux d'épreuve. L'un des manchons porte une roue à cliquet qui le maintient fixe : l'autre porte une manivelle contre la queue de laquelle vient buter le chariot.

La longueur de la manivelle est de 50 $^{c}/_{m}$: lorsque la presse hydraulique entraîne le chariot, l'effort exercé mesuré par la balance produit un moment de torsion égal à la charge indiquée par la balance multipliée par le bras de levier de 50 $^{c}/_{m}$.

Le frottement dans les coussinets des supports est très-faible, comme on a pu s'en assurer par des mesurages directs et peut être négligé.

Machine de M. H. Thomasset.

PLANCHE 5, FIG. 2.

§ **54.** — La machine de M. H. Thomasset figure à l'Exposition (classe 50). La torsion est exercée au moyen d'un treuil et la mesure en est faite au moyen d'un manomètre.

L'échantillon à essayer est engagé à l'une de ses extrémités dans une douille qui est solidaire du treuil et, à son autre extrémité, dans une deuxième douille qui entraîne dans son mouvement de rotation un levier, dont l'extrémité vient buter sur le plateau d'un manomètre semblable à celui dont il a été parlé au 44 dans la description de la machine à essayer les métaux par traction du système de M. H. Thomasset.

Le fonctionnement de l'appareil, qui est très-simple, se comprend sans plus d'explications.

Appareils pour les essais au choc.

§ **55.** — Les appareils pour essayer les métaux par le choc sont très-nombreux et très-variés; nous en citerons seulement deux qui, chacun dans leur genre, nous paraissent remarquables.

§ **56.** — Le dessin n° 1, *planche* 1, donne une idée de la disposition du mouton employé dans l'usine du Creusot pour les essais au choc des bandages et essieux de chemins de fer. Le mouton est guidé entre deux montants verticaux, il est suspendu à une chaîne qui s'enroule sur un tambour que l'on peut faire tourner au moyen d'un piston hydraulique mû par un accumulateur: à cet effet, la tige du piston hydraulique porte une crémaillère qui engrène avec un pignon calé sur l'axe du tambour. La chaîne porte un déclic que l'on peut manœuvrer à la main au moyen d'une corde et qui permet de faire tomber le mouton lorsqu'il est arrivé à la hauteur voulue.

§ 57. — Le second appareil à essayer les métaux par le choc, que nous voulons citer, est celui qui est installé à la fonderie de Bourges pour essayer les barreaux par le choc dans le sens longitudinal. Le dessin n° 2, *planche* 6, donne une idée de cet appareil; il se compose d'un mouton guidé entre deux montants et que l'on peut manœuvrer au moyen d'une corde : les deux montants sont fixés sur une chabotte évidée dans sa partie centrale.

Le barreau à éprouver par le choc est muni de deux têtes renflées : la tête supérieure est engagée au moyen de deux coquilles dans un évidement pratiqué dans le mouton, la tête inférieure porte, au moyen de deux coquilles semblables, un poids d'environ 10 kilogrammes.

Le mouton est porté par un double croc à ciseaux : lorsqu'on soulève le mouton, les branches des ciseaux viennent s'engager dans un œil pratiqué dans une traverse que l'on peut fixer sur les montants à telle hauteur que l'on veut; à peine les branches des ciseaux se sont-elles engagées dans la traverse dont il s'agit, que les crocs pivotent autour de leurs axes et laissent tomber le mouton.

Or, le mouton a inférieurement la forme d'un tronc de cône et l'évidement central de la chabotte a également la forme d'un tronc de cône de mêmes dimensions : il en résulte que, lorsque le mouton est arrivé dans sa chute à la hauteur de la chabotte, il est arrêté instantanément. Par suite, le poids de 10^k, que le barreau d'épreuve porte à son extrémité inférieure, exerce sur le barreau un effort dynamique dont l'intensité en kilogrammètres se mesure par le produit de son poids (10^k) par la hauteur de la chute.

Les barreaux que l'on peut essayer au moyen de cet appareil, ont généralement de 13 à 14 $^m/_m$ de diamètre et 10 $^c/_m$ de longueur.

Instruments pour la mesure des allongements

§ 58. — On peut distinguer deux sortes d'instruments pour la mesure des allongements des métaux : les uns sont destinés à la mesure des allongements permanents seulement et, comme ces allongements sont ordinairement très-notables, l'instrument, qui doit servir à les mesurer, n'a pas besoin d'être très-précis; les autres sont destinés à mesurer non-seulement les allongements permanents, mais encore les allongements élastiques et, comme ces derniers sont fort petits, il faut pour les mesurer un instrument très-précis.

Appareil à cadre de M. Mangin

§ 59. — Parmi les instruments de la première espèce, nous citerons celui qui a été employé par M. Mangin, directeur des constructions navales, dans ses expériences sur les tôles d'acier (*planche* 7, *fig.* 10 et 10 *bis*.

Ce petit appareil se compose de deux règles à retour d'équerre qui se fixent aux extrémités de la partie prismatique de la barre sur la longueur de laquelle l'allongement doit être mesuré, et qui glissent l'une sur l'autre de quantités identiquement égales aux allongements produits. Ces quantités, qu'il serait difficile et dangereux pour les yeux de lire directement, sont multipliées au moyen d'une aiguille dont le centre de rotation appartient à l'une des équerres. Son petit bras est pressé de haut en bas par un doigt appartenant à l'autre équerre et est maintenu au contact au moyen d'un petit ressort à boudin. Son grand bras terminé en pointe marque, sur un cadran divisé avec soin par expérience, les allongements de la barre considérablement agrandis : au moment où la rupture a lieu, les deux équerres se séparent, le doigt laisse échapper le bouton de la petite queue de l'aiguille et celle-ci, rappelée par son ressort, revient brusquement au zéro.

§ 60. — Le colonel Rosset, dans les essais sur les aciers qu'il a exécutés à la fonderie de Turin, s'est servi de plusieurs appareils pour la mesure des allongements.

Appareil à spirale du colonel Rosset.

Celui qu'il appelle « Appareil mesureur à spirale » est représenté *planche* 8, *fig.* 1-1 *bis*-1 *ter*-1[4].

Il se compose d'un disque en bronze gradué en 150 divisions : dans ce disque est ménagée une cannelure en spirale formant environ 6 tours de la division 0 jusqu'à la division 98. Le disque est fixé à un axe qui est lui-même guidé et supporté dans une chape. L'axe porte une roue qui tourne autour de lui et avec laquelle engrène une crémaillère dont le prolongement en forme de tige est en connexion avec le chariot de la machine à essayer.

Ainsi, le disque est fixe et la crémaillère est en connexion avec l'appareil de tirage : il en résulte que, lorsqu'on met la machine en marche, la crémaillère fait tourner la roue : or, la dite roue porte deux verniers en arc de cercle, l'un qui fait corps avec elle, l'autre qui est libre sur l'axe de l'appareil. Ce deuxième vernier pousse un petit taquet un peu en relief qui, coulissant dans la cannelure en spirale lorsqu'il est poussé par le vernier, indique à quel tour de la spirale il faut se reporter pour la lecture.

Lorsque la traction s'exerce, la tige de la crémaillère, entraînée dans le mouvement du chariot, fait tourner la roue avec le vernier qui en est solidaire : ce vernier repousse le second vernier ainsi que le taquet que celui-ci commande, et cela, tant qu'il y a allongement; quand la traction cesse et qu'on laisse tomber la pression, la tige du piston est ramenée par le contre-poids et la tige de la crémaillère fait tourner de nouveau la roue, mais en sens contraire de la rotation qui a eu lieu précédemment sous l'action de l'effort de traction. L'allongement momentané est indiqué par le vernier libre et par le taquet, tous deux restés immobiles sur le disque au point correspondant au plus grand allongement qui s'est produit, tandis que l'allongement permanent est marqué par le vernier solidaire de la roue, par sa position relativement à son point de départ.

Le rapport entre les diamètres de la roue et de la graduation est tel que chacune des 150 divisions correspond à 1 $^{m}/_{m}$ d'allongement : avec les verniers divisés, on a une approximation de $^{1}/_{20}{}^{e}$ de millimètre.

Les causes d'erreur, provenant du jeu de la roue avec la crémaillère et des arcs-boutements, sont telles que l'appareil mesureur à spirale ne donne pas une grande approximation dans les mesures : il peut seulement servir pour les expériences dans lesquelles on ne demande pas une grande exactitude : par exemple, pour les observations d'allongements permanents.

Une autre cause d'erreur qui se retrouve chaque fois que les assemblages des appareils (quels qu'ils soient) servant à mesurer ne sont pas directement fixés sur le barreau d'épreuve lui-même, c'est que les allongements produits dans les organes de la machine et les jeux qui existent entre ces organes sont calculés comme des allongements du barreau d'épreuve.

Compas à vernier du colonel Rosset.

§ 61. — Le colonel Rosset s'est servi aussi d'un instrument qu'il appelle le « compas à vernier » qui est suffisant lorsqu'on ne désire qu'une approximation de 0,05 de millimètres.

Le « compas à vernier » (planche 8, fig. 2 et 2 bis) est formé de trois pièces : une règle portant d'un côté une coulisse longitudinale; cette coulisse présente une ouverture sur le biseau de laquelle est tracé un vernier; à l'autre bout de cette règle est pratiquée une mortaise verticale : une seconde règle vient coulisser dans la mortaise *longitudinale* de la première règle ; cette seconde règle porte, elle aussi, une nouvelle coulisse longitudinale : enfin, une troisième règle non graduée se fixe d'un côté par une vis de pression dans la coulisse de la deuxième règle et porte à l'autre bout une mortaise verticale qui sert à la fixer au point convenable selon la longueur du barreau d'épreuve.

Le compas est fixé au barreau d'épreuve au moyen de tenons métalliques *qui y sont soudés* à une distance déterminée permettant de les encastrer dans les mortaises verticales des règles : des clavettes transversales fixent ces tenons dans les mortaises.

Quand les extrémités des deux règles sont ainsi fixées, on serre la vis de pression et les variations de longueur sont données par le déplacement d'une des règles par rapport à l'autre. Ces déplacements sont lus exactement au moyen du vernier.

Multiplicateur à piston du colonel Rosset.

§ **62**. — Enfin le colonel Rosset a aussi employé un appareil fort ingénieux, imaginé par lui, qu'il appelle le « Multiplicateur à piston » (*planche* 8, *fig*. 3, 3 *bis*, 3 *ter*). En voici la description sommaire :

Il se compose : d'un petit cylindre horizontal formant le corps dans lequel se meut un piston dont la tige est filetée à son extrémité : d'un long tube en verre gradué placé verticalement et qui communique avec l'intérieur du cylindre ; ce tube, qui est garanti dans sa hauteur par une toile métallique, est vissé à angle droit au corps du cylindre et reste en communication avec l'espace compris entre le piston et le fond du cylindre.

En remplissant de liquide le tube ainsi que le vide du cylindre, il est évident que les mouvements du piston seront indiqués par ceux du liquide dans le tube et comme le diamètre du cylindre est beaucoup plus considérable que celui du tube, un petit déplacement du liquide dans le cylindre correspondra à un déplacement beaucoup plus considérable dans le tube : l'amplification sera en raison directe du rapport des sections du cylindre et du tube.

Dans l'intérieur du cylindre, après avoir introduit le piston, on place un second cylindre creux à parois minces portant un rebord qui limite sa course et dont le fond est traversé par la tige du piston ; entre cette tige et le cylindre intérieur, on introduit un ressort à spirale qui, étant retenu par un disque vissé sur la tige, tend à pousser le piston en dehors.

Le cylindre est adapté au barreau d'épreuve de la manière suivante :

Du côté gauche, il existe deux ailettes entre lesquelles on met un tenon soudé au barreau d'épreuve : on fixe le cylindre par ces ailettes au tenon au moyen de la clavette qui les traverse : du côté droit, l'extrémité de la tige du piston munie d'un dé appuie contre l'autre tenon soudé au barreau d'épreuve.

Pour mettre l'instrument au point de départ, on verse le liquide dans l'entonnoir supérieur jusqu'à ce que l'espace compris entre le cylindre et le piston soit rempli et que le liquide monte dans le tube jusqu'au 0 de l'échelle.

Si l'on fait des expériences par traction, le 0 sera à la partie supérieure du tube et dans l'allongement du barreau d'épreuve, le piston se déplaçant, le liquide descendra et l'on aura la mesure de l'allongement par le degré de la graduation auquel s'arrêtera la colonne liquide dans le tube.

Quand on voudra employer le multiplicateur à piston, il conviendra de disposer la machine avec une légère pression et cet effort s'exerçant, de faire monter ou descendre le liquide au 0 de l'échelle : cela afin d'éviter les petites erreurs provenant du jeu qui peut exister dans les organes. Il faudra aussi avoir soin d'enlever l'appareil aussitôt que l'on pourra prévoir la rupture prochaine du barreau d'épreuve, afin que la secousse qui se produit alors ne détériore pas l'instrument.

Cet appareil du colonel Rosset est assurément très-ingénieux, mais il prête le flanc à une bien sérieuse critique qui est la suivante :

C'est en définitive au moyen d'un ressort à boudin que l'on produit le mouvement du piston et par suite les déplacements du liquide dans le tube, puisque le barreau d'épreuve, lorsqu'il s'allonge, permet à ce ressort à boudin de se détendre : d'un autre côté, ce ressort à boudin pour se détendre doit vaincre le frottement de la garniture du piston et l'inertie des pièces qui constituent le piston et ses accessoires ; dans ces conditions, est-il bien sûr que le ressort à boudin suive bien sans à-coups, sans arrêt, l'allongement du barreau ? Nous croyons qu'il y a là une cause d'erreur très-grave qui peut vicier les indications de l'appareil du colonel Rosset. D'autre part, la graduation du tube doit se faire empiriquement et, lorsqu'elle a été faite pour une certaine température, elle n'est plus exacte pour une autre température puisque les coefficients de dilatation du cylindre (laiton) et du tube (verre) étant différents, le rapport des sections de l'un et de l'autre change avec la température. Il faut donc recommencer la graduation du tube chaque fois que l'on veut faire une expérience, ce qui est une fâcheuse sujétion.

Appareil du professeur Thürston.

§ 63. — Le professeur Thürston se sert, pour mesurer les allongements, d'un appareil sur lequel nous n'avons que des indications assez vagues, mais qui, d'après ce que nous en savons, paraît être assez commode.

Il consiste, essentiellement, en deux brides que l'on fixe aux deux extrémités de la pièce dont il s'agit de mesurer l'allongement. L'une de ces brides porte un écrou dans lequel peut se mouvoir parallèlement au barreau d'épreuve une vis micrométrique ; l'autre bride porte un coussinet isolé et les deux brides sont reliées par un fil métallique dans lequel on peut faire passer un courant électrique. Lorsque la vis micrométrique vient buter contre le coussinet, le circuit est complet et le courant passe : il met aussitôt en mouvement un timbre interposé dans le circuit.

On conçoit d'après cela que, si la vis micrométrique ayant été mise en contact avec le coussinet, on exerce une traction qui allonge le barreau d'épreuve, le courant est interrompu et, pour le rétablir, il faut déplacer la vis micrométrique jusqu'à la ramener au contact du coussinet et rétablir ainsi le courant. La quantité dont on a avancé la vis micrométrique mesure l'allongement qui s'est produit.

Appareil américain de MM. Flad et Pfeiffer.

§ 64. — Cet appareil, imaginé par MM. Flad et Pfeiffer, est représenté *planche 7, fig. 11 et 11 bis.*

L'échantillon, placé horizontalement entre les mâchoires de la machine à essayer, porte deux colliers en bronze qui sont adaptés chacun à l'aide de 3 vis aux extrémités de la longueur dont on veut mesurer l'allongement. Il suffit pour cela de mesurer les variations de la distance des deux colliers : à cet effet, chaque collier porte un bras horizontal; à l'extrémité de l'un est fixée une plaque verticale en acier et à l'extrémité de l'autre une tige en acier qui est pressée sur la plaque du collier voisin par une petite roue à friction portée par un ressort. Entre la plaque et la tige, et à angle droit avec cette dernière, est placé un rouleau en acier de 6 m/m de diamètre environ.

Lorsque l'échantillon s'allonge sous l'action de l'effort de traction, la distance entre les deux colliers change et la tige d'acier qui appuie sur le rouleau oblige ce dernier à tourner. Cette rotation est mesurée au moyen d'un miroir fixé à la partie supérieure du rouleau et tournant avec lui autour d'une verticale qui est le prolongement de l'axe du cylindre : de ce même axe comme centre et avec un rayon de 25 pieds (7m,62), on décrit un arc de cercle qui est divisé en pouces et subdivisé en dixièmes et centièmes de pouces. Ces divisions sont fortement éclairées au gaz : au moyen d'une lunette fixe placée horizontalement à l'extérieur du cercle divisé, on vise dans la direction du miroir et on y aperçoit par réflexion un petit arc de ce cercle : une des divisions de cet arc est en coïncidence avec la croisée des réticules de la lunette. Supposons que le miroir tourne, une autre division de l'arc de cercle viendra en coïncidence avec la croisée des réticules et il est aisé de reconnaître que l'angle compris entre les deux divisions est le double de l'angle que forment les deux positions successives du miroir, et comme les rayons de l'arc de cercle et du rouleau sont entre eux comme : 1 :: 2500, il en résulte que tout déplacement du rouleau sera mesuré par un arc de cercle considérablement plus grand. Un changement de longueur de $\frac{1}{100}$ de pouce peut être mesuré avec cet appareil.

Appareil allemand du professeur Bauschinger.

§ 65. — Le professeur Bauschinger, de Munich, emploie un appareil fondé sur le même principe que le précédent. Cet appareil est représenté Planche 7, fig. 12 et 12 *bis*.

Cet appareil ressemble à un étau parallèle : il se compose d'une vis sur laquelle sont portées deux mâchoires, l'une fixe, l'autre mobile ; ces deux mâchoires sont armées de couteaux qui servent à fixer l'appareil sur l'échantillon qu'on essaye, en le saisissant au point de division qui forme une extrémité de la longueur dont on veut étudier les changements. Chacune de ces mâchoires porte un petit arbre vertical tournant facilement sur un pivot en pointe : à leur partie inférieure, ces petits arbres à leur tour portent des petits manchons en caoutchouc durci, lesquels ont été très-exactement et également tournés à un diamètre donné. Deux cylindres creux verticaux, dont l'axe est dans le prolongement de celui des arbres, sont superposés à ces derniers et portent chacun un miroir plan. Ces miroirs sont disposés de manière à se mouvoir autour de deux axes dont l'un est horizontal et l'autre vertical : en regard de ces miroirs se trouve une lunette et une échelle graduée qui servent à mesurer le déplacement angulaire desdits miroirs.

Or, ce déplacement angulaire des miroirs, ou pour mieux dire, leur mouvement relatif est provoqué par le changement qu'on se propose précisément de mesurer et voici comment : au point de division marqué sur la barre d'essai comme devant former la seconde extrémité de la longueur dont on veut mesurer les changements, on applique un appareil représenté par la fig. 12 de la Planche 7.

Cet appareil se compose d'un étrier qui se fixe au moyen de couteaux et de deux lames de ressort aux deux faces longitudinales de la barre d'essai. Les ressorts, en vertu de leur tendance à s'écarter de la barre d'essai, exercent une pression sur les manchons en caoutchouc : la barre d'essai venant à changer de longueur, les couteaux de l'appareil de gauche et les ressorts, entraînés dans ce mouvement de translation, forcent les petits manchons à tourner sur eux-mêmes et ceux-ci transmettent à leur tour leur mouvement de rotation aux miroirs plans.

La distance de l'échelle aux miroirs est égale à 500 fois le rayon des manchons : par suite, un millimètre de l'échelle correspond à une variation de longueur de l'échantillon égale à $\frac{1}{500}$e de millimètre.

Il faut remarquer que l'appareil donne deux mesures de la variation de longueur que subit la barre d'essai à l'aide des deux images de l'échelle dans les deux miroirs : ces deux mesures correspondent chacune à la diminution de longueur éprouvée par l'une et par l'autre des faces latérales de la barre d'essai, faces auxquelles est fixé l'étrier dont nous avons parlé ci-dessus. La moyenne arithmétique de ces deux mesures, qui en général diffèrent un peu l'une de l'autre parce que l'effort exercé sur la barre d'essai ne se répartit pas toujours uniformément sur les deux faces du bout de cette barre, et que d'ailleurs ladite barre n'est pas parfaitement homogène, cette moyenne arithmétique, disons-nous, donnera donc la variation moyenne de longueur éprouvée par la barre d'essai.

Cathétomètres.

§ 66. — En France, on emploie généralement pour la mesure des allongements, et spécialement pour la mesure des allongements élastiques, les instruments de précision employés dans les laboratoires de physique et connus sous le nom de cathétomètres.

Nous ne donnerons pas la description de cet instrument, cette description se trouvant dans tous les traités de physique, nous nous bornerons à donner, fig. 1, Planche 7, le dessin d'un des cathétomètres que M. Dumoulin-Froment a construit pour la Compagnie des chemins de fer de Lyon.

Ce cathétomètre permet de mesurer des variations de longueur de $\frac{1}{1000}$e de millimètre.

Mode d'attache des barreaux d'épreuve.

§ 67. — Les dispositions adoptées pour mettre les barreaux d'épreuve en connexion avec les machines à essayer les métaux sont très-variables. Elles dépendent d'abord de la nature de la pièce à éprouver.

S'il s'agit de tôles, on donne ordinairement aux barreaux d'épreuve la forme indiquée Planche 7, fig. 4 : on introduit les têtes des barreaux dans des chapes qui sont en connexion avec la machine à essayer les métaux et, dans les œils, on passe des broches qui rendent le tout solidaire.

S'il s'agit de barres rondes, on peut employer l'un des procédés suivants :

1° On taraude les deux extrémités du barreau d'épreuve et on visse les parties taraudées dans des douilles filetées qui sont en connexion avec la machine à essayer (Planche 7, fig. 5).

2° On façonne les deux extrémités du barreau par refoulement, par étirage, ou à la machine-outil en forme de cônes qu'on introduit dans des logements pratiqués dans deux demi-douilles filetées extérieurement, qu'on réunit et que l'on visse dans des pièces en connexion avec la machine à essayer (Planche 7, fig. 5 et Planche 8, fig. 6).

Quelquefois, au lieu de façonner les extrémités des barreaux en forme de cônes, on y laisse des renflements cylindriques qui sont logés dans les demi-douilles dont on vient de parler : les deux dispositifs ne diffèrent que par la forme des logements pratiqués dans les demi-douilles. Parfois encore les deux demi-douilles ne sont pas filetées, mais elles sont coniques à l'extérieur et elles viennent s'engager dans un logement conique également, pratiqué dans les pièces en connexion avec la machine à essayer (Planche 7, fig. 8).

3° Les barreaux, préparés comme il vient d'être dit, peuvent être mis en prise d'une autre manière : on se sert pour cela de verrous en acier percés de mortaises, qu'on introduit dans des pièces en forme de mâchoires en connexion avec la machine à essayer.

Les barreaux d'épreuve sont introduits dans les mortaises des verrous et, comme ces mortaises ont une largeur très-peu supérieure au diamètre du corps des barreaux d'épreuve, les têtes desdits barreaux sont retenues par les verrous (Planche 8, fig. 12 et 13).

Ce dernier mode d'attache convient également pour les barreaux prismatiques.

Pour mettre en prise les fers plats et les tôles minces, on les saisit parfois entre deux mâchoires striées en connexion avec la machine à essayer, entre lesquelles on les sert fortement au moyen de boulons. C'est le frottement ainsi développé qui assure la tenue des pièces à essayer.

Lorsqu'on veut essayer par traction des chaînes ou des câbles en fil de fer, il faut des agrafes toutes spéciales.

Pour les chaînes, l'agrafe consiste en une empreinte à la barbotin dans laquelle on engage deux maillons de la chaîne : cette empreinte fait corps avec une chape que l'on met en connexion avec la machine à essayer (Planche 8, fig. 14).

Pour les câbles en chanvre et en fil de fer, nous nous servons, dans les ateliers de la Compagnie P.-L.-M., de poulies en acier fondu munies de butoirs (Planche 8, fig. 16). Le câble s'enroule sur une fraction de la poulie : il est terminé par un nœud qui est retenu par le butoir. Le frottement du câble sur la poulie a pour résultat de diminuer la tension progressivement jusqu'au nœud pour lequel elle devient minima : de cette façon, la rupture du câble se produit nécessairement dans la partie libre ; lorsqu'on n'adopte pas une disposition de ce genre, la rupture se produit à coup sûr au point d'amarrage, ce qui ne permet pas de déterminer la résistance vraie du câble.

Forme des barreaux d'épreuve.

§ **68.** — Quelle que soit la forme adoptée pour les têtes des barreaux d'épreuve, la partie comprise entre les têtes doit être ajustée très-exactement en forme de cylindre ou de prisme selon le cas : la partie cylindrique ou prismatique doit être raccordée avec les têtes par des congés de rayon aussi grand que possible. Toutes les fois qu'on n'est pas limité par la longueur, on donne à la partie centrale du barreau, et cela dans toute la longueur sur laquelle on veut mesurer les allongements, un diamètre un peu inférieur à celui des parties qui avoisinent les têtes. Cette partie centrale est d'ailleurs raccordée par des congés avec les parties un peu renflées dont il s'agit. Cette disposition a pour but de provoquer la rupture dans la région même où l'on veut mesurer l'allongement (Planche 7, fig. 6, 7 et 8).

CHAPITRE IV

DES CIRCONSTANCES QUI INFLUENT SUR LES PROPRIÉTÉS RÉSISTANTES DES MÉTAUX

§ **69.** — Nous avons exposé, dans les chapitres précédents, les moyens d'investigation dont on dispose actuellement pour déterminer l'aptitude des métaux pour les applications industrielles qui exigent des qualités résistantes.

Nous allons examiner maintenant les circonstances qui influent sur les qualités résistantes des métaux.

§ **70.** — Tout le monde sait que c'est au carbone que le fer emprunte la propriété de devenir fusible et de pouvoir être moulé. A n'envisager que la teneur en carbone, diverses expériences et notamment celles des usines de Terre-Noire paraissent démontrer qu'une teneur de 0,150 % suffit pour que le fer carburé commence à posséder la propriété caractéristique de l'acier, à savoir la faculté de prendre la trempe : une teneur de 1,50 % fixe la limite au delà de laquelle le fer carburé cesse d'être malléable. Par conséquent, en-dessous de la teneur de 0,15 %, le fer carburé est du fer proprement dit : entre 0,15 et 1,50 % s'échelonnent les diverses nuances de l'acier et à 1,50 % commencent les fontes.

Ces limites d'ailleurs n'ont rien de bien absolu : elles doivent être considérées seulement comme des indications approximatives.

Le carbone n'est pas le seul métalloïde qui influe sur les propriétés physiques du fer : bien d'autres métalloïdes et même d'autres métaux jouent un rôle du même genre.

Nous nous occuperons seulement de ceux qui se rencontrent dans la pratique industrielle courante, savoir : le manganèse, le silicium, le phosphore et le soufre, et nous parlerons de l'action du chrome et du tungstène seulement à propos des aciers à outils.

§ 71. — L'action du carbone et des autres métalloïdes sur les propriétés résistantes de l'acier a été étudiée méthodiquement par la Société des usines de Terre-Noire et nous allons exposer les résultats de cette étude d'après l'historique publié par cette Société à l'occasion de l'Exposition universelle.

« A partir de 1865, les développements de la fabrication de l'acier et la « nécessité de fabriquer le métal fondu très-doux amenèrent l'obligation « d'étudier les moyens de produire en France les fontes manganésées, qui « étaient restées jusqu'alors le monopole à peu près exclusif du pays de « Spiegen ; pour les spiegel à faible teneur en manganèse, les alliages à teneur « élevée étant inconnus à cette époque.

« Dès 1865, on employait dans les usines de la Compagnie de Terre-Noire du « ferro-manganèse à 25 %, fabriqué par le procédé Henderson en Angleterre, « et un alliage à la teneur de 75 à 80 % de manganèse, fabriqué au creuset « par le procédé de M. Oscar Priezer, aux environs de Cologne. Les deux inven- « teurs, dont il vient d'être question, ayant été obligés d'interrompre leur « fabrication, la Compagnie de Terre-Noire devint propriétaire des brevets en « France et des études très-suivies furent faites dans ses usines pour arriver « à produire industriellement et économiquement les alliages de manganèse « à toutes les teneurs. Cette fabrication fut pratiquée pendant plusieurs « années à l'aide du four Siemens-Martin, dans lequel on était arrivé à pro- « duire assez couramment le ferro-manganèse jusqu'aux teneurs les plus éle- « vées.

« En 1875, par suite de l'application des appareils à air chaud Siemens- « Cowper, on put arriver à obtenir dans les hauts fourneaux les températures « les plus élevées qu'il soit possible de produire dans les appareils métallur- « giques.

« Le haut fourneau, appareil réducteur par excellence, pût être appliqué à « la production du ferro-manganèse : la réussite fut complète ; depuis lors, de « nouvelles études poursuivies dans les usines de la Société de Terre-Noire « révélèrent la nécessité d'étendre la production des alliages métalliques de « diverses natures.

« C'est ainsi que l'on se trouva amené à produire successivement :

Les alliages de fer-manganèse-silicium.
— fer-manganèse-tungstène.
— fer-manganèse-chrome.

« Des échantillons de ces divers alliages font leur apparition à l'Exposition « de 1878. »

C'est par l'addition de ces alliages dans le traitement au four Siemens-Martin qu'il a été possible à la Compagnie de Terre-Noire de produire un certain nombre de coulées d'acier contenant des proportions bien déterminées des divers métalloïdes et ce sont les études effectuées sur ces coulées que nous allons faire connaître.

Influence du carbone sur les propriétés physiques de l'acier.

§ 72. — On a d'abord effectué un certain nombre de coulées dans lesquelles la teneur en carbone variait de 0,150 % à 1,050 %, la proportion des autres métalloïdes étant sensiblement constante.

Sur les aciers ainsi constitués, on a fait une série d'expériences dont nous retenons ce qui suit :

Les lingots ont été étirés au marteau et au laminoir, sans doute, bien que la Compagnie de Terre-Noire n'en dise rien, dans des conditions bien déterminées et toujours les mêmes (§ 16). Dans les lingots étirés, on a découpé des barreaux de diverses dimensions ; voici les résultats obtenus avec les aciers des différentes coulées pour des barreaux ayant 20m/m de diamètre et 200m/m de longueur :

TENEUR EN CARBONE.	CHARGE à la limite d'élasticité.	CHARGE A LA RUPTURE.	ALLONGEMENT PROPORTIONNEL.
0.150	18k2	36k4	32.5 %
0.490	25.0	48.0	24.8
0.709	30.8	68.2	10.0
0.875	32.8	73.2	8.4
1.050	39.5	86.0	5.2

Des barreaux de même dimension *trempés à l'huile* ont donné les résultats suivants :

TENEUR EN CARBONE.	CHARGE à la limite d'élasticité.	CHARGE A LA RUPTURE.	ALLONGEMENT PROPORTIONNEL.
0.150	32k8	46.8 %	28.6 %
0.490	44.6	70.5	12.0
0.709	68.8	107.1	4.0
0.875	90.5	106.0	1.0
1.050	Barreau cassé à la trempe.		

Enfin, la trempe à l'eau sur des barreaux de même dimension les a modifiés comme l'indique le tableau suivant :

TENEUR EN CARBONE.	CHARGE à la limite d'élasticité.	CHARGE A LA RUPTURE.	ALLONGEMENT PROPORTIONNEL.
0.150	30k8	45k4	19.0 %
0.490	48.0	78.0	2.5
0.709	Barreaux cassés à la trempe.		
0.875			
1.050			

De l'examen de ces divers tableaux résulte la conclusion que ces diverses nuances d'acier, à partir de la moins carburée subissent l'action de la trempe avec une énergie proportionnelle à leur degré de carburation.

On pourrait à la rigueur relier par une formule empirique, la teneur en carbone et les éléments de la résistance, mais ces formules n'auraient aucun intérêt au point de vue de la pratique industrielle.

§ **73**. — Les diverses nuances d'acier ont été aussi comparées au point de vue de la résistance au choc.

A cet effet, on a préparé au laminoir et ajusté à la machine-outil, pour chaque coulée, des barreaux carrés de 100m/m de côté. Ces barreaux, posés sur deux points d'appui espacés de 1 mètre, ont été soumis au choc d'un mouton de 300 kilos, tombant de hauteurs successivement croissantes jusqu'à ce que la rupture ait lieu. Les résultats ont été les suivants :

TENEUR EN CARBONE.	HAUTEUR DE CHUTE MAXIMA.	FLÈCHE MAXIMA en millimètres.	OBSERVATIONS.
0.150	4m00	87	Sans rupture.
0.490	4.00	62	—
0.709	3.50	»	Rupture.
0.875	2.50	»	—
1.050	1.50	»	—

La fragilité sous les chocs croît donc proportionnellement à la teneur en carbone.

Influence du manganèse sur les propriétés physiques de l'acier.

§ **74**. — On a effectué un certain nombre de coulées dans lesquelles la teneur en manganèse variait de 0,221 % à 2,008 %, la proportion des autres métalloïdes, y compris le carbone, étant sensiblement constante. Sur les aciers ainsi constitués, on a fait des expériences tout à fait analogues à celles qui ont été résumées ci-dessus pour les aciers au carbone. Voici les résultats obtenus :

BARREAUX NATURELS

TENEURS EN MANGANÈSE.	CHARGE à la limite d'élasticité.	CHARGE A LA RUPTURE.	ALLONGEMENT PROPORTIONNEL.
0.521	20k5	51k8	24.5 %
1.060	31.2	61.1	21.4
1.505	41.2	76.5	17.4
2.008	47.7	88.5	10.5

BARREAUX TREMPÉS A L'HUILE

TENEURS EN MANGANÈSE.	CHARGE à la limite d'élasticité.	CHARGE A LA RUPTURE.	ALLONGEMENT PROPORTIONNEL.
0.521	41k7	76k5	12 %
1.060	65.0	99.0	Non relevé.
1.505	Barreaux fendus à la trempe.		
2.008			

§ 75. — Voici enfin les résultats des épreuves au choc :

TENEURS EN MANGANÈSE.	HAUTEUR DE CHUTE MAXIMA.	FLÈCHE MAXIMA en millimètres.	OBSERVATIONS.
0.521	4m00	63	Sans rupture.
1.060	4.00	49	—
1.505	3.50	»	Rupture.
2.008	3.00	»	—

Si l'on rapproche les résultats obtenus pour la série d'aciers au carbone de ceux obtenus pour la série d'aciers au manganèse, on constate que l'action du manganèse est tout à fait analogue à celle du carbone : la résistance du métal, sa faculté de prendre la trempe et sa fragilité sous les chocs croissent proportionnellement à la teneur en manganèse : les aciers au manganèse paraissent un peu moins roides, à teneur égale, que les aciers au carbone et leur élasticité est un peu moindre.

Si l'on voulait relier les propriétés résistantes d'un acier à sa teneur en métalloïdes, on pourrait compter ensemble la teneur en carbone et celle en manganèse, toutes deux concourant aux mêmes résultats.

Influence du phosphore sur les propriétés physiques de l'acier.

§ 76. — Pour étudier l'action du phosphore sur les propriétés physiques des aciers, la Compagnie de Terre-Noire a procédé comme elle l'avait fait pour le carbone et le manganèse, c'est-à-dire qu'elle a effectué un certain nombre de coulées dans lesquelles la proportion du phosphore variait de 0,247 % à 0,398 %, la proportion des autres métalloïdes étant maintenue sensiblement constante dans toutes les coulées. Ces coulées ont donné lieu à des expériences tout à fait analogues à celles qui avaient été effectuées sur les aciers au carbone et au manganèse.

Les résultats obtenus ont été les suivants :

BARREAUX NATURELS

TENEURS EN PHOSPHORE.	CHARGES à la limite d'élasticité.	CHARGES A LA RUPTURE.	ALLONGEMENTS PROPORTIONNELS.
0.247	53k0	55k2	23.5 %
0.273	56.2	56.2	24.0
0.398	57.8	59.7	25.25

BARREAUX TREMPÉS A L'HUILE

TENEURS EN PHOSPHORE.	CHARGES à la limite d'élasticité.	CHARGES A LA RUPTURE.	ALLONGEMENTS PROPORTIONNELS.
0.247	41k0	71k5	17.0 %
0.273	42.0	76.5	17.75
0.398	44.2	80.0	Non observé.

ÉPREUVE AU CHOC

TENEURS EN PHOSPHORE.	HAUTEUR DE CHUTE MAXIMA.	FLÈCHE MAXIMA en millimètres.	OBSERVATIONS.
0.247	4m00	41	Sans rupture.
0.273	3.50	»	Rupture.
0.398	2.00	»	—

On peut conclure de ces résultats que le phosphore jouit, comme le carbone et le manganèse, de la propriété d'augmenter la charge de rupture et l'allongement du fer, et lui donne la faculté de durcir par la trempe, mais il agit avec une moindre énergie toutefois que ces derniers métalloïdes.

Ce qui caractérise en outre les fers phosphorés, c'est qu'ils sont beaucoup plus fragiles sous les chocs que les aciers au carbone et au manganèse.

§ 77. — Des expériences de la Société de Terre-Noire résulte une autre conséquence que l'historique publié par cette Société, ne fait pas ressortir explicitement et qui présente cependant un grand intérêt.

Si l'on prend, pour chaque épreuve par traction, le rapport de la charge à la limite d'élasticité à la charge de rupture, on obtient les résultats suivants :

NATURE DES MÉTAUX.	TENEUR.	RAPPORT de la charge à la limite d'élasticité à la charge de rupture.	
		Métal naturel.	Métal trempé à l'huile.
Aciers au carbone	0.150	0.500	0.700
	0.490	0.479	0.652
	0.709	0.452	0.642
	0.875	0.449	0.853
	1.050	0.459	»
Aciers au manganèse	0.521	0.508	0.545
	1.060	0.510	0.656
	1.305	0.551	»
	2.008	0.538	»
Fers phosphorés	0.247	0.598	0.572
	0.275	0.549	0.549
	0.398	0.552	0.552

Il résulte de ce tableau que, des trois composés ferreux étudiés, le fer phosphoré est celui pour lequel la période d'élasticité est la plus grande fraction de la période totale de résistance, en d'autres termes, c'est celui qui conserve son élasticité le plus près du point de rupture.

Au point de vue de la trempe, il y a encore entre les fers phosphorés et les aciers au carbone ou au manganèse une différence essentielle : alors que, dans ces derniers, la trempe a pour effet d'augmenter la résistance élastique comparativement à la résistance totale, c'est le contraire qui se présente pour les fers phosphorés : la résistance élastique est une plus faible fraction de la résistance totale dans le fer trempé à l'huile que dans le fer à l'état naturel.

§ 78. Cette propriété des fers riches en phosphore, ainsi déduite des expériences faites par la Compagnie de Terre-Noire sur des coulées de métal fondu dans lesquelles le phosphore a été méthodiquement dosé, peut également être constatée, avec plus de netteté peut-être encore, sur certains fers provenant du puddlage de fontes issues des minerais oolithiques de l'est de la France. Ces fontes sont riches en phosphore et les fers, qui en proviennent, tiennent fréquemment de 0,250 à 0,500 pour 100 de phosphore, plus par conséquent que la coulée la plus riche en phosphore qui ait servi aux expériences de Terre-Noire.

Je choisis, pour exemple, un échantillon de fer provenant du département des Ardennes. Ce fer, essayé à la traction dans les ateliers de la Compagnie P.-L.-M., a donné les résultats suivants :

Résistance par m/m □ à la limite de l'élasticité	30k
Résistance par m/m □ à la rupture	40k
Allongement proportionnel	22 °/o

L'analyse chimique a révélé que ce fer contenait 0,57 pour 100 de phosphore.

Je comparerai ce fer à un échantillon de fer au bois, provenant de l'usine de Reschitza (Hongrie), éprouvé dans les ateliers de la « Staatsbahn » et dont l'essai est relaté dans le compte rendu de cette Société.

Les résultats de l'essai ont été les suivants :

Résistance par m/m □ à la limite d'élasticité	10k70
— à la rupture	37k20
Allongement proportionnel	21,6 °/o

Ces fers, au point de vue des éléments de la résistance à la rupture, sont très-analogues entre eux. Ils diffèrent cependant considérablement au point de vue des propriétés résistantes : cette différence ressort de la comparaison des courbes de résistance tracées comme il est dit au § 12.

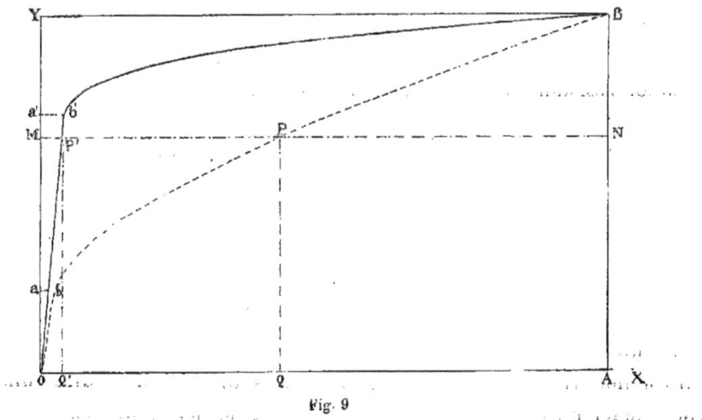

Fig. 9

La courbe, relative au fer des Ardennes, est représentée en traits pleins suivant OP'B ; la courbe, relative au fer de Reschitza, est représentée en traits ponctués suivant OPB. Pour plus de simplicité, nous avons supposé les résistances à la rupture et les allongements égaux dans les deux cas.

Les résistances vives élastiques et de rupture (§ 12) du fer des Ardennes sont donc infiniment supérieures à celles du fer de Reschitza : faut-il en conclure que le premier de ces fers est plus résistant et d'un meilleur emploi que le second ? Nullement, et voici pourquoi :

Considérons deux barreaux identiques de l'un et l'autre métal et traçons les courbes de résistance de ces barreaux en portant en abscisses les allongements réels, en ordonnées les résistances brutes, nous obtiendrons des courbes ayant respectivement la forme des courbes tracées précédemment.

Supposons qu'en un certain point ces barreaux présentent une paille qui réduise leur section de S à S' ; p étant la charge de rupture par m/m □ commune aux deux métaux considérés, $OY = Sp$; la charge de rupture totale correspondante à la section S' sera $pS' = OM$.

La résistance vive de rupture opposée par le barreau en fer des Ardennes, à la charge pS', sera égale à la surface OP'Q', tandis qu'à cette même charge le fer de Reschitza opposera une résistance vive de rupture de O b P Q ; cette dernière résistance vive est infiniment supérieure à la première. Donc une paille, qui réduirait la section résistante de S à S', provoquerait très-probablement la rupture brusque du barreau en fer des Ardennes sous l'effort pS', alors que le barreau en fer de Reschitza résisterait à cet effort en subissant une simple déformation permanente.

Ces considérations permettent, ce nous semble, de s'expliquer la singulière facilité avec laquelle les fers phosphorés cassent brusquement toutes les fois qu'une paille, une fissure, une circonstance quelconque viennent à réduire la section résistante effective en un certain point.

Cette propriété caractéristique des fers phosphorés est bien connue. Nous avons cité, à ce sujet, au § 7, plusieurs témoignages autorisés.

Influence du soufre sur les propriétés physiques de l'acier.

§ 79. L'influence du soufre sur les propriétés physiques du fer n'a été étudiée méthodiquement ni par la Compagnie de Terre-Noire, ni, à notre connaissance, par aucun autre.

Il est notoire qu'une dose de quelques dix-millièmes de soufre suffit pour rendre le fer rouverin : nous avons observé que les fers provenant de minerais sulfureux, certains fers du Berry par exemple, présentent une résistance à la rupture souvent élevée et nous considérons comme probable que le soufre augmente la résistance du fer à froid.

Le soufre nuit à la faculté qu'a le fer de se souder à lui-même : les fers sulfureux ne conviennent donc pas à la formation des paquets pour la confection des pièces de grosses forges; toutefois les fers sulfureux, pourvu qu'ils ne soient pas trop rouverins et qu'ils soient forgés à la température qui leur convient, peuvent être très-avantageusement employés dans la confection des menues pièces de forge.

Influence du silicium sur les propriétés physiques de l'acier.

§ 80. L'influence du silicium sur les propriétés physiques de l'acier a été étudiée par la Compagnie de Terre-Noire, qui rend compte, dans son « historique », des expériences qu'elle a faites sur cette question : ces expériences ont malheureusement été conduites dans un but tout spécial, la production des composés ferreux fondus sans soufflures, en sorte qu'on ne peut en dégager l'influence de la présence du silicium dans les aciers, avec toute la netteté désirable.

Voici ce qu'on peut tirer de ces expériences :

Parmi les coulées de fonte siliceuse faites par la Compagnie de Terre-Noire, il en est deux dont la composition chimique était la suivante :

1re coulée.	Carbone	3.425 %
	Silicium	3 351 %
2e coulée.	Carbone	3.540 %
	Silicium	1 000 %

Des barreaux de 20 m/m de diamètre et 200 m/m de longueur, faisant partie de ces coulées, ont été essayés à la traction et ont donné les résultats suivants :

Charge de rupture par m/m □	1re coulée	8k
	2e coulée	9k,52

Épreuve par le choc :

Hauteur de chute du mouton de 100k ayant produit la rupture d'un barreau à section carrée de 100 m/m de côtés	1re coulée	0m,60
	2e coulée	0m,80

Il paraît résulter de là que le silicium rend le fer fragile sous les chocs et diminue sa résistance à la traction lente. Cette dernière conclusion n'est pas toutefois en harmonie avec l'opinion régnante : beaucoup de personnes professent l'opinion que le silicium augmente, comme le carbone, les propriétés résistantes du fer mais sans lui communiquer la faculté de prendre la trempe; tout le monde est d'ailleurs d'accord pour reconnaître que la fragilité sous les chocs est en raison directe de la quantité de silicium contenue dans le fer. Nous avons constaté nous-même plusieurs fois que des aciers *réputés siliceux* avaient une grande résistance à la traction et ne durcissaient pas par la trempe, mais à défaut d'analyse chimique de ces aciers, nous ne saurions affirmer qu'ils tenaient bien leurs propriétés de la présence du silicium.

C'est une question qui aurait mérité d'être étudiée par la Compagnie de Terre-Noire par la méthode suivie pour rechercher l'influence des autres métalloïdes: on ne s'explique guère pourquoi cette étude n'a pas été faite.

Influence de la présence simultanée des divers métalloïdes sur les propriétés physiques de l'acier.

§ 81. — Nous avons vu que le carbone et le manganèse avaient des effets fort analogues sur les propriétés résistantes de l'acier : ces deux métalloïdes ajoutent donc leur action. Quant à la présence du phosphore, voici ce qu'en dit l'historique de la Compagnie de Terre-Noire :

« Lorsque la fabrication de l'acier en grandes masses par les procédés Bes-« semer et Siemens-Martin commença à prendre un certain développement « dans l'industrie, il était généralement admis que l'une des conditions essen-« tielles de ces fabrications était de n'employer que des matières premières « aussi pures que possible. On admettait surtout, et avec raison, que le phos-« phore était absolument incompatible avec l'acier et que des doses, même « très-minimes, en altéraient profondément les propriétés physiques et dimi-« nuaient la malléabilité dans des proportions telles que le métal devenait très-« difficile à travailler.

« M. Bessemer avait fixé à cinq dix-millièmes (0,05 pour 100) le maximum « de phosphore qu'il était possible d'admettre dans l'acier sans en altérer la « qualité et l'on peut considérer cela comme absolument vrai lorsqu'il s'agit « d'acier contenant des doses de carbone supérieures à cinq ou six millièmes « (0,5 à 0,6 pour 100).

Cette action du phosphore sur les aciers fut l'objet d'études très-longues et très-sérieuses dans les usines de la Compagnie de Terre-Noire; l'emploi des alliages riches en manganèse donnait des moyens d'investigation inconnus jusqu'alors et, au commencement de l'année 1874, se trouvait mise en lumière la loi suivante :

« On peut introduire du phosphore dans l'acier fondu, à la condition d'éli-
« miner le carbone, et moins l'acier contiendra de carbone, plus il pourra con-
« tenir de phosphore.

« Cette loi est devenue aujourd'hui une vérité à peu près généralement ad-
« mise : on est arrivé à employer couramment dans le four Siémens-Martin une
« certaine proportion de vieux rails phosphoreux pour produire les lingots
« destinés à la fabrication des rails d'acier, et il est tout à fait admis que l'on
« peut couramment obtenir des aciers très-malléables et de qualité suffisante
« pour rails, avec une proportion de phosphore de vingt-cinq dix-millièmes
« (0,25 pour 100), c'est-à-dire cinq fois plus que le chiffre primitivement admis
« par M. Bessemer. »

Nous ajouterons que cette proportion de phosphore n'est admissible qu'à la condition que la teneur en carbone ne soit pas supérieure à quinze à vingt dix-millièmes (0,15 à 0,20 pour 100) : or, pour décarburer aussi complétement le métal dans l'opération Siémens-Martin, il faut l'affiner à outrance et par suite l'oxyder : et c'est l'emploi du *ferro-manganèse* qui permet de réduire le métal oxydé sans y réintroduire du carbone. Mais, en revanche, on y introduit du manganèse, et par suite, les aciers phosphorés fondus, obtenus au four Siémens-Martin, contiennent nécessairement une assez forte proportion de manganèse.

Les coulées d'épreuve, faites par la Compagnie de Terre-Noire pour étudier l'influence du phosphore, avaient en effet la composition suivante :

COULÉES.	CARBONE.	MANGANÈSE.	PHOSPHORE.
1re coulée	0.310 %	0.746 %	0.247 %
2e —	0.274	0.800	0.275
3e —	0.310	0.693	0.398

La présence simultanée du silicium et du carbone dans les carbures de fer paraît, d'après M. Caron, amener la séparation d'une partie du carbone à l'état de graphite. Le soufre et le phosphore agissent d'ailleurs de la même manière.

Le résultat de cette action répulsive des métalloïdes sur le carbone, qui existe en même temps qu'eux dans le fer, est que les aciers, qui les contiennent, se dénaturent facilement par les chaudes.

« Supposons, dit M. Caron, un acier siliceux qui ait été fondu au creuset avec
« les précautions ordinaires. A la température de fusion de cet acier, le carbone
« est dissous par le fer en même temps que le silicium ; on coule l'acier dans
« une lingotière en fonte où le métal se refroidit assez vite pour que l'élimina-

« tion du carbone par le silicium n'ait pas eu le temps de se produire, le lingot « est porté au rouge et rapidement martelé au moyen d'un martinet très-lourd « dont les chocs répétés empêchent aussi la séparation du carbone et du fer, « on laisse ensuite refroidir après un léger recuit à peu près inoffensif. C'est « dans cet état que sont généralement livrés au commerce les aciers de cette « espèce. Lorsqu'on les essaie, on ne peut apercevoir encore les défauts qu'ils « auront plus tard ; leur carbone n'étant pas séparé de la combinaison, ils « peuvent supporter la trempe et le recuit sans trop d'inconvénients, mais « vient-on à chauffer plusieurs fois cet acier, la chaleur finit par séparer le « carbone, qui ne peut plus se combiner à cause de la présence du silicium et « cet acier qui, dans les premiers moments, durcissait par la trempe comme « un acier de bonne qualité, ne subit plus l'influence de cette opération. Il est « devenu un véritable mélange de carbone et de siliciure de fer qu'un marte- « lage même énergique est souvent incapable d'améliorer. »

Ces considérations, peut-être un peu spéculatives, rendent bien compte de l'action du silicium sur les aciers.

Du moulage de l'acier

§ 8. — Depuis que les procédés Bessemer et Siémens-Martin permettent d'obtenir l'acier fondu en masses importantes, le but poursuivi par tous les producteurs d'acier a été d'obtenir, par le moulage direct de l'acier, des objets présentant toute la résistance qu'on peut attendre de ce métal : par le moulage direct, on supprimerait tout façonnage au laminoir ou au marteau et l'on réaliserait de ce chef une économie considérable sur le prix de revient.

Deux conditions inhérentes au moulage influent sur la résistance du métal constitutif des objets moulés en acier :

La première est que les objets moulés en acier sont remplis de soufflures qui diminuent la section résistante effective des objets moulés ;

La deuxième est que le retrait produit dans les objets moulés un état moléculaire instable qui diminue la résistance intrinsèque du métal constitutif.

On a cherché à remédier de plusieurs manières au premier de ces inconvénients.

La Compagnie de Terre-Noire s'attache à empêcher les soufflures de se produire, et pour cela, elle emploie, comme agent réducteur dans l'opération du four Siémens-Martin, un produit peu carburé, le siliciure de fer et de manganèse qui, par la réduction des oxydes, ne donne pas de produits gazeux et par suite ne provoque pas de soufflures.

Sir Joseph Whitworth cherche, par la compression de l'acier fluide par la presse hydraulique, à diminuer le volume des soufflures, à les diluer en quelque sorte dans la masse. Les usines de Firminy et celles de Révollier et Biétrix ont, en France, suivi Sir J. Whitworth dans cette voie.

On combat le deuxième inconvénient par des recuits et même par des trempes bien combinées.

Nous allons passer successivement en revue les divers procédés que nous venons d'énumérer.

Aciers sans soufflures obtenus par fusion

§ **83.** — Les études de la Compagnie de Terre-Noire sur la production des aciers fondus sans soufflures sont exposées dans « l'historique » publié par cette Compagnie à l'occasion de l'Exposition.

Nous les résumerons comme il suit :

Lorsqu'on veut produire de l'acier dans un four Siémens-Martin, la méthode généralement suivie consiste à introduire dans un bain de fonte des matières déjà décarburées, telles que fer et acier, à diminuer ainsi progressivement la dose de carbone contenue dans la fonte et à obtenir, par le moyen d'une addition de fontes manganésées ou autres, un acier de la qualité demandée.

On comprend que, par ce moyen, en arrêtant l'opération du four Siémens-Martin à des points différents de la décarburation de la fonte, il soit possible d'obtenir une série complète de tous les carbures du fer, depuis la fonte la plus grise jusqu'à l'acier le plus doux.

Mais il est fort difficile d'obtenir ces diverses nuances de métal absolument sans soufflures.

Par toutes les méthodes antérieurement connues, il était impossible, lorsqu'on était arrivé à un certain degré de décarburation, d'empêcher le dégagement de l'oxyde de carbone, et le produit obtenu était invariablement rempli de soufflures, qui étaient un obstacle absolu à l'emploi direct du métal.

C'est par l'emploi des alliages de fer-manganèse-silicium qu'il est devenu possible d'obtenir, à l'état de fusion et sans soufflures, tous les produits provenant soit de l'appareil Bessemer, soit du four Siémens-Martin.

A partir du moment où ce résultat était obtenu, il devenait possible de produire la série continue de tous les carbures de fer, depuis la fonte la plus grise jusqu'à l'acier fondu le plus doux, en outre, tous ces produits étant obtenus sans soufflures, l'étude comparative de leurs propriétés physiques entrait dans le domaine des faits réalisables.

C'est dans cet ordre d'idées qu'a été produite la série continue dont tous les échantillons figurent à l'exposition de la Compagnie des usines de Terre-Noire.

Cette série doit se diviser en deux parties bien distinctes :

Dans la première partie viennent se ranger les variétés de produits dont les propriétés physiques se rapprochent de celles de la fonte : ces variétés sont désignées sous le nom de *fonte et métal mixte;*

La deuxième partie comprend les variétés du métal dont les propriétés sont les mêmes que celles de l'acier ; on les désignera sous le nom d'*aciers coulés sans soufflures.*

Les fonte et métal mixte sont représentés par six coulées dont les compositions chimiques sont les suivantes :

COULÉES.	CARBONE.	SILICIUM.	MANGANÈSE.	SOUFRE.	PHOSPHORE.
1re coulée.	3.425 %	3.540 %	0.120 %	0.040 %	0.125 %
2e —	3.351	1.000	Traces.	Traces.	0.092
3e —	2.900	0.990	Traces.	Traces.	0.087
4e —	2.425	0.938	0.145	Traces.	0.091
5e —	2.150	0.700	0.180	0.035	0.085
6e —	1.530	0.750	0.160	Traces.	0.112

Des barreaux de 20m/m de diamètre et 200m/m de longueur, appartenant à ces coulées, moulés en sable et essayés à la traction, ont donné les résultats suivants :

COULÉES.	CHARGE DE RUPTURE par m/m □	ALLONGEMENTS.
N° 1.	8k00	Non mesurés, mais très-faibles.
N° 2.	9.52	
N° 3.	15.70	—
N° 4.	20.70	—
N° 5.	24.70	—
N° 6.	26.70	—

Des barreaux carrés de 100 m/m de côtés, coulés en sable et essayés au choc avec un mouton de 100k, ont donné les résultats suivants :

COULÉES.	HAUTEUR DE CHUTE ayant provoqué la rupture.
N° 1.	0m60
N° 2.	0.80
N° 3.	1.30
N° 4.	1.60
N° 5.	1.75
N° 6.	1.50

Les aciers coulés sans soufflures, formant le complément de la série continue, ont été obtenus en quatre coulées dont la composition chimique diffère principalement au point de vue de la teneur en carbone.

Voici le tableau des analyses de ces coulées :

COULÉES.	CARBONE.	SILICIUM.	MANGANÈSE.	SOUFRE.	PHOSPHORE.
N° 7	0.875 %	0.322 %	0.772 %	Traces.	0.085 %
N° 8	0.750	0.163	0.672	»	0.097
N° 9	0.459	0.221	0.670	»	0.078
N° 10	0.287	0.233	0.693	»	0.076

Des barreaux de 20 m/m de diamètre et de 200 m/m de longueur, appartenant à ces coulées, essayés à la traction à l'état naturel et après avoir été trempés à l'huile et recuits, ont donné les résultats suivants :

NUMÉROS DES COULÉES.	MÉTAL NATUREL.			MÉTAL TREMPÉ A L'HUILE ET RECUIT.		
	Charge à la limite d'élasticité.	Charge à la rupture.	Allongement %	Charge à la limite d'élasticité.	Charge à la rupture.	Allongement %
N° 7	37k8	60k5	1.4	47k8	82k4	3.0
N° 8	34.7	62.3	3.1	56.3	72.3	9.4
N° 9	25.2	52.2	3.5	50.3	56.0	16.9
N° 10	20.7	45.7	8.8	28.8	49.3	21.4

Des barreaux carrés de 30 m/m de côtés, coulés en sable, ajustés et essayés au choc au moyen d'un mouton de 300k, ont donné les résultats suivants, tant pour le métal naturel qu'après la trempe à l'huile :

NUMÉROS DES COULÉES.	HAUTEUR DE CHUTE ayant produit la rupture.	
	Métal naturel.	Métal trempé à l'huile.
N° 7	0m50	2m00
N° 8	1.00	3.50
N° 9	1.00	4.00
N° 10	2.00	4.00

Nous étudierons séparément les résultats des expériences faites sur ces deux classes différentes de carbures de fer, fontes et aciers, sauf à examiner ultérieurement s'il existe un point de jonction entre les deux séries.

Pour les fonte et métal mixte, les conclusions sont les suivantes :

1° Lorsqu'une fonte contient une grande proportion de silicium, ses diverses propriétés sont altérées d'une manière notable. Ce fait est mis en évidence par les résultats des expériences faites sur les coulées 1 et 2 entre lesquelles la différence essentielle de composition chimique consiste en ce que la coulée n° 1 contient 3,54 pour 100 de silicium alors que la coulée n° 2 n'en contient que 1 pour 100.

La fonte provenant de la coulée n° 1 donne une résistance moindre à la traction et au choc.

2° Lorsque le silicium est éliminé, la diminution de la teneur en carbone a pour conséquence l'augmentation de résistance du métal.

3° En ce qui concerne la trempe en coquille, les échantillons exposés par la Compagnie de Terre-Noire démontrent qu'elle est d'autant plus énergique que la dose de carbone est moindre.

4° On remarque qu'à partir d'une certaine teneur en carbone, le phénomène du durcissement par le contact de la coquille disparaît : le métal coulé en sable se rapproche beaucoup, au point de vue de l'aspect, du métal coulé en coquille.

La coulée suivante, intermédiaire entre les coulées n°s 5 et 6, paraît correspondre à cette limite :

Carbone.	2,000 %
Silicium.	0,722
Manganèse.	0,147
Soufre.	traces
Phosphore	0,108

Cette même coulée correspond aussi au point où la malléabilité commence à apparaître : on peut forger et étirer un morceau du lingot.

5° Pour la coulée n° 6, la malléabilité est bien nette : non-seulement le métal peut être forgé, mais, par un simple recuit, la résistance à la traction passe de 24^k,8 à 26^k,7.

A la teneur de 1,530 de carbone, on a donc un métal qui peut déjà être classé comme acier.

6° Le caractère général du métal appartenant à ces diverses coulées est d'arriver à la rupture, dans les diverses épreuves, à peu près sans allongement.

On constate également que les résultats d'épreuves sont assez incertains et irréguliers : les résistances *moyennes* sont bien celles indiquées, mais des écarts considérables en plus et en moins se produisent dans le cours des expériences. Il est évident qu'on se trouve, dans cette série, en présence de métaux dont les molécules ne présentent pas une cohésion suffisante.

7° On doit remarquer cependant qu'en se mettant au point de vue de la fonte et des emplois auxquels elle peut et doit s'appliquer, les coulées n°s 2, 3 et 4 présentent des nuances d'une supériorité incontestable, et l'on peut conclure, par suite, qu'en tenant soigneusement compte de la composition chimique et notamment des compositions en carbone, silicium, manganèse et phosphore, on pourrait obtenir pour la fonte des garanties de résistance bien supérieures à celles obtenues jusqu'ici.

Voici maintenant les conclusions à tirer des expériences en ce qui concerne spécialement les aciers coulés sans soufflures :

1° A partir de la coulée n° 7, l'aspect du métal subit une transformation considérable par rapport aux métaux de la série des fontes et métaux mixtes.

2° A partir de cette même coulée se présente une modification non moins considérable, *c'est la faculté de transformation par la trempe* qu'acquiert le métal.

Par l'effet de la trempe, en effet, la résistance aux épreuves par traction et par choc est presque généralement doublée.

La faculté d'allongement, nulle ou à peu près pour le métal naturel sortant du moule, devient considérable pour le métal transformé par la trempe.

La limite d'élasticité s'élève dans une forte proportion.

Enfin le métal change absolument d'aspect : le grain gris et cristallin devient fin et amorphe; la cristallisation est donc tout à fait modifiée.

3° On peut enfin constater que les *aciers coulés sans soufflures, ainsi modifiés par la trempe*, possèdent toutes les propriétés des *aciers martelés et laminés.*

Comparons en effet deux coulées choisies l'une dans la série des aciers carburés cités au § 72 et l'autre dans la série des aciers coulés sans soufflures, la coulée n° 9.

La composition chimique de la première de ces coulées était la suivante :

Carbone	0,490 %
Manganèse	0,200
Phosphore	0,070

Les résultats de l'épreuve par traction étaient :

Charge par m/m □ à la limite d'élasticité.	24k8
Charge par m/m □ à la rupture	48k
Allongement.	23 %

Nous rappelons que la coulée n° 9 a donné pour des barreaux trempés à l'huile :

Charge par m/m □ à la limite d'élasticité.	30k
Charge par m/m □ à la rupture	56k
Allongement.	16 %

Si l'on tient compte de ce fait que la coulée n° 9, tout en ayant une teneur en carbone à peu près identique à celle de la coulée carburée, contient sensiblement moins de manganèse puisque la différence est de 0,200 à 0,670 ; si l'on se reporte aux observations faites au § 74 sur l'influence du manganèse dans les aciers, on s'expliquera que la coulée n° 9 présente une limite d'élasticité un peu plus élevée et un allongement un peu moindre que la coulée de la série carburée.

Ces comparaisons pourraient être étendues et l'on constaterait toujours le même fait de similitude dans les résultats.

4° On peut donc conclure, dit la Compagnie de Terre-Noire, qu'il est possible d'obtenir, *par la seule opération* de la fusion, des aciers possédant toutes les qualités des aciers martelés et considérer comme vrai le principe suivant :

« L'acier tient toutes ses propriétés physiques de sa composition chimique.
« Le travail mécanique de forgeage ou de laminage n'est pas nécessaire au
« développement de ses qualités. L'acier coulé sans soufflures dans de bonnes
« conditions, et convenablement trempé ou recuit, atteint un état moléculaire
« absolument satisfaisant. »

On peut faire quelques objections à cette conclusion de la Société de Terre-Noire.

En premier lieu, les aciers coulés sans soufflures n'ont pas présenté exactement, dans la série d'expériences, les mêmes conditions de résistance que les aciers carburés travaillés au marteau et au laminoir.

Si l'on a pu arriver à les rapprocher les uns des autres à ce point de vue, ce n'est que par approximation et en plaidant en quelque sorte les circonstances atténuantes.

D'autre part, la trempe et le recuit absolument nécessaires, ainsi que le dit la Compagnie de Terre-Noire, pour que les aciers coulés « atteignent un état moléculaire absolument satisfaisant », la trempe et le recuit, dis-je, n'ont porté dans les expériences que sur des barreaux de petite dimension. S'il s'agissait de modifier par ces opérations l'état moléculaire d'objets moulés en acier d'un volume plus considérable, la trempe et le recuit auraient-ils exercé leur action jusqu'au cœur des objets et le résultat, quant à la modification moléculaire et quant à l'amélioration de résistance qui en est la conséquence, eût-il été aussi absolument satisfaisant ? C'est ce qu'il est impossible d'affirmer *à priori*. Nous croyons, pour notre part, que, par la trempe et le recuit, on peut en effet améliorer la résistance de l'acier fondu, mais c'est à la condition que les détails de l'opération soient convenablement réglés, et dès lors le prix de revient s'élève à tel point qu'il n'y a plus de bénéfice à avoir supprimé le martelage.

Ces observations faites, nous nous empressons de reconnaître que le procédé de coulée de l'acier, préconisé par la Compagnie de Terre-Noire, présente un grand intérêt et est susceptible d'applications très-multiples.

Compression de l'acier fluide par Sir J. Whitworth

§ 84. — Sir Joseph Whitworth est arrivé à produire des lingots de métal fondu sans soufflures par un procédé tout différent, qui consiste à comprimer le métal dans la lingotière, immédiatement après la coulée, au moyen d'un piston sur lequel on exerce une pression hydraulique.

Voici comment ce procédé est décrit dans le bulletin annuel de la Société des ingénieurs-mécaniciens anglais (année 1875).

La lingotière de compression se compose d'une enveloppe extérieure en acier, de l'épaisseur nécessaire pour résister à la pression. L'intérieur de cette enveloppe est garni d'une série de douves en fonte : ces douves ne sont pas jointives, en sorte qu'il y a entre elles des rainures ou conduits longitudinaux qui débouchent dans le haut à l'air libre et dans le bas au fond de la lingotière; c'est par ces conduits que les gaz se dégagent du métal en fusion et peuvent se brûler pendant que la pression est appliquée sur le métal fluide.

La face intérieure des douves est garnie d'une couche de sable réfractaire qui, tout en protégeant les douves en fonte contre la chaleur de l'acier fluide qui pourrait les fondre, est assez poreuse pour être traversée par les gaz sous l'effet de la pression et les laisser s'échapper à l'extérieur des douves par les conduits longitudinaux, et de là dans l'atmosphère. Le noyau, que l'on place au centre de la lingotière, présente les mêmes dispositions (comme on le voit, Sir Whitworth coule des lingots creux, ce qui doit beaucoup favoriser l'expulsion des gaz).

Le docteur Tyndall, dans un rapport qu'il a récemment adressé à l'institution royale, dit de ce procédé dont il a été témoin :

« Une grande poche, dans laquelle était versé le métal fondu d'un certain « nombre de creusets, était en mains : de cette poche, le métal fut reversé dans « l'espace annulaire de la lingotière de manière à la remplir jusqu'au bord. »

« Sur la masse en fusion, descendit le plongeur d'une presse hydraulique : « d'abord à l'entrée du plongeur, une ondée de métal fondue fut projetée en « tous sens, mais comme la distance entre le plongeur annulaire, le noyau d'un « côté et l'enveloppe de l'autre, n'est pas grande, le métal fluide fut immédia- « tement saisi et solidifié ; emprisonné de la sorte, il fut sensible à la pression « qui monta à peu près à 960 kilogrammes par centimètre carré.

« Nul doute que les gaz fussent alors dissous dans la masse fluide et nul « doute aussi qu'ils fussent mécaniquement dilués dans cette masse à l'état « de globules. Je m'imagine que le métal fluide est un assemblage de molé- « cules mêlé d'espaces intermoléculaires en communication avec l'air exté- « rieur : je crois que, grâce à ces espaces, l'acide carbonique et l'air étant com- « primés trouvent leur dégagement à travers les pores de l'enveloppe. De « chaque partie, noyau et enveloppe, s'échappent des flots de gaz enflammé « qui sont probablement des flammes d'acide carbonique.

« Une contraction considérable du cylindre fluide fut la conséquence de « l'expulsion des gaz internes. La pression fut maintenue longtemps après que « les gaz eurent cessé de se dégager, car autrement la contraction du métal, lors « du refroidissement, eut pu occasionner des altérations provoquées par les « forces intérieures. Dans le fait, on sait que la fonte se fend souvent par suite « de ce retrait : par le maintien de cette pression extérieure, chaque effort inté- « rieur est immédiatement amorti et le métal reste compacte.

« L'acier fondu est forgé au moyen de différents procédés : le pilon à vapeur, « les laminoirs, la presse hydraulique ou des combinaisons mixtes de ces divers « procédés ; mais, pour les pièces de forge volumineuses, il y a un grand avan- « tage à employer la presse hydraulique à cause de la supériorité des résultats « obtenus.

« Le coup de la presse a cet avantage qu'il donne une pression continue dont « l'action se transmet dans toute la masse du métal, tandis que le coup du pilon « à vapeur se trouve en grande partie dépensé à une courte distance de la sur- « face, par conséquent le centre du métal est comparativement intact pendant « un certain temps ; c'est pourquoi les différentes parties du métal forgé par le « pilon sont dans des conditions moléculaires très-différentes, ce qui n'arrive « pas quand les pièces sont forgées à la presse hydraulique.

« Dans l'usine de Sir Whitworth à Manchester, on forge les grosses pièces à « la presse hydraulique. »

Dans la discussion qui suivit la communication de Sir J. Whitworth à la Société des Ingénieurs-Mécaniciens, plusieurs remarques intéressantes furent faites. Nous allons les résumer ci-après :

Un membre fit remarquer qu'en appliquant une pression à un fluide, cette pression se transmet également dans tous les sens — c'est une des lois de l'hydraulique ; — dès lors pourquoi une particule gazeuse, tenue en suspension dans la masse fluide de l'acier, irait-elle dans une direction plutôt que dans une autre et se dégagerait-elle par suite de la pression à laquelle elle est soumise ? Cela paraît difficile à comprendre ; les faits cependant parlent d'eux-mêmes et, cela étant admis, il est plus facile de trouver l'explication de ce fait : la raison en est probablement que l'acier fluide, se solidifiant d'abord vers l'extérieur de la lingotière, offre par là plus de résistance à l'action du plongeur ; par suite, la portion centrale encore fluide reçoit une quantité de pression plus grande que la portion extérieure, le départ des gaz doit donc se produire.

M. Cooper pense qu'une certaine quantité des gaz doit provenir du sable qui garnit la lingotière à l'intérieur, comme dans les fontes ordinaires : quelques-uns de ces gaz doivent rester emprisonnés dans l'acier et par conséquent sont soumis aux effets combinés de la haute température et de la forte pression dans la lingotière. En supposant qu'une très-petite cavité dans l'acier fût remplie par ce gaz à la pression atmosphérique, il serait d'abord dilaté de 7 fois son volume par la chaleur de l'acier fondu et, dans ces conditions, soumis à la pression de 960 kilogrammes par centimètre carré, ce qui le réduirait à la 960me partie de son volume dilaté par la chaleur : dans le refroidissement ultérieur, la pression du gaz renfermé se réduirait à $\frac{1}{7}$ de sa valeur et la pression finale du gaz serait par conséquent d'environ 134 kilogrammes par centimètre carré sous une bulle d'un volume infinitésimal. Il est possible donc qu'une portion des gaz reste emprisonné dans la masse du métal, mais sous la forme de très-petites piqûres.

Sir J. Whitworth, dans les explications qu'il donna au cours de cette discussion, avança que, lorsqu'on applique la pression de 960 kilogrammes par $^c/^m$ □ sur le métal fluide dans la lingotière, une colonne de métal de 2^{m}400 de hauteur est réduite de 0^{m}30 en moins de cinq minutes. Il ne semble donc pas douteux qu'une grande quantité de gaz soit chassée pendant la compression.

M. Carp dit qu'il a assisté aux opérations de l'acier comprimé à l'état fluide, et que l'impression qu'il a éprouvée est que la lingotière se comportait comme un réservoir rempli d'éponges mouillées dont on exprimerait l'eau par pression.

On rendrait parfaitement ce qui se passe en supposant que l'acier tient en dissolution du gaz acide carbonique qui tend à se dégager dès qu'on exerce une pression suffisante. Il n'y aurait dès lors aucune difficulté à admettre que ce dégagement se continue tant que le métal est suffisamment liquide.

M. Cochrane est un peu surpris d'apprendre que le lingot d'acier comprimé à l'état fluide a été réduit au $\frac{1}{10}$ et même au $\frac{1}{8}$ de son volume primitif par la pression exercée dans la lingotière ; il pense que ceci n'est pas dû à l'expulsion des gaz parce qu'il ne peut pas s'imaginer que le lingot contînt dans l'origine un si grand volume de gaz ; il lui semble que cette réduction de volume doit être attribuée en grande partie à la dilatation de la lingotière sous l'action de la chaleur et aussi, pour une autre partie, à l'augmentation de volume que subit cette lingotière sous la compression hydraulique.

Dans un rapport sur la combustion lu par M. Siémens lors de la réunion à Bradfort de l'association britannique, l'attention fut appelée sur cette découverte remarquable, qu'il y a un degré de température auquel l'oxygène et l'hydrogène peuvent être mélangés sans qu'ils brûlent : on a proposé d'appeler ce degré de température « température de dissociation », et ce degré a été fixé par M. Sainte-Claire-Deville à environ 4500° fahrenheit.

L'application de ce même principe, à la combinaison de l'oxygène avec le carbone, le silicium, etc... paraît fournir un utile éclaircissement pour la production des lingots d'acier coulés sans soufflures.

Par les procédés ordinaires de fabrication de l'acier, on obtient une température élevée : elle est très-élevée en particulier dans le procédé Bessemer ; il est possible que, dans ce cas, l'action chimique soit arrêtée par la dissociation avant d'avoir été complète.

Mais que la température baisse tant soit peu, l'action de dissociation cesse, l'action chimique se fait aussitôt sentir et des gaz se développent qui déterminent des soufflures.

Le remède à cet état de choses serait de maintenir le métal à l'état de fusion pendant un temps considérable, de manière que l'action chimique, qui est très-affaiblie en raison du voisinage de la température de dissociation, puisse avoir le temps d'être complète.

La compression du métal fluide est peut-être un autre moyen d'arriver au même résultat. Il se peut qu'elle favorise l'action chimique, en agissant en sens inverse de la dissociation, et qu'elle permette à l'action chimique de se produire complétement pendant que le métal est encore à l'état fluide et que les gaz produits peuvent se dégager librement, alors qu'autrement les gaz ne se dégageraient qu'au moment où le métal déjà refroidi et pâteux les tiendraient emprisonnés.

Nous venons de résumer celles des opinions émises par les Ingénieurs-Mécaniciens, qui forment, en quelque sorte, le commentaire de la méthode de compression de Sir J. Whitworth ; il nous reste à exposer celles qui en constituent la critique.

M. Webb a remarqué que les piqûres et les soufflures qui se rencontrent dans l'acier fondu sont souvent dues à ce que les moules ne sont pas disposés comme il faudrait pour que le dégagement du gaz puisse s'effectuer sans altérer la fonte.

Quand ces moules sont divisés en quatre ou cinq parties pour obtenir une forte coulée, si l'on avait soin de luter les cloisons du moule aussi vite que le métal s'élève au niveau de chaque cloison, on trouverait que, partout où les gaz se dégagent, il y a une série de soufflures dans la fonte du centre à l'extérieur.

M. Webb considère qu'avec un choix convenable de métal et des précautions bien entendues dans la disposition des moules et le mode de coulée, on n'a que très-peu de soufflures et encore sont-elles voisines de l'extérieur ; après martelage et laminage, ces soufflures sont réduites à leur plus simple expression et de pareils lingots donnent lieu à de très-bonnes tôles.

Leur résistance n'est qu'une question de choix du métal et de recuit. Il estime toutefois qu'il est préférable, pour éviter les soufflures, d'employer du Bessemer fabriqué avec du ferro-manganèse au lieu de Spiegeleisen.

M. E. Reynolds fait remarquer que le procédé de compression du métal fluide a été appliqué depuis vingt ans au moins sur une très-grande échelle pour la fabrication du cuivre.

Cette observation, se hâte-t-il d'ajouter, n'ôte en rien au mérite de Sir J. Withworth, qui a appliqué heureusement un procédé difficile.

M. Reynolds peut confirmer l'assertion de M. Webb, qu'on peut produire de l'acier parfaitement sain (quoique peut-être pas aussi homogène qu'on pourrait le désirer) sous une pression égale à celle qui résulte de l'emploi de la masselotte.

Une condition indispensable est que le métal soit à l'état de « fusion au repos » ; s'il n'en était pas ainsi, l'acier « monterait comme le lait » dans les lingotières, ainsi que cela arrive très-fréquemment avec l'acier Bessemer, par suite de l'ébullition des gaz dans l'intérieur du métal.

D'ordinaire on tamponne les lingotières de Bessemer afin de réduire cette ébullition à sa plus simple expression, et en considérant, par cet exemple, combien est faible la force avec laquelle on résiste ainsi à cette action en apparence si puissante, il devient facile de comprendre que la force beaucoup plus considérable, résultant de l'action de la presse, puisse arrêter l'ébullition des gaz internes et même déterminer l'absorption d'une partie de ceux qui se sont dégagés.

On peut, toutefois, obtenir de bons résultats sans employer la presse, au moyen de la « fusion au repos », et il paraît à propos d'indiquer en quoi consiste ce procédé et quels en sont les résultats.

En fondant au creuset, il n'est pas nécessaire d'avoir la matière très-chaude et entièrement fluide, mais dès qu'elle est arrivée à ce degré, il faut la laisser quelque temps au repos dans le fourneau [1].

Quand l'acier est réellement coulé au repos dans une lingotière, il refroidit d'abord à l'extérieur et les soufflures sont localisées dans la partie centrale supérieure du lingot : tout le reste est sain ; par conséquent, si le lingot est pourvu d'une masselotte suffisante, la partie du lingot utilisable sera parfaitement saine.

Comme on le voit, l'utilité du procédé de Sir J. Whitworth pour éviter les soufflures n'est pas contestée par les Ingénieurs anglais, mais il ne sont pas tous d'accord pour penser qu'on n'évite les soufflures que par l'emploi de ce procédé. S'il existe d'autres moyens de les éviter, il resterait à décider quel est le procédé préférable, de ceux qui n'exigent qu'une masselotte plus ou moins considérable et des soins bien entendus dans la disposition des moules et dans le mode de coulée, ou d'un procédé très-ingénieux sans doute, mais dont la mise en œuvre exige un outillage coûteux et de nature, assurément, à augmenter de beaucoup le prix de revient.

Quant à l'opinion émise par Sir J. Whitworth, que l'acier comprimé à l'état fluide présenterait des propriétés résistantes supérieures à celles de l'acier forgé, nous voyons que, sur ce point, Sir J. Whitworth se rencontre avec la Compagnie de Terre-Noire, qui, elle aussi, revendique pour ses aciers coulés la même supériorité : nous ne croyons pas que ces prétentions soient justifiées.

Procédé de compression employé à l'usine Firminy

§ 85. — Un procédé analogue à celui de Sir J. Whitworth est employé depuis quelque temps en France à l'usine de Firminy.

Les lingotières sont en acier : le fond de la lingotière et le chapeau sont mobiles et pénètrent dans la lingotière au fur et à mesure de la compression ; à cet effet, le fond et le chapeau pénètrent de quelques centimètres dans le corps de la lingotière et sont fixés à leur écartement provisoire au moyen de chevillettes en bois : aussitôt le métal coulé dans la lingotière, on exerce la compression au moyen de la presse hydraulique, les chevillettes en bois sont cisaillées aussitôt, et le fond et le chapeau sont rapprochés l'un de l'autre par un effort qui s'élève progressivement à 500 kilog. par m/m □.

Au commencement de la compression, le manomètre monte graduellement et sans arrêt jusqu'à 100 kilogrammes de pression, puis il reste stationnaire

---

1. On peut remarquer à quel point cela confirme les ingénieuses conjectures de M. Siémens sur la dissociation.

pendant 15 à 20 secondes et monte graduellement jusqu'à 500 kilogrammes et même au delà.

On voit au commencement de la compression des jets de gaz enflammé et un peu de métal fluide s'échapper par les joints de la lingotière, et tout cela cesse avant même que la pression atteigne 100 kilogrammes.

L'effet de ce mode de compression ne paraît pas être de supprimer les soufflures, mais seulement de les localiser dans la partie centrale du lingot. Ce fait peut s'expliquer ainsi : le métal commence à se solidifier contre les parois de la lingotière, les bulles de gaz se trouvent amenées par l'effet de la pression, dans la partie du lingot qui reste le plus longtemps à l'état liquide, c'est-à-dire au centre de la partie supérieure.

Il est évident que la disposition des lingotières employées par Sir J. Whitworth est beaucoup plus avantageuse pour le dégagement des gaz, que celle adoptée par l'usine de Firminy.

Procédé de compression employé à l'usine Révollier et Biétrix

§ **86**. — Un autre procédé de compression a été essayé dans l'usine de MM. Révollier et Biétrix, à Saint-Étienne : il consiste à couler le métal fondu dans des lingotières pourvues d'un couvercle autoclave ; aussitôt le métal coulé dans la lingotière, on ferme le couvercle et on met l'intérieur de la lingotière en communication, au moyen d'un tuyau fixé à cet effet sur le couvercle, avec un générateur de vapeur à la pression de 8 kilogrammes. On laisse le refroidissement du métal s'opérer sous cette pression constante de 8 kilogrammes.

Il se peut qu'à la pression de 8 kilogrammes le métal fluide ait la faculté de tenir en dissolution une plus grande quantité de gaz qu'il n'est capable de le faire à la pression atmosphérique : la faculté de dissolution des gaz dans les liquides augmente en effet avec la pression et l'on ne voit pas pourquoi le fer carburé liquide ferait exception à cette règle.

Toujours est-il que, dans les métaux fondus obtenus par ce procédé, le nombre et surtout le volume des soufflures sont notablement diminués : le métal est plus homogène, mais il ne l'est pas toutefois complétement et il est évident que ce procédé n'est qu'un palliatif insuffisant.

Dispositions générales prises pour éviter les soufflures

§ **87**. — Ainsi que nous l'avons déjà lu dans la discussion soulevée par le procédé Whitworth au sein de la Société des Ingénieurs-Mécaniciens anglais, on peut éviter les soufflures, ou les atténuer du moins, par des dispositions bien entendues dans la préparation des lingotières, le mode de coulée, etc... Tous ces détails ont été, en France aussi bien qu'en Angleterre, l'objet de recherches sérieuses :

1° *Température à laquelle doit avoir lieu la coulée.* — Cette température, qui varie pour chaque nuance de métal, influe considérablement sur les soufflures. Coulé trop chaud, le métal forme des soufflures minces et longues près de la peau du lingot ; coulé trop froid, il forme des soufflures grosses, rondes et en grande quantité. C'est la pratique des ouvriers qui détermine la température de coulée qui convient à chaque espèce de métal.

2° *Préparation des lingotières.* — Chaque lingotière doit comporter une masselotte plus ou moins volumineuse.

Dans la région de cette masselotte, la lingotière est généralement rétrécie et garnie d'une brasque en sable réfractaire : de cette façon, le métal de la masselotte ne se refroidit qu'en dernier lieu et produit son effet sur le lingot jusqu'à son entier refroidissement.

Les soufflures sont généralement localisées dans la masselotte, qui préserve ainsi le lingot proprement dit. Toutefois son emploi n'est sûr que pour les métaux fondus ayant une résistance à la traction d'au moins 50 kilogrammes par $^{m}/_{m}$ □.

La masselotte pèse en général 1/3 du poids du lingot ; elle n'est bonne qu'à être refondue : son emploi est donc assez onéreux.

3° *Manière de couler.* — Les gros lingots, pesant plus de dix tonnes, se coulent généralement en source ; les petits lingots se coulent par la partie supérieure de la lingotière ; quelquefois on coule des deux manières à la fois.

Le métal doit être coulé de manière qu'il n'y ait pas d'éclaboussures qui, en se figeant rapidement, se collent aux parois et provoquent des soufflures.

§ **88.** — Tout le monde sait que l'effet ordinaire de la trempe des fers carburés est d'augmenter plus ou moins leurs résistances à la limite d'élasticité et à la rupture, et de diminuer leur faculté d'allongement. Notre intention n'est pas d'étudier les effets de la trempe en général, nous nous proposons seulement de traiter certains cas particuliers qui ont été élucidés dans ces derniers temps et dans lesquels les effets de la trempe échappent à la règle générale ci-dessus indiquée.

§ **89.** — Les effets de la trempe sur l'acier puddlé ont été étudiés, il y a quelques années, par le colonel italien Rosset, directeur de la fonderie de canons de Turin. Les essais portèrent sur des frettes pour canons en acier puddlé fabriqués par MM. Petin et Gaudet.

Des anneaux concentriques aux frettes étaient découpés au tour, puis développés à chaud sous forme de barres; des barreaux d'épreuve étaient confectionnés au moyen de ces barres : on réchauffait ces barreaux quasi jusqu'au blanc et on les immergeait dans l'eau ou dans l'huile; dans le but d'obtenir un refroidissement très-rapide, le liquide était continuellement renouvelé, de manière à éviter que sa température s'élève.

Dans le tableau suivant sont consignés les principaux résultats comparatifs obtenus avec les barreaux en acier puddlé, à l'état naturel, trempés à l'eau et trempés à l'huile.

RÉSULTATS MOYENS.	De vingt barreaux à l'état naturel.	De quatre des barreaux précédents à l'état naturel.	De quatre barreaux trempés à l'eau.	De deux barreaux trempés à l'huile.
Charge de rupture par m/m □	42k	41k	48k	48k
Allongements à la rupture %.	11.5	10.65	8.8	11.15
Charges à la limite d'élasticité.	24.43	24.75	11.5	11
Allongements à la limite d'élasticité %.	0.1167	0.116	0.061	0.05
Module d'élasticité	20.954	21.336	18.852	28.948

On déduit de l'examen de ces résultats et de ceux plus détaillés qui se trouvent dans l'ouvrage publié par le colonel Rosset les conséquences suivantes :

1° *Charge de rupture.* — La trempe à l'huile aussi bien que la trempe à l'eau augmentent la charge de rupture de l'acier puddlé et cela de $\frac{1}{7}$e environ.

2° *Limite d'élasticité.* — La trempe produit sur l'acier puddlé un véritable adoucissement : en effet, pour les barreaux d'épreuve à l'état naturel, la limite d'élasticité est à 24k,43, tandis que, pour ceux trempés à l'eau, elle descend à 11k,5 : elle tombe même à 11k pour les barreaux trempés à l'huile.

3° *Allongements à la rupture.* — En comparant les allongements successifs des barreaux trempés à l'eau avec ceux des barreaux trempés à l'état naturel, on observe que, pour des efforts égaux, les allongements des barreaux trempés à l'eau sont notablement supérieurs à ceux des barreaux à l'état naturel jusqu'à l'effort de 24k : au delà de cet effort, les allongements des premiers sont notablement inférieurs à ceux des seconds : ainsi sous l'effort de 38k, leur valeur est pour les premiers 1,995 % et pour les seconds 6,142 %. On a aussi observé que la trempe dans l'huile produit jusqu'à l'effort de 36k un effet plus grand que la trempe à l'eau : les allongements des barreaux après cette limite croissent rapidement, prouvant un vrai radoucissement de l'acier puddlé.

Nous voyons qu'en résumé la trempe élève la charge de rupture, mais diminue l'élasticité de l'acier puddlé.

Effets de la trempe sur le fer

§ **90.** — La trempe à l'eau ou à l'huile ne produit aucun effet sur le fer, à moins qu'il ne soit de l'espèce dite fer aciéreux, auquel cas il se comporte comme l'acier puddlé.

La Société des chantiers de la Buire à Lyon a eu l'idée, il y a quelque temps, de tremper le fer dans de l'eau acidulée par un acide, l'acide sulfurique par exemple, et elle a obtenu, au moyen de cette trempe, au moins pour les fers à grains, des résultats assez analogues à ceux obtenus par la trempe à l'eau ou à l'huile pour les aciers puddlés.

Si l'on considère que le bain acide dans lequel s'effectue la trempe est beaucoup meilleur conducteur de la chaleur que le bain d'eau ordinaire, on s'explique d'une manière assez plausible les résultats obtenus par la Société de la Buire.

On sait, en effet, que l'énergie de la trempe est d'autant plus grande que la différence des températures du métal et du bain de trempe est plus considérable ; on conçoit d'après cela que les fers à grains, qui contiennent peu de carbone, soient insensibles à l'action de la trempe ordinaire, tandis qu'ils sont modifiés par la trempe à l'acide dans laquelle la grande conductibilité du bain agit dans le même sens qu'une grande différence de température.

Quoi qu'il en soit, voici les résultats obtenus aux chantiers de la Buire.

	FERS ORDINAIRES.				FERS MOYENS.				FERS FINS.			
	NON TREMPÉS.		TREMPÉS.		NON TREMPÉS.		TREMPÉS.		NON TREMPÉS.		TREMPÉS.	
	Charge de rupture.	Allongement %.	Charge de rupture.	Allongement %.	Charge de rupture.	Allongement %.	Charge de rupture.	Allongement %.	Charge de rupture.	Allongement %.	Charge de rupture.	Allongement %.
	38^{k}	21	42^{k}	20	37^{k}	11	$41^{k}4$	18	$38^{k}7$	22	50^{k}	15.5
	38	14	40	20	37	12	40.5	16	37.5	24	48.5	14
					36	21	43.5	15	36.5	27	45.5	21
					38.2	20	44.3	18	41.5	21	54.2	14
					40.5	11	44.5	14	34	26	45	15
									38	23	46	11
Moyennes.	38^{k}	17.5	41^{k}	20	$37^{k}7$	15	$42^{k}6$	16	$37^{k}7$	$25^{k}8$	$48^{k}2$	14.8

Il résulte de ce tableau que la trempe à l'acide :

1° Accroît de 8 % la résistance à la rupture des *fers ordinaires* et améliore sensiblement leur faculté d'allongement ;

2° Accroît de 13 % la résistance à la rupture des *fers moyens* en leur conservant leur faculté d'allongement ;

5° Enfin accroît de 28 % la résistance à la rupture des *fers fins* en diminuant leur faculté d'allongement de 38 %.

Les pièces à tremper sont chauffées au rouge cerise et immergées dans un bain d'acide sulfurique étendu à 50° de l'aréomètre Baumé, bouillant à 170° environ.

La Société de la Buire a essayé également l'emploi des acides nitrique et chlorhydrique et de l'essence de térébenthine : elle a obtenu des augmentations de résistance remarquables, mais moins constantes qu'avec l'acide sulfurique.

La trempe à l'acide sulfurique agit fortement sur la texture du fer.

En général, elle tend à faire disparaître le grain en rendant le fer nerveux.

Sur les fers ordinaires, les cristaux sont souvent augmentés; sur les fers fins, la trempe paraît accroître encore la finesse du grain, lorsque la texture n'est pas transformée et devenue nerveuse, ainsi qu'il arrive parfois.

Effets de la trempe sur les aciers fondus par les procédés Bessemer et Siémens-Martin

§ **91**. — Depuis quelque temps on a cherché à améliorer les pièces en acier fondu, tubes et frettes de canons, plaques de blindages et même bandages de roues de vagons, en les trempant dans un bain d'huile après les avoir chauffées à la température du rouge. Nous allons faire connaître les résultats obtenus en ce qui concerne la résistance du métal.

Des recherches de deux espèces ont été faites sur cette question. Les unes ont porté sur des barreaux d'épreuve de petite dimension trempés dans diverses conditions : elles ont été effectuées par le colonel Rosset. Les autres, plus concluantes, selon nous, ont été faites sur des barreaux d'épreuve découpés à la machine-outil dans les pièces mêmes en acier fondu, qui avaient été soumises à la trempe : elles ont eu lieu dans les usines du Creusot.

Les essais du colonel Rosset ont trait à des barreaux d'épreuve préparés comme il a été dit au § 89 à propos des expériences sur l'acier puddlé : une partie des barreaux provenait de frettes de canon en acier fondu Krupp, une autre partie provenait d'un canon Krupp en acier fondu ; les barreaux furent essayés, partie à l'état naturel, partie après avoir été chauffés au *rouge quasi-blanc* et trempés à l'huile, et partie après avoir été chauffés au *rouge clair* et trempés à l'eau.

Voici les résultats obtenus :

1° Barreaux pris dans les frettes.

RÉSULTATS MOYENS.	QUATRE BARREAUX à l'état naturel.	DEUX BARREAUX trempés à l'huile.
Charge de rupture en kilogrammes par m/m □	54k9	76k5
Allongement à la rupture %	7.4	5.5
Charge à la limite d'élasticité par m/m □	26k	29k
Allongement élastique	0.132	0.140
Module d'élasticité	19700	20714

2° Barreaux pris dans un canon Krupp.

RÉSULTATS MOYENS.	TROIS BARREAUX à l'état naturel.	TROIS BARREAUX trempés à l'eau.	TROIS BARREAUX trempés à l'huile.
Charge de rupture	65k	76k5	97k4
Allongement %	21	4.5	1
Densité	7.814	7.817	7.822

Voici maintenant les résultats obtenus au Creusot, sur des barreaux découpés dans des canons en acier fondu trempés à l'huile et aussi dans des canons trempés à l'huile, puis recuits. Les chiffres ci-dessous sont les moyennes de 4 épreuves.

RÉSULTATS MOYENS.	QUATRE BARREAUX à l'état normal.	QUATRE BARREAUX pris dans des canons trempés à l'huile.	QUATRE BARREAUX pris dans des canons recuits après trempe à l'huile.
Charge de rupture	55k6	70k	65k5
Allongement %	18.7	13	16.5
Charge à la limite d'élasticité	20k	38.5	33k5

Les conclusions à tirer de ces tableaux sont les suivantes :

1° *Charges de rupture.* — Les charges de rupture sont sensiblement augmentées par la trempe à l'huile. L'augmentation est de 4 % environ pour la trempe au rouge cerise clair des aciers à canons : elle est plus grande lorsque l'acier est trempé sous petit volume que lorsqu'il est trempé en grande masse.

2° *Allongements.* — Par la trempe à l'huile, les allongements à la rupture du métal fondu sont *notablement diminués*, surtout lorsque la trempe a lieu sous petit volume : pour la trempe en grande masse, la diminution d'allongement est moins considérable.

3° *Limite d'élasticité.* — L'effet de la trempe à l'huile est très-sensible sur la limite d'élasticité : cette limite est notablement reculée, surtout lorsque l'acier est trempé en grande masse.

§ **92.** — On ne manquera pas de remarquer que, sous ce rapport, l'effet de la trempe à l'huile sur les aciers fondus est *directement inverse* de l'effet produit sur les aciers puddlés.

Nous avons vu, en effet, que par la trempe à l'huile la limite d'élasticité d'un barreau en acier puddlé avait été abaissée de 24^k,43 à 11^k, tandis que, pour les aciers fondus du Creusot, par exemple, la limite d'élasticité a été élevée de 26^k à 33^k,5.

Cette différence d'aptitudes de l'acier puddlé et de l'acier fondu, au point de vue de l'élasticité, est extrêmement remarquable et établit une démarcation très-tranchée entre les *métaux soudés* et les *métaux fondus.*

§ **93.** 4° *Densité.* —Les résultats obtenus par le colonel Rosset prouvent que le densité des aciers fondus est accrue par la trempe.

§ **94.** — Dans tout ce qui précède, on a opéré sur des aciers fondus coulés en lingots et ayant subi un certain forgeage au marteau pour être transformés en tubes, frettes, etc. Il est intéressant de savoir si l'effet de la trempe est le même sur les aciers fondus coulés en lingots tels qu'ils sortent de la lingotière et sans qu'ils aient subi aucun forgeage.

Des essais à ce sujet ont été faits récemment dans une grande usine française.

Le tableau suivant en résume les résultats :

DÉSIGNATION DES BARREAUX.	CHARGE à la limite d'élasticité.	CHARGE de rupture.	ALLONGEMENT p. °/° à la rupture.	OBSERVATIONS.
Barreaux découpés dans les lingots à l'état naturel	24^{k}69	48^k	6	
Barreaux découpés comme ci-dessus, mais forgés	55.0	70.8	6.4	Un barreau s'est rompu en dehors du repère.
Barreaux découpés comme ci-dessus, forgés et trempés	43.0	82.7	10.3	Trempé à l'huile.
Barreaux découpés dans le lingot, mais après recuit au jaune oxydant	32.5	56.0	11.9	
Barreaux recuits plus chauds que le jaune oxydant	28.8	57.5	19.4	
Barreaux découpés dans le lingot recuit, mais trempés ultérieurement	38.9	75.4	7.4	Trempé à l'huile.
Barreaux découpés dans le lingot recuit, puis trempés et recuits	35.6	59.8	19.0	Trempé à l'huile.

De ce tableau résultent plusieurs conséquences :

1° Les propriétés résistantes des métaux fondus s'améliorent sensiblement par le forgeage : c'est ce que nous avons fait ressortir précédemment à plusieurs reprises.

2° Les aciers doux coulés en lingots s'améliorent sensiblement par des trempes et des recuits répétés : on peut comparer l'effet de ces opérations à celui du forgeage.

C'est ce qui a déjà été constaté au § 83 par la Compagnie de Terre-Noire.

Influence de la masse sur les effets de la trempe

§ **95**. — Nous avons déjà eu occasion de constater accessoirement au § 91 que les effets de la trempe étaient différents selon qu'on agit sur des barreaux de petites dimensions ou sur de grandes masses.

La simple constatation de l'effet de la trempe n'est même pas toujours facile.

Depuis que les Compagnies de chemin de fer emploient des bandages en acier et qu'en vue d'avoir des bandages résistant à l'usure, elles sont conduites à admettre que le métal constitutif ait une teneur en carbone assez élevée, elles ont un sérieux intérêt à se prémunir contre les effets de la trempe sur de pareils bandages, et elles stipulent en général, dans leurs marchés, que l'acier des bandages ne prendra pas la trempe. D'après ce que nous avons vu, une pareille stipulation manque de précision : le métal peut être sensible à la trempe sous le volume d'un barreau d'épreuve et ne pas être modifié d'une manière notable si on le trempe sous le volume d'un bandage. C'est un point délicat qu'il importerait de fixer d'une manière plus précise, mais sur lequel les expériences manquent jusqu'à présent.

M. le directeur des constructions navales, Mangin, dans les essais qu'il a faits, il y a dix ans, sur les tôles d'acier, a rencontré une difficulté du même genre : il s'agissait de reconnaître si les tôles d'acier expérimentées prenaient ou non de la trempe.

Voici le mode opératoire institué par M. Mangin pour s'en assurer :

« Dans chacune des feuilles de tôle, on a découpé des barreaux de 0^m26 de « longueur et de 0^m04 de largeur, tant dans le sens du laminage que dans le « sens du travers : on les a dressés, puis équarris à la meule. Ces barreaux « étaient destinés à être chauffés, trempés, puis courbés doucement à la presse « jusqu'à rupture.

« Les premiers ont été chauffés au feu de forge de chaudronnier, à la manière « ordinaire jusqu'au rouge cerise, puis trempés dans une cuve dont l'eau était

« à la température de 28° environ. On a alors essayé de les cintrer à la presse, « mais ils se sont brisés dès les premiers efforts. On a essayé de substituer au « chauffage ordinaire le chauffage sous une voûte composée de coke et de pous- « sier de charbon de terre, mais l'insuccès a été le même.

« Ni dans l'un, ni dans l'autre cas, les barreaux n'avaient pu être chauffés « uniformément : la partie exposée au vent avait chaque fois dépassé la tem- « pérature à laquelle il convient de soumettre l'acier.

« J'ai fait alors procéder comme il suit : on a ouvert le robinet de la tuyère « et donné du vent de manière à amener le foyer sous la voûte à une chaleur « presque blanche bien uniforme, puis on a arrêté le vent : on a alors glissé le « barreau sous la voûte qui formait ainsi une espèce de petit four à recuire et « on l'y a laissé en le surveillant et en le retournant jusqu'à ce qu'il eût pris « uniformément la couleur du rouge cerise un peu sombre, on l'a retiré, on a « attendu que la lueur commençât à s'éteindre, puis on l'a plongé dans la « cuve. La température du barreau au moment de la trempe était bien uni- « forme : aucun point n'avait été chauffé au delà du rouge cerise, et ces condi- « tions étaient faciles à reproduire exactement pour tous les barreaux. Aussi « les résultats obtenus à la presse ont-ils été comparables et concluants.

« J'aurais passé ces détails sous silence s'ils n'étaient pas de nature à faire « ressortir toute l'influence qu'a le mode de chauffage sur les propriétés de « l'acier. Il est évident que ce métal ne doit être chauffé qu'à une température « peu élevée, indiquée par le rouge cerise, et qu'il doit être chauffé le plus « uniformément possible. Enfin il paraît probable que l'action directe du vent « l'aigrit et qu'il y aurait avantage à le chauffer à l'abri du contact de l'air.

« Pour ployer les barreaux après la trempe, nous nous sommes servi d'une

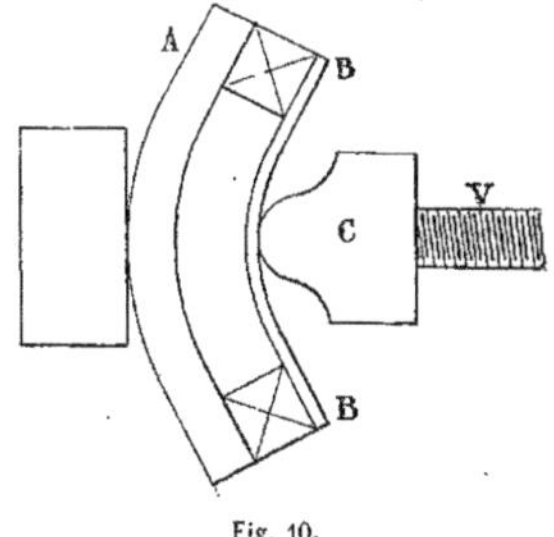

Fig. 10.

« presse à ployer les cornières. On commençait par placer le barreau entre les « mâchoires de la presse comme l'indique la figure ci-jointe, dans laquelle B, B

« représentent deux blocs de bois dur à angles arrondis, puis on agissait dou-
« cement sur la vis V, on pouvait ainsi ployer le barreau à 90°. L'opération

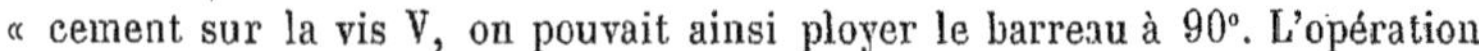

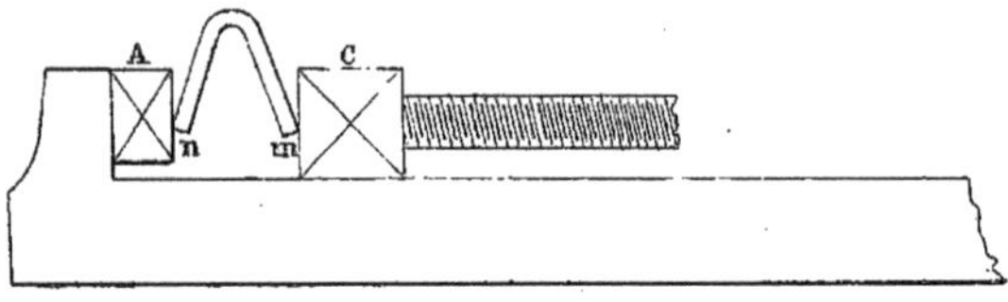

Fig. 11.

« s'achevait en plaçant le barreau dans la position de la figure ci-dessous, ce « qui permettait d'amener les deux branches m et n au contact, et même, « si l'acier s'y prêtait, de les appliquer l'une contre l'autre.

« On avait toujours soin d'arrêter l'opération dès qu'une crique se manifes- « tait au dos du barreau : on mesurait alors exactement, à l'intérieur et au « sommet de la courbe, le rayon de la courbure à laquelle on avait amené le « barreau. Quelquefois la rupture avait lieu brusquement, mais il était facile « en rapprochant les deux morceaux de retrouver le profil de la courbure et le « rayon cherché. »

Nous avons cru devoir reproduire intégralement ce passage du Mémoire de M. Mangin, parce qu'il prouve combien l'influence de la trempe est difficile à dégager et de quelles précautions un opérateur consciencieux doit s'entourer pour arriver, en pareille matière, à un résultat qui puisse inspirer confiance.

Cémentation du fer et trempe au paquet

96. — Dans les machines-locomotives, on exige que les articulations, ainsi que les parties frottantes des pièces de fer, soient cémentées en paquet et trempées. Cette pratique a pour but de former sur la pièce cémentée une couche assez dure, mais elle a aussi pour conséquence de diminuer la ténacité du métal et de détruire complétement sa ductilité.

Des expériences ont été faites, il y a quelques années, dans les ateliers de M. Gouin pour mettre en évidence ces résultats. Nous allons analyser rapidement ces expériences d'après M. Picart, Ingénieur de la marine, qui en a rendu compte dans le Mémorial du Génie maritime.

On a fabriqué 4 chapes de bielle d'excentrique (Locomotive, type Ouest). Les chapes ont été serrées dans l'étau de forge et l'une des branches a été chargée au moyen d'un levier de $1^{m},00$ de longueur jusqu'à l'ouverture des branches de façon à mettre d'équerre la partie essayée avec celle restée intacte.

Les 4 chapes ont été repérées ABCD :
la pièce A a été forgée pleine en acier doux de Terre-Noire ;
la pièce B a été forgée évidée en même métal ;
la pièce C a été forgée pleine en fer d'Audincourt ;
la pièce D a été forgée évidée en même métal.

A s'est rompue sous une charge de 236ᵏ : la cassure était saine, à grain gris et serré.

B ne s'est pas rompue : pour obtenir un angle de déformation de 90°, il a fallu une charge de 246ᵏ. Pas d'apparence de criques.

C et D ne se sont pas rompues : l'angle de 90° a été obtenu sous une charge de 171ᵏ sans apparence de criques.

On a ensuite procédé à des épreuves identiques sur les mêmes pièces cémentées.

Les pièces A et B *en acier* sont restées 8 heures au feu : 3 heures pour les amener au rouge sombre, 5 heures pour les cémenter. L'épaisseur de la couche cémentée, estimée par une éprouvette, était de 1/2 m/m. Le grain de l'acier ne s'était pas modifié dans la partie centrale.

Les pièces C et D, traitées dans les mêmes conditions, étaient cémentées à 1/5 m/m de profondeur : le grain du fer était devenu gros et à facettes brillantes.

Les œils des soies des chapes *en acier*, qui avaient primitivement 51 m/m de diamètre, s'étaient *agrandis* après la trempe de $\frac{2}{10}$ de millimètre. Les œils des soies des chapes *en fer* s'étaient au contraire resserrés de $\frac{4}{10}$ de millimètre.

Cela fait, on a répété les premières expériences sur les mêmes chapes que précédemment, mais l'effort de flexion a porté sur la branche qui était restée intacte dans la première série d'expériences.

A s'est rompue brusquement sous une charge de 200ᵏ sans flexion apparente.

B s'est rompue sous une charge de 222ᵏ avec une légère déformation. La cassure est belle et de la même nature qu'avant la cémentation.

C s'est rompue sous une charge de 137ᵏ en subissant une légère déformation.

D s'est rompue sous une charge de 147ᵏ avec une déformation notable.

La cassure montre que le fer est dénaturé et présente des facettes larges et brillantes. En résumé :

CHARGES NÉCESSAIRES pour amener la rupture ou la déformation à 90°.	NON CÉMENTÉES.	CÉMENTÉES.
Chape en acier forgée pleine	230k	200k
— forgée évidée	240	222
Chape en fer forgée pleine	171	157
— forgée évidée	171	147

Pour bien mettre en évidence l'influence de la cémentation sur la ténacité et la ductilité du métal (acier ou fer), on a entrepris une seconde série d'expériences sur des barreaux d'épreuve de même forme et de mêmes dimensions que ceux en usage dans la Marine pour les essais de tôles.

Chaque barreau a été pris dans un morceau d'acier ou de fer de même provenance que celui qui avait servi à confectionner les chapes. Le morceau a été forgé, ramené à une épaisseur d'environ 8 à 10 m/m et le barreau d'épreuve a été découpé dans le milieu du morceau.

Pour chaque métal, 2 barreaux ont été essayés *non cémentés*, 2 *cémentés* et trempés à l'eau froide, 3 *cémentés* et trempés à l'eau chaude.

Voici les résultats moyens obtenus :

ÉLÉMENTS DE LA RÉSISTANCE.	NATURE des métaux.	MÉTAL naturel.	MÉTAL CÉMENTÉ et trempé à l'eau froide.	MÉTAL CÉMENTÉ et trempé à l'eau chaude.
Charge de rupture	Acier	61k7	52k7	48k
Allongement °/₀		17	0.3	0.5
Charge de rupture	Fer	38k4	35k	36k9
Allongement °/₀		21	0.7	0.5

Ainsi, la cémentation diminue notablement la ténacité de l'acier, un peu moins celle du fer. Elle fait disparaître complétement leur ductilité. Le fer semble augmenter, l'acier diminuer de volume par le fait de la cémentation.

Influence du recuit sur les propriétés résistantes du fer

§ 97. — Pour toutes les nuances de fer et d'acier, le recuit a généralement pour effet :

1° d'abaisser la résistance à la rupture;

2° d'augmenter la faculté d'allongement sous la charge de rupture;

3° d'abaisser la charge correspondante à la limite d'élasticité.

Ces effets sont plus ou moins sensibles selon la manière dont le recuit a été opéré.

Cependant nous avons vu au § 83 que cette règle souffre une exception en ce qui concerne les lingots d'acier obtenus par fusion au four Siémens-Martin ou au Bessemer. Pour ces lingots, le recuit a pour effet d'augmenter la résistance à la rupture, la faculté d'allongement, et d'élever la charge correspondante à la limite d'élasticité : il produit l'effet d'un véritable forgeage.

On est généralement d'accord pour penser que toute trempe à l'eau ou à l'huile des métaux fondus doit être suivi d'un recuit partiel atténuant les effets de la trempe. Ce recuit a toujours lieu à une température moins élevée que celle à laquelle a eu lieu la trempe : par exemple, les canons, qui ont été chauffés au rouge cerise clair pour la trempe à l'huile, sont réchauffés au rouge cerise sombre pour le recuit.

Une condition essentielle du recuit est que le refroidissement après le recuit ait lieu lentement et à l'abri du contact de l'air; cependant les objets de peu d'épaisseur, tels que tôles, fers profilés, etc., sont améliorés par un simple réchauffage au rouge cerise clair et bien que le refroidissement s'opère à l'air libre.

La durée du recuit est très-variable; elle dépend d'abord essentiellement du volume de l'objet à recuire : on peut d'ailleurs affirmer que plus le recuit est prolongé, plus il est efficace.

Le recuit des objets trempés a pour effet d'atténuer les effets de la trempe : il diminue la charge de rupture, augmente la faculté d'allongement correspondante et abaisse la charge à la limite d'élasticité.

Différences de résistance des métaux Bessemer et Siémens-Martin

§ 98. — Les expériences de la « Staatsbahn » sur les aciers, publiées par cette compagnie à l'occasion de l'Exposition, conduisent à cette conclusion singulière, *qu'à égalité de teneur en carbone*, les aciers obtenus par le procédé Bessemer sont toujours plus résistants que ceux obtenus par le procédé Siémens-Martin.

Cette conclusion résulte avec évidence du tableau comparatif suivant :

NATURE DES ACIERS.	MÉTAL SIÉMENS-MARTIN.			MÉTAL BESSEMER.		
	Charge à la limite d'élasticité.	Charge de rupture.	Allongement °/₀	Charge à la limite d'élasticité.	Charge de rupture.	Allongement °/₀
Acier du degré de dureté N° 2. . . .	36k	75k7	»	»	»	»
— N° 3. . . .	31	73	0.94	46k	108k	4.4
— N° 4. . . .	22	59.8	22	33	61	20.7
— N° 5. . . .	21.30	54.7	21.7	21.4	64.7	17
— N° 6. . . .	21.5	46.7	26.5	24.6	55.9	14.7
— N° 7. . . .	18.3	45.3	27	26.7	50.8	24.2

Les aciers de l'usine de Reschitza sont remarquablement purs : ils ne contiennent qu'en très-faible proportion les métalloïdes autres que le carbone, ce n'est donc pas à ces métalloïdes étrangers qu'on peut imputer la différence constatée. Serait-ce au silicium que les aciers Bessemer renferment toujours en plus forte proportion que les aciers Siémens-Martin, à cause de l'essence même du procédé Bessemer, qu'il faudrait attribuer la supériorité de résistance des aciers Bessemer sur les aciers Siémens-Martin, à égalité de teneur en carbone?

C'est ce que des essais comparatifs par le choc auraient sans doute pu nous apprendre : malheureusement la « Staatsbahn » n'en a pas exécuté.

Influence de la traction sur l'élasticité des métaux

§ **99**. M. le colonel Rosset, à la suite des nombreuses expériences qu'il a exécutées sur les métaux de bouches à feu, énonce la loi suivante qu'il a vérifiée pour toutes les variétés de fer et d'acier :

L'élasticité des métaux persiste lorsque la limite d'élasticité a été dépassée. La déformation du métal se compose alors de deux parties : l'une permanente qui persiste après la suppression de l'effort, l'autre momentanée qui disparaît lorsque l'effort cesse et que le colonel Rosset appelle *l'élasticité spéciale.*

Cette fraction de la déformation totale croît, à très-peu près, proportionnellement à l'effort, presque jusqu'à la rupture.

Cela revient à dire que l'allongement élastique se maintient depuis 0 jusqu'à la rupture et que cet allongement est proportionnel à l'effort, non-seulement en deçà de la limite d'élasticité, mais même jusqu'à la rupture.

D'après cela, si l'on trace la courbe des allongements comme au § 12, ab est l'allongement à la limite d'élasticité correspondant à la charge Oa et l'allongement mp, correspondant à la charge Om, se composera de deux parties : l'une mn qui disparaît si la charge cesse, l'autre np qui persiste alors même que la charge cesserait. Il résulte du principe posé par le colonel Rosset que, si un échantillon métallique a été soumis à des efforts tels qu'il ait été déformé d'une manière permanente, que, par exemple, sa longueur ait augmenté de np, sa limite d'élasticité aura été par cela même augmentée et portée de ab à mn.

Déformer les métaux par traction est donc un procédé pour augmenter leur élasticité, et le colonel Rosset a aussitôt essayé d'appliquer cette conséquence aux frettes de canons qui demandent beaucoup d'élasticité ; je ne sais si l'on s'en est bien trouvé, mais avant d'appliquer ce même principe à l'embattage des bandages de roues de chemins de fer dont la tenue ne se trouverait pas mal non plus d'un surcroît d'élasticité, il importe de remarquer que la résistance vive de rupture est réduite de *surf.* $ObXR$ à *surf.* $O'pRX$ et que, par

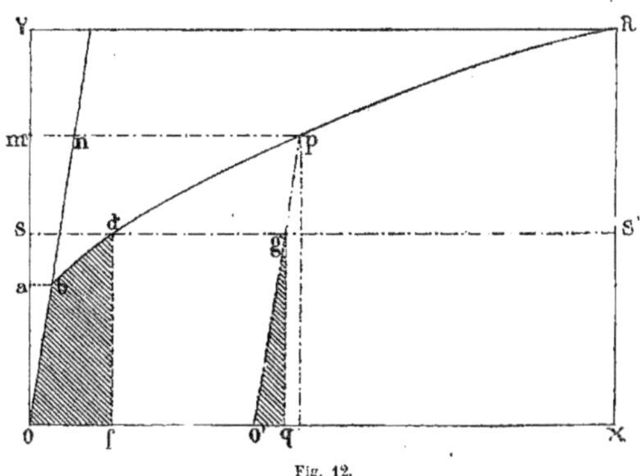

Fig. 12.

suite, la résistance vive disponible pour un effort OS est réduite de *surf.* $Obdp$ à *surf.* Ogq : or, nous avons vu au § 78 combien cet état de choses était dangereux.

Effets du cisaillage et du poinçonnage sur les métaux fondus

§ **100.** Il est parfaitement avéré aujourd'hui que le cisaillage ou le poinçonnage à froid des tôles en métal fondu ont pour effet de troubler leur état moléculaire et de les rendre fragiles.

M. Barba, Ingénieur de la Marine, dans l'ouvrage qu'il a publié en 1875 sous le titre de : « Études sur l'emploi de l'acier dans les constructions », a établi, par une série d'expériences, que l'effet de la cisaille ou du poinçon était de désagréger le métal dans une zone plus ou moins étendue autour des molécules qui ont subi l'action directe de l'outil ; par suite, en enlevant la matière comprise dans cette zone au moyen d'outils tranchants (forets, rabots, etc.), on annule l'effet fâcheux qui a été produit par la cisaille ou le poinçon : il résulte de là que l'on peut, sans inconvénient, percer des avant-trous au poinçon ou donner la forme approximative à la cisaille, à la condition qu'on donnera les formes définitives au moyen d'outils tranchants.

M. Daniel Adamson, dans sa dernière communication à « l'Iron and Stee Institute », relate diverses expériences qui confirment ce qu'on savait du fâcheux effet du poinçon sur les tôles d'acier.

Divers barreaux d'épreuve de même dimension ont été découpés dans une tôle : dans les uns *a*, on a percé, au foret, deux trous identiques ; dans les autres

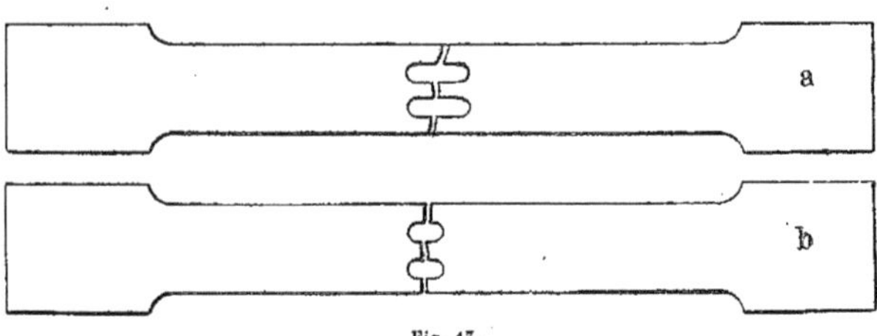

Fig. 13.

b, on a percé, au poinçon, deux trous de même diamètre que les précédents.

Ces barreaux ont été essayés à la traction : les barreaux *b* (poinçon) ont supporté une charge par m/m □ un peu supérieure à celle des barreaux *a* (foret), mais les barreaux *a* ont pris beaucoup d'allongement, tandis que les barreaux *b* ont cassé net ou à peu près. Par suite, après la rupture qui, cela va sans dire, s'est produite en travers des trous, les trous des barreaux *a* étaient fortement ovalisés, tandis que les barreaux *b* l'étaient à peine.

M. Adamson conclut des nombreuses expériences qu'il a faites sur le poinçonnage que, pour percer au poinçon un trou de diamètre D dans une tôle d'épaisseur *l*, il faut exercer un effort :

$$P = o,74 \times F . \pi D l$$

F étant la charge de rupture par traction en kilogrammes par m/m □ relative au métal constitutif de la tôle considérée (D et *l* sont exprimés en millimètres),

CHAPITRE V

CLASSIFICATION DES FERS ET DES ACIERS

§ **101**. — Nous nous proposons de passer en revue dans ce chapitre la classification commerciale des fers et des aciers dans les principales usines françaises et étrangères.

Ainsi que nous l'avons dit précédemment, cette classification a généralement pour base les éléments de la résistance : charge de rupture par $^m/_m$ □ et allongement proportionnel correspondant.

§ **102**. — La limite entre le fer et l'acier devient de moins en moins nette. Certains métaux fondus très-doux sont, comme nous l'avons dit au § 2, rangés par certaines usines dans la classification commerciale des fers où ils occupent la première place. Il importerait avant tout, du moment qu'on prend pour base de la classification des fers et des aciers les éléments de la résistance, de fixer les valeurs de ces éléments qui séparent la série des fers de celle des aciers.

C'est ce que Sir Joseph Whitworth faisait ressortir avec beaucoup de force dans la séance de la Société des Ingénieurs-Mécaniciens anglais au cours de laquelle il fit sa communication sur l'acier comprimé.

Sir Joseph Whitworth proposait de fixer à 45 kilos environ la résistance par $^m/_m$ □ au delà de laquelle le métal serait appelé *acier*, tandis qu'en deçà il serait appelé *fer*.

Il serait à désirer que cette limite ou toute autre, si une autre limite rencontrait un accord plus unanime, fût adoptée par toutes les personnes qui emploient les métaux.

La conséquence immédiate d'un pareil accord serait de faire rentrer dans la catégorie des aciers certains fers phosphorés, dont il a été parlé au § 78 et dont le maintien dans la catégorie des fers présente, pour les consommateurs, de réels inconvénients; en revanche, il ferait passer dans la catégorie des fers, certains métaux fondus très-doux actuellement considérés comme des aciers et qui, employés à tels ou tels usages, sur la foi d'une pareille dénomination, ménageraient aux consommateurs maintes déceptions.

En attendant que cet accord si désirable soit intervenu, nous devons accepter les conventions actuellement en usage et examiner successivement la classification des fers et des aciers, en commençant par les premiers.

Classification des fers de forge

§ 103. — Nous n'avons pas, dans les documents distribués à l'occasion de l'Exposition, de renseignements bien circonstanciés sur la classification des fers anglais dont nous nous occuperons en premier lieu.

C'est dans la communication de sir J. Whitworth, dont il a été parlé au paragraphe précédent, que nous trouvons les renseignements les plus précis à cet égard. Sir Whitworth a essayé les fers anglais des principales provenances comparativement à ses aciers comprimés à l'état fluide et il a obtenu les résultats suivants :

RÉSISTANCES A LA RUPTURE par m/m □	ALLONGEMENTS PROPORTIONNELS.	RÉSISTANCES A LA RUPTURE par m/m □	ALLONGEMENTS PROPORTIONNELS.
Fers du Yorkshire.		Fers de Northamptonshire.	
47k7	25 %	41k5	39 %
46.1	22	41.2	40
44.6	31	38.4	38
41.5	41	38.4	35
41.3	22	Fers du Straffordshire.	
41.2	43	36k9	39 %
41.2	42	36.9	34
Fers de Low-Moor.		36.9	33
41k5	39 %	33.8	15
38.1	42	Fers de Dudleyword.	
		40k	30 %
		36.9	35
		36.9	28

Ces résultats d'épreuves ne constituent pas, à proprement parler, une classification, mais seulement un ensemble de renseignements qui peuvent fournir des comparaisons utiles.

Nous ferons observer que tous les essais de sir Whitworth ont été effectués sur des barreaux ayant un diamètre de 31 m/m et une longueur de 5 *centimètres* seulement : les allongements proportionnels obtenus sont donc considérablement supérieurs aux allongements mesurés, comme on en a l'habitude en France, sur des longueurs de 20 centimètres (§ 21). De plus, les charges ont été mesurées au moyen de la machine à éprouver les métaux de sir Whitworth décrite au paragraphe 41 : leur exactitude ne nous est donc pas parfaitement démontrée.

§ **104**. — Les renseignements sur la résistance des fers fournis par les exposants de la section anglaise sont assez rares :

La « Shelton Bar Iron Cy » expose des fers à câble ayant une belle apparence nerveuse et présentant la résistance suivante :

Charge de rupture par m/m □ de la section initiale.	57k8
Allongement proportionnel.	31.8 %

on ne dit pas sur quelle longueur a été mesuré l'allongement.

« The Lilleshall Cy » expose aussi des fers à câbles qui rompent sous la charge de 105 k 7 par m/m □ de la *section contractée.*

§ **105**. — Les documents distribués par la « Staatsbahn » autrichienne-hongroise nous fournissent les éléments de la résistance des fers *au bois* fabriqués dans les usines de Reschitza. Voici les résultats obtenus :

	FER A NERFS.	FER A GRAIN FIN.
Charge de rupture en kilog. par m/m □.	57k	41k
Charge à la limite d'élasticité.	10.30	4.60
Allongement %.	21.6	27.9
Module d'élasticité.	22 130	20 550

Les essais ont été exécutés sur des barres rondes ayant 25 m/m de diamètre et 400 m/m de longueur. Les allongements ont été mesurés sur 15 c/m de longueur.

§ **106**. — Nos renseignements sur les fers de provenance française sont beaucoup plus nombreux.

L'usine du Creusot, à l'occasion de l'Exposition de Vienne en 1873, a publié la classification de ses fers de forge. Cette classification comporte sept qualités différentes caractérisées par les éléments de résistance suivants :

ÉLÉMENTS DE LA RÉSISTANCE.	NUMÉROS DE LA CLASSIFICATION.						
	1	2	3	4	5	6	7
Charge de rupture en kilog. par m/m □	41k	37k8	38k	38k5	38k6	38k75	39k2
Allongement proportionnel %	10	15	18	21.5	25	29	34
Striction ou rapport de la section primitive à la section rompue.	0.800	0.680	0.630	0.575	0.524	0.462	0.350
Coëfficient de qualité à chaud	40	50	60	70	80	90	100

Les barreaux d'épreuve ont 200 m/m □ de section : l'allongement est mesuré sur 100 m/m de longueur. Le coëfficient de qualité à chaud est déduit d'expériences de ploiement à chaud analogues à celles qui ont été décrites au § 10.

L'emploi habituel de ces différents fers est le suivant : N° 1, Rails. N° 2, Fer marchand. N° 3, Fer maréchal. N° 4, Boulons Rivets. N° 5, Chaudronnerie commune, Quincaillerie. N° 6, pièces mécaniques. N° 7, pièces exceptionnelles.

§ **107.** — La Société des forges de Commentry-Fourchambault classe ses fers en quatre catégories dont les éléments de résistance sont les suivants :

DÉSIGNATION DES FERS d'après la classification adoptée par l'usine.	CHARGE DE RUPTURE en kilogr. par m/m □	ALLONGEMENT proportionnel %.
Berry T	36k74	14.2
Fer mazé	35.89	16.3
Berry-Fourchambault	35.46	20.2
Fer de forge	34.49	25.3

Les chiffres relatifs à chaque catégorie de fers sont la moyenne de 10 épreuves.

Les barreaux étaient cylindriques et avaient 20 m/m de diamètre : l'allongement a été mesuré sur 200 m/m de longueur. Les essais ont été effectués en 1875 par les soins de la Cie P. L. M.

Ces fers, parfois légèrement sulfureux, sont d'excellente qualité.

Voici les éléments de résistance des fers de diverses autres forges.

§ **108.** — Société des forges de Châtillon et Commentry :

DÉSIGNATION DES CATÉGORIES.	CHARGE DE RUPTURE.	ALLONGEMENT.
1	36k37	25.50
2	34.87	25.87
3	38.12	22.87
4	37	25.62
5	41.37	12.81

Le fer n° 1, parfois un peu réfractaire, s'emploie pour la fabrication des essieux.

Le n° 2, plus doux que le n° 1, s'emploie pour la fabrication des bandages. Il en est de même du n° 3,

Le n° 4 et le n° 5 s'emploient pour l'exécution de diverses pièces de forge.

§ **109.** — Société des forges de Firminy.

DÉSIGNATION DES FERS.	CHARGE DE RUPTURE.	ALLONGEMENT %.
N° 1 à nerfs.	34k75	24.90
N° 1 bis à grains fins	38.50	22.48

§ **110.** — Société des forges et fonderies de L'Horme.

DÉSIGNATION DES FERS.	CHARGE DE RUPTURE.	ALLONGEMENT %.
N° 2.	55k	14
N° 3	40	9
N° 4	38	16
N° 5	39	22

§ **111.** — Société des forges et aciéries du Chambon Feugerolles (Loire).

DÉSIGNATION DES FERS.	CHARGE DE RUPTURE.	ALLONGEMENT %.
1—A.	37k	21.16
2—B.	36.53	14.25
3—C.	36.66	18.16
4—D.	35.00	11.00
5—E.	35.33	8.60

§ **112.** — Société des aciéries d'Unieux (Loire). (Jacob Holtzer et Cie).

DÉSIGNATION DES FERS.	CHARGE DE RUPTURE.	ALLONGEMENT %.
Fer forgé N° 1 à grains.	38k35	21.83
— N° 2 à nerfs	37.25	17.25
— N° 3 à grains.	38.25	19.25
— N° 4 à nerfs	35.75	17.87
Fer laminé N° 1 à grains.	38.75	14.62
— N° 2 à nerfs	32.25	24.45
— N° 3 à grains.	38.00	20.00
— N° 4 à nerfs	34.00	21.87

§ 113. — Société des aciéries d'Allevard (Isère).

DÉSIGNATION DES FERS.	CHARGE DE RUPTURE.	ALLONGEMENT %.
N° 1 à grains	41k 66	22k 5
N° 1 bis à nerfs	36	23.25

Tous les chiffres précédents sont des moyennes de séries d'épreuves exécutées par les soins de la Compagnie P. L. M. Les allongements ont été mesurés sur 200 m/m de longueur.

Voici maintenant un certain nombre de classifications dont les éléments nous ont été fournis à diverses époques par les intéressés eux-mêmes :

§ 114. — Société des forges de Denain.

DÉSIGNATION DES FERS.	CHARGE DE RUPTURE par m/m □	ALLONGEMENT %.
N° 2 (plats et ronds)	32	4
N° 3 (Maréchal)	34	7
N° 4	35	10
N° 5 (fers à rivets)	36	15
N° 6 N° 7	37 à 38	18 à 20
N° 8	40	20

§ 115. — Compagnie des forges de Terre-Noire, Lavoulte et Bessèges.

DÉSIGNATION DES FERS.	CHARGE DE RUPTURE.	ALLONGEMENT %.
Fer ordinaire	29k 23	16.8
Fer fort	33.5	20.7
Fer supérieur	34.3	25.1
Fer fin	37.8	26.3

116. — Société des forges et aciéries de Saint-Étienne.

DÉSIGNATION DES FERS.	CHARGE DE RUPTURE.	ALLONGEMENT %.
N° 1 à grains	28 à 30k	0
N° 2 —	30 à 32	5
N° 3 —	31 à 33	6
N° 4 —	33 à 35	10
N° 5 —	34 à 36	11
N° 6 —	34 à 36	12
N° 7 —	35 à 37	

DÉSIGNATION DES FERS.	CHARGE DE RUPTURE.	ALLONGEMENT °/₀.
N° 1 à nerfs.	26 à 28	2
N° 2 —	28 à 30	5
N° 3 —	29 à 31	9
N° 4 —	31 à 33	13
N° 5 —	32 à 34	15
N° 6 —	32 à 35	16
N° 7 —	33 à 36	18

§ **117**. — Société des hauts-fourneaux, forges et aciéries de la marine et des chemins de fer.

DÉSIGNATION DES FERS.	CHARGE DE RUPTURE.	ALLONGEMENT °/₀.
N° 1		4 à 8
N° 2	30ᵏ	4
N° 3	30 à 34	4 à 8
N° 4	30 à 34	4 à 12

§ **118**. — MM. Marrel frères de Rive-de-Gier.

DÉSIGNATION DES FERS.	CHARGE DE RUPTURE.	ALLONGEMENT °/₀.
N° 1	28ᵏ	3.5
N° 2	31	5
N° 3	32	7
N° 3	33	10

§ **119**. — MM. Harrel et Cⁱᵉ de Pont-Évêque (Isère).

DÉSIGNATION DES FERS.	CHARGE DE RUPTURE.	ALLONGEMENT °/₀.
N° 1	10 à 20ᵏ	»
N° 2	27ᵏ	10
N° 3	28	12
N° 4	29	13
N° 5	31	15 à 16
N° 6	32	16 à 17
N° 7	34 à 35	18 à 20

§ **120**. — Société des forges de Champagne.

DÉSIGNATION DES FERS.	CHARGE DE RUPTURE.	ALLONGEMENT °/₀.
Fer au coke, N° 2.	36ᵏ7	6.7
Fer mixte, N° 3.	39.8	8.1
Fer au bois ordinaire, N° 4.	40.2	10.5
Fer au bois supérieur, N° 5.	40.1	13.2
Fer corroyé bois pur.	39.2	22
Fer à grain fin ordinaire, N° 6.	40.3	18
Fer à grain fin supérieur, N° 8.	40.4	22
Fer corroyé supérieur	42.5	25

Les allongements sont mesurés sur 200 m/m de longueur.

§ 121. — Nous pourrions multiplier les citations : mais une énumération de cette espèce, prolongée davantage deviendrait fastidieuse et ce que nous avons dit suffit pour montrer que la classification des fers est extrêmement variable d'une usine à l'autre. Un certain nombre d'usines ont 7 numéros de qualité : c'est beaucoup selon nous, et avec 4 numéros on peut répondre très-suffisamment à toutes les nécessités. La Compagnie P. L. M., se tenant dans cet ordre d'idées, prévoit, dans ses cahiers des charges, quatre qualités de fers de forge, caractérisées comme il suit :

DÉSIGNATION DES FERS.	CHARGE DE RUPTURE.	ALLONGEMENT %.
Fer de 1re qualité dit fer fin au bois	38k	25
Fer de 2e qualité dit fer fort supérieur	37	25
Fer de 3e qualité dit fer fort.	35	18
Fer de 4e qualité dit fer ordinaire	33	12

§ 122. — En examinant les classifications qui précèdent, on ne manque pas d'être frappé des différences considérables que présentent, surtout au point de vue des allongements, les éléments de résistance des divers fers, selon qu'ils résultent d'expériences faites sur les produits eux-mêmes ou selon qu'ils proviennent seulement des renseignements fournis aux consommateurs par les forges productrices, comme c'est le cas pour toutes les classifications citées en dernier lieu. Dans ce dernier cas, en effet, les allongements sont très-réduits et cela tient à ce que les forges se tiennent systématiquement bien au-dessous de ce qu'elles peuvent réaliser, dans la crainte d'éveiller les exigences du consommateur : en réalité, la plupart des fers cités en dernier lieu donneraient des allongements bien supérieurs à ceux indiqués par la classification.

§ 123. — Bien que nous ayions déjà au § 16 fait ressortir l'influence du forgeage, des dimensions transversales des barreaux d'épreuve, etc., sur les résultats des épreuves à la traction, nous croyons devoir, au risque de tomber dans les redites, faire observer combien il est nécessaire d'exécuter les épreuves dans des conditions bien déterminées, si l'on veut avoir des résultats comparables les uns aux autres.

Nous citerons à cet égard les résultats des expériences suivantes faites sur les fers du Creusot :

DIMENSIONS TRANSVERSALES des barres d'où provenaient les barreaux d'épreuve.	CLASSIFICATION DU CREUSOT.											
	2		3		4		5		6		7	
	Résistance.	Allongement	Résistance.	Allongement	Résistance.	Allongement	Résistance.	Allongement	Résistance.	Allongement	Résistance.	Allongement
Ronds de 20 à 30 m/m.	39k	11	36k	24	33k	21	32k	19	30k	24	»	»
Gros ronds de 50 à 80 m/m environ.	40	13	37	17	34	20	33	17	30	24	36k	27
Carré □ de 30 à 80 m/m	»	»	34	16	30	19	35	18	»	»	30	27
Fers plats ▭ de 10 m/m d'épaisseur environ.	26	12	34	12	36	14	33	15	29	12	38	15

Ces chiffres sont les moyennes d'un grand nombre d'expériences faites dans les chantiers de la Buire. Les barreaux d'épreuve avaient en général environ 25 m/m de diamètre ; ils étaient découpés à la machine-outil dans les barres des dimensions indiquées dans la première colonne du tableau ; il résulte des chiffres ci-dessus que les barreaux provenant de barres de grande dimension transversale ont des allongements plus petits que ceux qui proviennent de barres de petite dimension : pour les fers plats notamment, les allongements sont notablement plus faibles et les charges plus élevées, ce qui s'explique d'ailleurs par l'écrouissage résultant du laminage. Quoiqu'il en soit, on voit que, si l'on veut déterminer la classification d'un échantillon de fer d'après les éléments de sa résistance, il est indispensable que le barreau reçoive toujours la même préparation et qu'il ait les mêmes dimensions transversales que les barreaux qui ont servi à établir la classification.

Classification des aciers

§ **124**. — Sir Joseph Whitworth classe de la manière suivante ses aciers coulés sous pression.

COULEURS CHOISIES ARBITRAIREMENT POUR DÉSIGNER LES GROUPES.	CHARGE DE RUPTURE.	ALLONGEMENT %.
Rouge 1. 2. 3.	64k	32
Bleu 1. 2. 3.	76.7	24
Brun 1. 2. 3.	92.7	17

COULEURS CHOISIES ARBITRAIREMENT POUR DÉSIGNER LES GROUPES.	CHARGE DE RUPTURE.	ALLONGEMENT °/°.
Jaune { 1. 2. 3.	108.8	10
Alliage spécial de tungstène	115.2	14

On ne perdra pas de vue que les allongements sont mesurés sur cinq centimètres de longueur.

Dans chaque groupe, le n° 1 correspond au métal le plus ductile, le n° 3 au métal qui l'est e moins.

Sir J. Whitworth assigne à ces diverses nuances de métal les emplois suivants :

Série rouge. — Essieux, chaudières, bielles, tés de bielles, boutons de manivelles, cylindres de presses hydrauliques, manivelles pour locomotives et machines de marine, arbres d'hélice, rivets, bandages pour roues de machines et vagons, guides d'écrou, accessoires d'artillerie, corps de canons, flotteurs pour torpilles, voitures, chariots pour armées de terre et de mer.

Série bleue. — Garnitures de cylindres pour machines marines, essieux arbres, assemblages, mandrins de tours, arbres de machines à percer, broches arbres à cames pour cisailleuses et poinçonneuses, colonnes de presse hydraulique, grandes étampes, bouterolles pour machines à river, marteaux, frettes et tourillons de pièces d'artillerie.

Série brune. — Outils pour machines à raboter et tours, outils de cisailleuses, mèches pour machines à percer, poinçons, coussinets et garnitures, petites étampes, ciseaux à froid, outils de taraudage, cylindres de laminoirs, obus pour percer les blindages.

Série Jaune. — Outils à forer, aléser, polir, planer, raboter et tourner.

Alliage spécial de tungstène. — Pour usages spéciaux.

§ **125**. Nous avons déjà eu occasion de parler des aciers de l'usine de Reschitza qui appartient à la Compagnie de la Staatsbahn.

Nous avons vu au § 98 que les aciers Bessemer de cette usine sont toujours, sous même numéro correspondant à une teneur en carbone identique, un peu plus résistants que les aciers Siémens-Martin.

Voici la classification des aciers Siémens-Martin de l'usine de Reschitza :

NUMÉRO DE LA CLASSIFICATION.	CHARGE DE RUPTURE.	ALLONGEMENT °/₀.
Acier Martin du degré de dureté N° 2.	75k	»
— — N° 3.	73	0.94
— — N° 4.	60	22
— — N° 5.	55	21.7
— — N° 6.	47	26.5
— — N° 7.	45	27

L'allongement est mesuré sur quinze centimètres.

Les résultats de l'analyse de ces aciers sont les suivants :

	TENEUR EN CARBONE °/₀.
Acier Bessemer, degré de dureté N° 3	0.894
— — N° 4	0.702
— — N° 5	0.437
— — N° 6	0.235
— — N° 7	0.114
Acier Siemens-Martin, degré de dureté N° 2.	1.142
— — N° 3.	0.934
— — N° 4.	0.808
— — N° 5.	0.562
— — N° 6.	0.304
— — N° 7.	0.109

§ **126.** Il est à noter que le fer puddlé à grains de Reschitza contient 0,317 pour 100 de carbone et le fer puddlé à nerfs 0,1227 pour 100.

§ **127.** La Société John Cockerill de Seraing produit à l'occasion de l'Exposition universelle de 1878 une classification raisonnée de ses aciers qu'elle fait précéder du préambule suivant :

« Basée sur la teneur en carbone du métal, cette classification a suffi long-« temps aux exigences de l'industrie. La résistance de l'acier, son allongement « à la rupture sont, en effet, des fonctions directes de son degré de carbura-« tion, toutes choses égales d'ailleurs. Durant ces dix dernières années, l'ana-« lyse chimique a fait découvrir des faits nouveaux, et il est prouvé que d'autres « métalloïdes, tels que le silicium et le phosphore, pouvaient modifier la nature « de l'acier au point de rendre illusoire tout classement basé sur la teneur en « carbone exclusivement...... »

Le préambule continue et se termine par cette conclusion — singulière après ce qu'on vient de lire — que les classements qui se basent sur la teneur en carbone sont les seuls réellement pratiques. Toutefois la Société Cockerill publie une classification de ses aciers, dans laquelle entrent non-seulement les teneurs en carbone, mais aussi les éléments de la résistance.

Voici cette classification :

DÉSIGNATION DES ACIERS.	TENEUR EN CARBONE °/₀.	CHARGE DE RUPTURE.	ALLONGEMENT °/₀.	OBSERVATIONS.
1re classe. — Aciers extra-doux.	0.05 à 0.20	40 à 50	27 à 20	Ces aciers se soudent et ne se trempent pas.
2e classe. — Aciers doux . . .	0.20 à 0.35	50 à 60	20 à 15	Ces aciers se soudent peu et se trempent peu.
3e classe. — Aciers durs . . .	0.35 à 0.50	60 à 70	15 à 10	Ces aciers ne se soudent pas, ils prennent la trempe.
4e classe. — Aciers extra-durs.	0.50 à 0.65	70 à 80	10 à 5	Ces aciers ne se soudent pas, ils prennent fortement la trempe.

Les allongement sont mesurés sur 200$^{m}/_{m}$ de longueur.

Les usages de ces aciers sont, d'après la Société Cockerill, les suivants :

1re *Classe.* — Tôles de chaudières, tôles de navires, tôles de ponts, frettes de canons, clous et pointes, fils d'acier, pièces estampées. Remplacent les fers de Suède.

2e *Classe* — Essieux de vagons, de locomotives. Bandages, rails, canons de fusils, pièces d'armes, gros canons, pièces mécaniques soumises à de grands efforts de flexion et de torsion.

3e *Classe.* — Rails, bandages spéciaux, ressorts de voitures, vagons, locomotives, sabres et armes blanches, glissières de machines, pièces de machines soumises au frottement, broches de filature, marteaux, fleurets de mines.

4e *Classe.* — Ressorts fins, limes, fraises, scies, outils tranchants divers.

§ **128.** L'exposition des *douanes chinoises* contenait divers échantillons d'acier naturel obtenu, sans doute, au bas foyer. Nous avons fait préparer un barreau d'épreuve dans une des barres exposées. C'était une barre ronde ayant environ 25$^{m}/_{m}$ de diamètre. Comme le métal paraissait être insuffisamment épuré par le martelage, nous avons soumis la barre en question à un ressuage et nous avons obtenu un barreau d'épreuve ayant 10$^{m}/_{m}$ de diamètre environ.

Ce barreau, soumis à la traction dans les ateliers de la Compagnie P. L. M., a donné les résultats suivants :

Charge à la limite d'élasticité par $^{m}/^{m}$ □.	26k
Allongement élastique correspondant.	0,18 °/₀
Charge de rupture par $^{m}/^{m}$ □.	46k
Allongement à la rupture.	4 °/₀

Le poids spécifique était de 7,771.

Les allongements étaient mesurés sur 100 m/m.

Cet acier naturel est assurément très-mal épuré : mais il a sans doute été corroyé par des moyens très-primitifs et, s'il en eût été autrement, son allongement aurait été probablement plus grand ; il nous a paru que, tels qu'ils sont, ces résultats présentaient de l'intérêt.

§ **129.** La Société du Creusot, à l'occasion de l'Exposition de Vienne en 1873, avait publié la classification suivante :

ESSAIS A LA TRACTION. (Barreaux tournés de 200 m/m □ de section et de 100 m/m de longueur.)	MARQUE DE QUALITÉ.	NUMÉROS DE DURETÉ.																					
		1		2		3		4		5		6		7		8		9		10		11	
		non trempé.	trempé.	non trempé.	trempé.	non trempé.	trempé.	non trempé.	trempé.	non trempé.	trempé.	non trempé.	trempé.	non trempé.	trempé.	non trempé.	trempé.	non trempé.	trempé.	non trempé.	trempé.	non trempé.	trempé.
Allongement permanent au moment de la rupture . .	A	15.»	2.»	15.»	4.8	17.»	7.2	19.»	9.4	21.»	11.1	23.»	13.2	25.»	14.6	27.»	18.»	29.»	21.»	»	»	»	»
	B	13.»	5.8	15.»	5.7	17.»	7.8	19.»	10.2	21.»	12.6	23.»	14.8	25.»	17.»	27.»	19.5	29.»	22.»	32.»	24.2	»	»
	C	15.»	5.»	15.»	6.6	17.»	8.6	19.»	10.8	21.»	13.5	23.»	16.»	25.»	18.2	27.»	20.6	29.»	23.4	32.»	27.6	35.»	33.»
Charge de rupture par m/m □ de section primitive. . .	A	76.2	117.»	73.6	110.5	70.5	105.6	66.8	96.8	62.8	88.6	58.»	78.7	53.2	68.6	49.2	61.2	45.»	56.2	»	»	»	»
	B	77.7	119.3	74.9	115.»	71.8	108.»	68.2	99.»	64.4	91.»	59.7	82.»	55.»	73.8	50.5	65.8	46.7	58.8	41.5	51.2	»	»
	C	79.»	123.»	76.2	118.3	73.2	112.»	69.8	104.8	65.9	99.»	61.5	89.8	56.8	81.2	52.2	72.6	48.2	65.8	43.5	53.2	39.3	46.»
Charge de rupture par m/m □ de section rompue. . . .	A	95.2	119.»	98.5	120.»	101.»	122.»	103.2	123.5	105.6	125.»	106.8	126.5	108.»	128.1	110.»	129.7	114.»	131.5	»	»	»	»
	B	98.»	125.2	101.»	128.»	104.2	130.8	107.»	133.5	110.8	136.2	113.»	138.7	115.2	142.»	119.»	143.1	123.»	147.5	127.»	152.»	»	»
	C	100.2	132.2	104.»	136.5	108.»	141.»	113.»	146.5	115.5	151.2	119.6	156.»	123.2	160.5	127.5	165.4	132.6	170.»	140.»	175.2	146.6	180.5
Striction ou rapport de la section rompue à la section primitive	A	0.800	0.980	0.749	0.950	0.697	0.865	0.646	0.790	0.595	0.710	0.544	0.625	0.493	0.535	0.441	0.475	0.393	0.428	»	»	»	»
	B	0.793	0.950	0.740	0.900	0.687	0.827	0.636	0.745	0.582	0.670	0.529	0.590	0.477	0.530	0.425	0.455	0.379	0.398	0.325	0.337	»	»
	C	0.788	0.950	0.752	0.867	0.678	0.794	0.617	0.720	0.570	0.655	0.514	0.575	0.460	0.508	0.409	0.440	0.365	0.375	0.310	0.303	0.268	0.233
Charge correspondant à la limite d'élasticité.	A	39.»	72.»	37.8	68.3	36.4	65.8	34.9	60.6	33.2	56.2	31.»	50.3	28.8	43.8	26.6	37.8	22.5	»	»	»	»	»
	B	41.1	78.5	40.»	75.5	38.8	71.»	37.3	65.4	35.8	62.1	33.8	55.»	31.8	49.8	29.6	44.7	27.5	40.»	23.6	35.»	»	»
	C	43.2	85.»	42.2	82.»	41.»	78.»	39.8	72.5	38.3	68.8	36.5	62.2	34.8	56.9	32.7	51.2	30.7	45.3	27.8	37.2	24.4	32.8
Coefficient de qualité à chaud.	A	120		120		120		120		120		120		120		115		110		»		»	
	B	125		125		125		125		125		125		125		120		115		110		»	
	C	130		130		130		130		130		130		130		125		120		115		110	

La Société du Creusot fait suivre ce tableau des observations suivantes :

1° « Les barreaux, servant aux essais, ont dû être amenés rigoureusement « aux mêmes dimensions par une préparation identique et ils ont été soumis aux « mêmes instruments par les mêmes opérateurs : en effet les résultats peuvent « varier suivant les formes, le travail préalable ou le mode d'épreuves dans des « proportions plus fortes qu'en raison de la valeur intrinsèque du métal.

« 2° La trempe a été faite à l'huile sur le barreau élevé aussi uniformément « que possible à une même température correspondant au rouge vif.

« 3° Par un procédé empirique, appliqué depuis longtemps à des fers de toutes « provenances et consacré par l'expérience, on est arrivé à exprimer la valeur « comparative à chaud par des coefficients dont le maximum est 100 qui corres- « pond aux meilleurs fers au bois ; le même procédé, appliqué aux aciers, a « donné les coefficients inscrits au tableau. (*Ce procédé a beaucoup d'analogie avec celui qui est décrit au* § 10).

« *Nota.* — Les conséquences à déduire de la comparaison des chiffres inscrits « ci-dessus sont trop multiples pour qu'on essaie de les résumer ici. Les consom- « mateurs pourront en faire l'étude d'une manière plus pratique et plus efficace « en se plaçant au point de vue des propriétés qu'ils doivent rechercher pour « chaque destination.

« En sus des résultats consignés ci-dessus, des essais au choc et à la pression « ont été opérés en grand nombre : mais en raison de l'extrême difficulté de « rompre les barres, surtout dans les numéros élevés, il n'a pas encore été pos- « sible de dresser des tableaux des résultats. On en peut conclure toutefois d'une « manière générale que, à qualité égale de l'acier, la résistance au choc est en « rapport constant avec la douceur du métal et qu'il convient, dès lors, de don- « ner la préférence au métal doux sur le métal dur pour la plupart des emplois « mécaniques et notamment pour les pièces exposées aux chocs. »

§ **130.** — Cette classification est compliquée : elle comprend un nombre de nuances bien supérieur aux besoins de la consommation ; la Société du Creusot paraît s'en être convaincue elle-même, car, dans les documents qu'elle a publiés à l'occasion de l'Exposition de 1878, nous trouvons ce qui suit :

« Les aciers sont classés pour la fabrication suivant deux séries correspondant « l'une à leur composition intrinsèque, l'autre à leur degré de pureté.

« Les progrès, qui se réalisent actuellement, sont assez rapides pour n'avoir « pas permis encore d'asseoir une classification des aciers sur des bases défi- « nitives, pouvant être livrées à la publicité et recevoir un caractère com- « mercial.

« Les essais, qu'on peut faire sur divers échantillons, varient d'ailleurs avec

« leurs dimensions et aussi avec la dimension des pièces d'où ils proviennent.

« On peut indiquer seulement que, pour les aciers non trempés, la fabri-
« cation s'impose au Creusot, pour chaque dureté, un allongement minimum
« qui doit toujours être dépassé. Les barrettes d'essai ont une section de 2 cen-
« timètres carrés et on observe l'allongement sur 100m/m : elles sont obtenues
« par un découpage à froid dans la masse des pièces forgées et laminées :

RÉSISTANCE PAR m/m □	ALLONGEMENT MINIMUM.	RÉSISTANCE PAR m/m □	ALLONGEMENT MINIMUM.
90k	5m/m	60k	17m/m
85	7	55	19
80	9	50	21
75	11	45	23
70	13	40	25
65	15	»	»

§ 131. — Voici quelques éléments de la classification des aciers de la Société des forges de Denain et Anzin :

NATURE DES ACIERS.	CHARGE A LA LIMITE d'élasticité.	CHARGE de rupture.	ALLONGEMENT %.
Acier extra-doux N° 8	27k3	44k	32
Acier doux N° 7.	32.6	51.5	26.5
Acier demi-doux N° 6	36.6	61k3	22.5
Acier demi-dur N° 5.	40.5	70.8	18.5

Nota. — Les allongements ont probablement été mesurés sur 100m/m.
Chacun des chiffres ci-dessus est la moyenne des résultats de 7 épreuves.

Classification spéciale des aciers à outils

§ 132. — Les aciers fondus au Creusot destinés à la fabrication des outils doivent être examinés à part. Le centre de la fabrication de ces aciers est : en Angleterre, Sheffield ; en France, le district métallurgique de Saint-Etienne. La Styrie est aussi un centre de production important.

La classification des aciers à outils est en quelque sorte traditionnelle dans chacune des usines qui produisent ces sortes d'aciers et le consommateur s'exposerait à de sérieux mécomptes, qui aurait la prétention de rattacher les aptitudes spéciales de chaque nature d'acier à outils aux éléments de la résistance à la traction du métal: on a eu souvent la pensée de rechercher la relation qu'il peut y avoir entre ces deux caractéristiques, on a toujours été arrêté par ce fait que, de deux aciers à outils présentant les mêmes éléments de résistance, l'un peut donner lieu à un très-bon outil, l'autre à un outil très-médiocre. Cette anomalie se rattache peut-être à un caractère physique des métaux sur lequel les essais par traction ne donnent aucune indication et qui influe beaucoup sur l'uniformité de l'action de la trempe dans toute la masse métallique et la parfaite régularité de la dureté en tous les points qui en est la conséquence : on pourrait appeler ce caractère physique *la compacité*, en exprimant par là l'uniformité absolue de composition chimique et de conformation moléculaire dans toute la masse du métal.

Il existe un moyen de faire ressortir les différences qui se présentent sous ce rapport d'un acier à un autre, c'est de faire digérer des morceaux d'acier dans un bain d'acide chlorhydrique étendu d'eau. Au bout de 24 heures, on constate que certains aciers sont devenus spongieux à la surface, comme si certaines fibres avaient été dissoutes de préférence aux autres; d'autres aciers, au contraire, s'attaquent uniformément et leur surface reste lisse, ce qui prouve que l'action de l'acide s'est exercée sur toutes les molécules indistinctement.

Il est évident qu'au point de vue de la conformation moléculaire ces derniers aciers sont dans de tout autres conditions que les premiers, et on exprimerait assez bien la différence entre les uns et les autres en disant que les derniers sont *plus compacts* que les premiers.

Probablement la condition primordiale à réaliser dans un bon acier à outils est qu'il ait une grande *compacité*. Jusqu'à présent, la manière la plus pratique, pour le consommateur, de s'assurer de la bonne qualité d'un acier à outils, est de confectionner un outil au moyen de cet acier et de voir s'il fait un bon usage. Ce qu'il faut demander au fabricant, c'est de désigner assez clairement ses diverses nuances d'acier, pour que, dans chaque cas, le consommateur ne puisse se tromper sur le choix qu'il a à faire; c'est aussi de définir bien exactement les conditions dans lesquelles l'acier doit être trempé, car le degré de trempe joue un très-grand rôle dans le bon fonctionnement d'un outil.

C'est dans cet ordre d'idées que nous allons examiner ci-après les classifications commerciales des aciers à outils d'un certain nombre de fabricants représentés à l'Exposition.

Il nous paraît intéressant tout d'abord d'extraire du mémoire de M. le professeur Akerman « sur l'état actuel de l'industrie du fer en Suède » ce qui a trait à la production du « fer de Suède » si employé dans la fabrication de l'acier fondu au creuset.

« La méthode d'affinage la plus usitée en Suède est celle connue sous le nom « de Méthode de Lancashire. C'est, comme on le sait, un affinage par soulève- « ment qui s'opère dans les bas foyers couverts et la loupe, que l'on obtient « dans ces foyers est ensuite soudée dans des fours spéciaux. Les loupes sont « martelées dans les grandes usines sous des marteaux de 3400 à 5100 kilo- « grammes entièrement en fonte, dans les petites, sous des marteaux frontaux « à queue en bois de 850 kilogrammes seulement ou parfois sous des marteaux- « pilons de 650 à 1700 kilog.

« Dans ces derniers temps, on a établi, dans plusieurs usines, des laminoirs « dégrossisseurs à l'aide desquels les lopins sont immédiatement, et sans « réchauffage, étirés en billettes, soit pour fer à verge, soit pour la préparation « de l'acier fondu.

« Outre le procédé de Lancashire, on emploie, principalement dans les petites « usines, le procédé dit de la Franche-Comté qui, dans son application en « Suède, est identique au procédé original sauf que l'affinage et le soudage des « lopins s'opèrent tous les deux en Suède dans un seul et même bas foyer.

« Le district de Dannemora continue à se servir du procédé Wallon qui y est « employé de vieille date. Dans ce procédé, on se sert de deux bas foyers dont « l'un produit les lopins et l'autre les soude avant qu'ils ne soient étirés au « marteau.

« De tous ces procédés, celui du Lancashire fournit le fer le plus doux, le « plus homogène, le plus compact, qualités dues essentiellement au contrôle « que les fours de soudage employés dans ce procédé exercent sur les af- « fineurs.

« Quand le soudage s'opère au bas foyer, il est infiniment plus facile à l'ou- « vrier d'obtenir d'un lopin non homogène, une barre paraissant parfaitement « franche de défauts que lorsqu'on emploie le four de soudage, car dans ce « dernier les différentes parties du lopin sont exposées à une chaleur plus égale. « Comme d'ailleurs l'homogénéité et une texture compacte sont les conditions « principales pour un bon fer marchand, il en résulte que le procédé de Lan- « cashire constitue en réalité la meilleure méthode d'affinage pour la production « du fer.

« Le fer Wallon se distingue au contraire par son manque d'homogénéité et « son mélange de fer doux et de fer aciéré. Comme on l'emploie exclusivement « à la production de l'acier, ce manque d'homogénéité est dès lors de peu d'im- « portance, la valeur du fer étant déterminée à proprement parler par « *le corps* »

« de celui-ci, (en anglais : *Body*) et ce « corps » dépendant à son tour des mine-
« rais employés.

« On pourrait même croire que le manque d'homogénéité du fer Wallon est « une excellente qualité aux yeux des fabricants anglais, car ils s'opposent « vigoureusement à la modification de la méthode. S'il existe en réalité une « raison effective pour cette prédilection, il faut peut-être la chercher dans cette « circonstance que les nodules d'acier abrègent quelque peu le temps néces- « saire à la transformation du fer en acier. »

Voici la nomenclature des fers de Suède qui étaient représentés à l'Exposition, « avec leurs Marques de fabrique ».

Compagnie Bofors-Gullspang, à Bofors.

Usine d'Ankarsrum.

Marque de fabrique : 

Aciérie de Dannemora.

Compagnie de Degerfors.

Fonte 

Fer en barres 

Fers forgés : 

Usine de Finspong.

Fonte : 

Fers en barres : 

Usine de Ferna.

Usine de Forsmark.

Usine de Hammarby.

Compagnie de l'usine de Hellefors.

Compagnie de Hofors-Hammarby.

HP 

Hfs

Compagnie des forges et usines de Horndal.

Fontes : 

Lopins soudés et non soudés : 

Fer aciéreux martelé :

Usine de Karmansbo.

KARMANSBO
LANCASHIRE

LANCASHIRE

Usine de Kihlafors.

Fer obtenu par la méthode de Lancashire. Soudage au four.

Compagnie de Kloster.

Fers et aciers par le procédé Bessemer.

Compagnie de Larsbo-Norn.

Fers en barres. — Aciers Uchatius.

Compagnie de l'usine de Laxa.

Fer en barres.

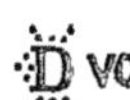

Compagnie de Lesjöfors.

Production importante.

Compagnie des ateliers et chantiers de Motala.

Fers puddlés et fers obtenus par les procédés Siemens et Martin. — Production très-importante.

Usine de Nissafors.

Compagnie de l'usine de Ramnäs.

Compagnie de Stora Kopparberg.

L Ö F

Compagnie de Storfors.

Compagnie de l'usine de Surahammar.

Fer puddlé au bois et à la tourbe.

Usine de Svartä.

Compagnie de l'usine de Söderfors.

Compagnie d'Uddeholm.

Forgis de fer Lancashire : Uddeholm

ÆB W.F.

Forgis de métal Siémens-Martin : 000

Fer en barres Lancashire pour clous de cheval : SF

Lindberg à Carlsdahl.

Compagnie d'Uttersberg.

New Gallivara Company Limited.

Fer en barres.

J. O. Sundströn à Charlottenberg.

Fer en barres :

CBE T JOS C

§ 33. — MM. Seebohm et Dieckstahl de Sheffield, classent leurs aciers à outils en six classes principales appropriées chacune spécialement, à un certain nombre d'usages particuliers. La base de la classification de ces industriels est la proportion de carbone combiné, proportion qui varie de 0,75 %₀ à 1,5 %₀.

Chaque barre d'acier livrée par MM. Seebohm et Dieckstahl porte une étiquette indiquant les usages principaux auxquels cette barre peut être employée; elle porte en outre la marque de fabrique du fournisseur. (Un aigle posé sur une mappemonde) : enfin, pour rendre toute erreur impossible, les étiquettes sont d'une couleur différente, selon le degré de dureté et portent le numéro de classification correspondant. Voici la classification de MM. Seebohm et Dieckstahl :

N° 0. — Couleur de l'étiquette : blanche. Pour outils de tours et planes sur matière dure.

N° 1. — Couleur de l'étiquette : jaune pale. Teneur en carbone 1,50 %. *Degré de dureté pour rasoirs;* convenable pour outils de tours, planes, forêts, etc..,. Cet acier ne doit être travaillé que par un ouvrier très-expérimenté ; tant soit peu surchauffé, l'acier est gâté.

N° 2. — Couleur de l'étiquette : jaune jonquille. Teneur en carbone 1,25 %. *Degré de dureté pour outils de tour.* Convenable pour outils de tour, outils à mortaiser, planes, forets, etc.... Cet acier doit être traité avec soin et n'est pas soudable.

N° 3. — Couleur de l'étiquette : garance. Teneur en carbone 1,125 %. *Degré de dureté pour poinçons.* Convenable pour marteaux de moulins, fraises, lames de cisailles, alésoirs, grands forets et outils de tour, tarauds, poinçons, coussinets, etc.... Cet acier se soude très-difficilement.

N° 4. — Couleur de l'étiquette : rouge. Teneur en carbone 1,00 %. *Degré de dureté pour burins.* Convenable pour burins, tranches à chaud, lames de cisailles, grands tarauds et poinçons, fleurets de mines pour granit, etc. .. Cet acier se soude quand on le traite avec soin.

N° 5. Couleur de l'étiquette : gris-violet. Teneur en carbone 0,879 %. *Degré de dureté pour tranches.* Convenable pour tranches à froid, estampes, lames de cisailles, fleurets de mines, outils de forgeron, tels que chasses, etc.... Cet acier se soude sans difficulté.

N° 6. — Couleur de l'étiquette: bleu indigo. Teneur en carbone 0, 75 %. *Degré de dureté pour matrices.* Convenable pour bouterolles, marteaux, matrices. Acier soudable pour rabots, fleurets de mines, etc. etc....

N° 7. Couleur de l'étiquette : bleu indigo, encadré de jonquille. Cet acier pour tarauds, alésoirs, etc..., mérite une mention spéciale; il est fabriqué doux au centre et dur à la surface; il en résulte que, chauffé à une couleur rouge foncée, on peut le tremper facilement sans qu'il éclate. (Le procédé de fabrication consiste, croyons-nous, à cémenter la surface des barres d'acier doux que l'on corroie ensuite au marteau. Lorsqu'on veut avec cet acier confectionner des tarauds coniques, les fabricants conseillent de l'étirer au marteau avant de le tourner).

MM. Seebohm et Dieckstahl exposent des cassures de fer, de fer cémenté, de lingots d'acier fondu au creuset et d'acier en barres martelées ou laminées, montrant la différence d'aspect selon le degré de dureté, c'est-à-dire suivant la teneur en carbone.

Pour montrer l'aspect du grain de *l'acier cassé à chaud*, ces fabricants exposent quelques cassures de barres d'acier, rompues après avoir été chauffées à différents degrés. D'après eux, la cassure à chaud permet de reconnaître le moindre défaut qui peut se trouver dans la barre.

MM. Seebohm et Dieckstahl exposent aussi des barres d'acier contenant du tungstène, du chrome ou du manganèse. Nous reviendrons plus loin sur les aciers de cette espèce.

L'acier au tungstène est extrêmement dur et propre surtout à ajuster et tourner les matières d'une grande dureté.

§ **134.** — MM. Jonas, Meyer et Colver de Sheffield, ont aussi une classification comportant 6 numéros de dureté, savoir :

Dureté n° 1 — S'applique pour travailler des objets très-durs tels que laminoirs durs, bandages de vagons, etc....

Dureté n° 2 — S'applique pour toutes espèces d'outils de tour, perçoirs, forets, etc....

Dureté n° 3 — S'applique pour petites fraises, alésoirs, tarauds ayant moins de 25 m/m de diamètre, marteaux de moulins, mèches américaines, grands outils de tour, etc....

Dureté n° 4. — S'applique pour grandes fraises, burins, tarauds au-dessus de 25 m/m de diamètre, grandes mèches américaines, etc...

Dureté n° 5. — S'applique pour tranches à froid et à chaud, poinçons, étampes, petites matrices, lames de cisailles, coussinets de filière, forets de mines, outils à travailler le granit, etc....

Dureté n° 6 — S'applique pour matrices, marteaux, bouterolles, etc....

MM. Jonas, Meyer et Colver indiquent le degré de trempe de chaque nature d'acier par la couleur à laquelle on doit faire revenir les outils trempés. Ils insistent sur la précision qu'ils ont apportée à leur classification : « Un mécanicien, « ayant besoin d'un outil spécial (un taraud par exemple), n'a, disent-ils, qu'à « consulter notre liste et il verra de suite que les tarauds doivent être fabriqués « en acier de dureté n°s 3 ou 4 selon les dimensions. En même temps, il verra « que cette même nature d'acier est également apte à la confection des autres « outils indiqués dans la liste. »

MM. Jonas, Meyer et Colver revendiquent l'innovation qui consiste à marquer toutes les barres d'acier à outils, à chaque extrémité et au milieu, du numéro de leur dureté ; de sorte que, une fois un bout coupé, l'autre indiquera toujours l'usage auquel on peut adapter l'acier.

§ 135. MM. Jacob Aall and Son, maîtres de forges à Nacs, près Tvedestrand (Norwége), classent leurs aciers fondus au creuset en 9 numéros différant uniquement par la teneur en carbone, dont les emplois sont les suivants :

N° 1. Soudable. — Pour outils aciérés tels que : outils de forge, de mineurs, dents de trépans, etc..., ainsi que pour outils tout en acier tels que : outils tranchants, marteaux, bouterolles.

N° 2. Un peu plus dur que le n° 1. — Pour les mêmes usages, excepté pour les outils tranchants pour lesquels le n° 1 est absolument nécessaire.

N° 3. — Pour la plupart des outils de forge en acier, mandrins, poinçons, tranches, étampes, marteaux, etc..., pour lames de cisailles, fleurets de mines, fraises, outils de clouterie, peut encore se souder avec soin et précaution.

N° 4. — Pour tranches à froid, burins, poinçons et matrices, tarauds et coussinets, mèches à percer, fleurets de mines, etc....

N° 5. — Pour outils de tours et machines à raboter.

N° 6. — Pour outils de tours où il faut une dureté plus grande que dans le n° 5, outils de tailleurs de pierre, ciseaux de tailleurs de limes, etc....

N° 7. — Pour outils de tours exigeant plus de dureté encore que le précédent.

N° 8. — Pour tourner les bandages d'acier, outils de rhabillage de meules, limes à scies et pour tous les usages où une dureté excessive est nécessaire.

MM. Jacob Aall and Son fabriquent, en outre, de *l'acier étoffé*, avec couche de fer pour couteaux à raboter le bois, fers à moulures et autres outils tranchants où une grande ténacité est exigée, *de l'acier deux fois raffiné*, qui se soude très-facilement et est plus tendre que l'acier fondu ; *de l'acier cémenté*, soudable pour fleurets de mines, etc....

§ 136. — La Société autrichienne de l'Innerberg expose divers aciers à outils de son usine de Kapfenberg en Styrie, qui offrent un vif intérêt.

Les aciers fondus de Kapfenberg proviennent généralement du produit de la cémentation du fer affiné au charbon de bois : quelquefois aussi de la fusion de l'acier affiné d'Innerberg.

L'un des aciers spéciaux de Kapfenberg est l'acier Wolframique, marqué O ; cet acier, qui peut être forgé et trempé avec des précautions convenables, tourne les matières les plus dures.

Un autre acier spécial de Kapfenberg est l'acier manganèse ou *acier diamanté*. L'usine en fabrique 5 marques.

Les marques	1, très-dur, 2, dur, 3, moins dur,	pour outils de tours, de rabots et de rhabillage de meules, etc....

Les marques 4 et 5, dur et tenace, pour outils à fileter, à aléser, à fraiser, pour burins, tranches et emporte-pièces à froid, pour poinçons, lames de varlope et couteaux à papier.

La Société de l'Innerberg attribue les vertus de cette sorte d'acier à ce qu'il contient du manganèse. D'après elle, l'influence du manganèse consisterait à assurer la désoxydation absolue de l'acier et à neutraliser l'influence fâcheuse du silicium souvent incorporé dans les aciers aux dépens des parois des creusets.

Outre l'acier manganèse, l'usine de Kapfenberg fabrique des aciers à outils de 6 marques :

Les marques. . . . . . { 1, très-dur, / 2, dur, } pour outils de tours et de rabots.

La marque 3, dur, difficilement soudable. Pour outils à forer, pour grains, pointaux, forets et autres outils à travailler la pierre dure, lames de cisailles non trempées, etc....

Aciers à outils, marque 4, moyenne dureté, soudable. Pour forets, emporte-pièces, tranches et cisailles à froid, pour marteaux à polir et pour outils de filetage.

Aciers à outils, marque 5, tenace et très-soudable. Pour crapaudines, tourillons, étampes, forets pour la pierre tendre, pour cisailles à tôle, pour poinçons-découpoirs et tranches à chaud, mandrins, matrices, ainsi que pour acérer des outils de petite dimension.

Aciers à outils, marque 6, doux et très-soudable. Pour marteaux à river, pour molettes, ainsi que pour acérer des outils volumineux.

L'usine de Kapfenberg fabrique aussi des aciers à noyau doux, pour la fabrication des tarauds : ces tarauds ont l'avantage d'être durs et secs à leurs parties tranchantes, par contre, à l'intérieur, ils sont doux et tenaces et se cassent donc moins facilement que ceux fabriqués entièrement en acier dur.

Voici les résultats des essais de résistance faits sur les différentes qualités d'acier fondu de l'usine de Kapfenberg :

QUALITÉ.	MARQUE DE LA DURETÉ.	RÉSISTANCE DE TRACTION. Limite d'élasticité	RÉSISTANCE DE TRACTION. Charge de rupture	ALLONGEMENT total en °/₀ de longueur	RAPPORT de la section de rupture à la section primitive F rupture / F	PROPORTION de carbone.	EMPLOI.	OBSERVATIONS.
		en kil. pr 1 m/m □						
ACIER MANGANÈSE.	0	43.64	81.71	6.37	0.9175	1.123 2.300	Extrêmement dur pour travailler l'acier trempé, la fonte durcie, etc.	Se forgent bien à la chaleur rouge.
	1	33.69	76.63	5.[illegible]9	0.7535	1.350	Très-dur, spécialement approprié aux couteaux de tours et de machiues à raboter, pour outils à rhabiller les meules, etc.	
	2	35.98	75.64	5.59	0.8245	1.189		
	3	31.41	72.99	11.45	0.7995	1.010		
	4	32.87	73.04	12.52	0.65	0.850	Dur, et tenace pour outils de filetage, pour alésoirs, fraises, burins, pour tranches et emporte-pièces à froid, poinçons, lames de varlope, couteaux à papier, etc.	
ACIER A OUTILS.	1	36.45	78.51	8.26	0.774	1.150	Très-dur. Pour ciseaux à tourner et à raboter.	
	2	33.79	70.41	11.65	0.623	1.000	Moins dur.	
	3	30.04	69.98	4.5	0.6705	0.850	Dur, pour mèches de machines à percer, pour couteaux de machines à mortaiser, pour grains, pointeaux et outils à travailler la pierre dure, pour lames de cisailles, etc.	
	4	26.27	65.67	6.48	0.6495	0.750	Pour mèches de machines à percer le fer, pour emporte-pièces, cisailles et tranches à froid, pour marteaux à polir, pour outils de filetage, etc.	
	5	33.35	74.14	9.00	0.5235	0.638	Spécialement propres aux crapaudines, aux tourillons, étampes et forets à pierre tendre, pour grandes cisailles à tôle, emporte-pièces et tranches à chaud, pour acérer des instruments fins.	Se forgent et se soudent bien à la chaleur Rouge.
	6	37.05	72.27	7.37	0.744	0.581	Pour rivoirs de chaudronnerie et pour acérer de grandes surfaces.	
ACIER FONDU	7	24.84	48.78	19.57	0.5935	0.414	Pour canons de fusil et pour chambre d'armes à feu.	Blanche.
	8	18.51	52.76	20.38	0.6145	0.585	Pour faux.	

Les barreaux d'épreuve avaient une section transversale de 2 c/m □ et une longueur de 21 c/m. Dans tous les barreaux, le métal était à l'état naturel, non trempé.

§ **137.** — MM. Jacob Holtzer et Cie (Aciéries et forges d'Unieux (Loire) fabriquent des aciers fondus au creuset pour outils de toutes espèces marqués *à la cloche et au croissant :* les aciers à outils de ces deux marques sont exclusivement produits avec les premières qualités des fers de Suède de Dannemora.

Ils produisent aussi de l'acier corroyé, marqué *tête de bœuf*, une fois, deux fois, trois fois ou quatre fois suivant le nombre de corroyages. Ces aciers servent principalement, à acérer des outils en fer de toutes espèces, et pour la fabrication de la coutellerie et de la quincaillerie.

L'exposition de MM. Holtzer renferme une barre d'acier à quatre corroyages de 300 sur 110 millimètres pesant 500 kilogrammes : la cassure de cette barre fait voir que le soudage des languettes (60 sur 8 m/m), qui la composent, est parfait.

MM. Jacob Holtzer et Cie ont spécialement étudié les aciers au chrome et ceux au tungstène remarquables par leur résistance, leur ténacité et leur dureté après la trempe.

Voici dans quels termes ils rendent compte de leurs expériences :

« Notre attention a été attirée sur ces aciers, il y a trois ans, par les résultats « d'expériences faites aux États-Unis

« Nous avons fait des essais pour contrôler ces résultats, et nous nous som- « mes convaincus par nous-mêmes, que le chrome avec le carbone, en propor- « tions convenables dans les aciers, leur donnait une supériorité incontes- « table.

« Le chrome a pour effet, d'élever dans un acier non trempé, la charge à la « rupture et surtout à la limite d'élasticité, tout en laissant à cet acier l'allon- « gement correspondant à sa teneur en carbone, c'est-à-dire qu'un acier chromé, « tout en présentant les résistances d'un acier dur, est moins cassant qu'un « acier de même dureté simplement carburé.

« Le chrome allié au fer ne lui communique pas la propriété de prendre la « trempe comme le fait le carbone ; mais un acier chromé et carburé prend « plus vivement la trempe et devient plus dur qu'un acier à même teneur en « carbone sans chrome.

« Non trempés, les aciers chromés sont en général très-difficiles à casser à « la masse après qu'on les a entaillés à la tranche ; ils ont une cassure très- « nerveuse.

« Par la trempe à une température convenable, ils prennent un grain très-

« fin, à tel point que pour de fortes teneurs en chrome et en carbone, la cas-
« sure est, pour ainsi dire, vitreuse.

« Un acier à fortes teneurs de chrome et de carbone, soit 10 à 15 p. 1,000 de
« carbone et 23 à 40 p. 1,000 de chrome, est tellement dur qu'il résiste aux outils
« ordinaires trempés. Mais un pareil acier devient cassant après la trempe à l'eau.

« Des fraises simplement trempées à l'huile deviennent suffisamment dures
« pour faire un très-bon usage.

« A la trempe à l'eau, les aciers chromés ne décapent pas, la pellicule d'oxyde
« reste adhérente

« Chauffés trop chaud ou trop longtemps pour la trempe, la cristallisation
« s'accentue et les aciers perdent leur solidité.

« Pour faire les aciers chromés, nous réduisons le minerai dans des creusets
« en terre qui servent à la fusion de l'acier. Avec les minerais de Grèce ou de
« l'Oural, nous obtenons un alliage contenant 50 à 60 % de chrome, dont nous
« ajoutons à l'acier des poids déterminés.

« Pour avoir des alliages plus riches en chrome, nous avons recours au
« bichromate de potasse.

« Ces alliages fondus en se refroidissant à l'air, se recouvrent d'une couche
« verte de sesquioxyde.

« La scorie chromée fondue se recouvre dans les parties exposées à l'air d'une
« pellicule d'un brun de cuir, due probablement à ce qu'au contact de l'oxy-
« gène de l'air il commence à se former un chromate.

« Les aciers contenant du chrome se solidifient à une température plus élevée
« que ceux qui n'en contiennent pas ; cet effet est déjà sensible à une teneur de
« 12 p. 1000 de chrome. Aussi, pour fondre les aciers chromés, faut-il une
« température plus élevée, ce qui augmente le retrait des lingots et donne lieu
« à d'autres inconvénients d'autant plus difficiles à éviter que l'on coule des
« lingots plus gros.

« Nous considérons la supériorité des aciers chromés comme incontestable et
« leur usage comme devant prendre une grande extension, une fois que les dif-
« ficultés de leur fabrication auront été surmontées.

« Nous avons été amenés à diviser ces aciers en six qualités différentes : à
« deux teneurs en chrome et trois teneurs en carbone.

« Ci-après le tableau donnant le procès-verbal des résultats d'épreuves à la
« traction faites à l'Exposition par M. Thomasset, sur des éprouvettes cylindri-
« ques de 130 m/m □ de longueur entre repères.

« Les lettres A et B indiquent les teneurs en chrome, les indices 1, 2, 3, les
« teneurs décroissantes en carbone.

« Sur demande, nous faisons également des aciers au tungstène, jusqu'à 8 à « 9 °/₀ de tungstène (Acier Wolfram). Nous réduisons nous-mêmes le tung- « stène de son minerai.

	CHARGE par $^m/^m$ □ à la limite élastique.	CHARGE par $^m/^m$ □ à la rupture.	ALLONGEMENT °/₀.	RAPPORT de la section de rupture à la section primitive.	OBSERVATIONS.
			Aciers recuits, non trempés.		
A_1.....	53k5	89k3	8 1/2	0.640	
A_2.....	46.6	75	15 1/2	0.424	
A_3.....	57.8	92.1	7 1/2	0.700	Résultat anormal. Erreur possible.
B_2.....	73.3	126	7	0.920	
B_3.....	60.2	91	8	0.500	
B_4.....	46.1	72.2	15	0.306	
			Aciers trempés à l'huile et recuits au rouge.		
A_1.....	80	115.6	6.8	0.780	
A_2.....	100.2	110.4	4 1/2	0.630	
A_3.....	90.4	96.7	5 1/2	0.424	
B_2.....	73.3	119.3	7 1/2	0.84	Effet de la trempe détruit par trop de recuit.
B_3.....	90	114	5 1/2	0.71	
B_4.....	46	71.8	15 1/2	0.310	Id.
			Acier trempé, non recuit.		
B_4.....	113.3	133.2	6	0.57	Eprouvette remarquable par la striction au point de rupture en face de la charge.

« Avec des trempes à l'huile convenables, on arrive à dépasser 140 kilo- « grammes par $^m/^m$ □. »

§ **138**. — MM. Jacob Holtzer n'ont pas fabriqué les aciers au chrome en grande masse et une pareille fabrication présenterait des difficultés, parce que les alliages de fer et de chrome pèchent par l'homogénéité dès que le volume devient un peu considérable. La compagnie de Terre-Noire cependant a fait, comme étude, une coulée d'acier chromé assez importante, dont l'analyse chimique était la suivante :

Carbone.	0,450
Silicium.	0,280
Manganèse.	0,750
Chrome	0,750

Les essais à la traction d'un barreau de ce métal coulé et *non martelé* ont donné les résultats suivants :

	MÉTAL NATUREL.	MÉTAL TREMPÉ A L'HUILE et recuit.
Charge à la limite d'élasticité.	36k5	38k3
Charge à la rupture	63.0	87.2
Allongement %	2.2	10

Un cylindre d'acier chromé de 10 m/m de hauteur et de 10 m/m de diamètre, trempé à l'eau, a supporté deux fois la charge de 32 000 kilogrammes et sa hauteur est tombée de 10m/m,05 à 9m/m,80, c'est-à-dire qu'elle n'avait varié que de 0m/m,25.

L'acier au chrome paraît donc doué de propriétés résistantes très-remarquables.

§ **139.** — La Société des hauts-fourneaux de la Marine et des Chemins de fer (anciens établissements Petin et Gaudet) classe ses aciers fondus au creuset, pour outils, en 9 numéros :

Le n° 0, très-dur, ne s'emploie jamais seul et sert surtout à doser ;

Les nos 1 et 2, très-durs également, s'emploient pour outils de tours, etc..., mais toujours mélangés avec des numéros plus élevés dans la série ;

Le n° 3, dur, s'emploie pour les limes ;

Les nos 4 à 6, demi-durs, s'emploient pour ressorts, etc... ;

Enfin les nos 7 et 8, doux, sont affectés à la fabrication des tôles douces pour chaudières.

§ **140.** — La Société des aciéries du Saut-du-Tarn, près Albi (Tarn), fabrique également des aciers à outils fondus et corroyés d'excellente qualité.

Les diverses espèces d'acier sont classées par numéros correspondant aux différents degrés de dureté et de facilité de trempe : le classement est conséquemment indépendant de la nature du métal. En voici les éléments :

N° 1. Acier fondu pour limes à scies. Trempe très-énergique au rouge cerise.

N° 2. Acier fondu et cémenté pour limes. Trempe très-vive au rouge cerise.

N° 3. Acier fondu et corroyé cémenté pour outils et taillanderie. Trempe vive au rouge cerise.

N° 4. Acier fondu et corroyé naturel pour ressorts et agriculture. Trempe assez vive au rouge cerise.

N° 5. Acier fondu et naturel pour faux, faucilles et outils similaires. Trempe assez vive au rouge cerise.

N° 6. Acier fondu et naturel très-doux pour pelles. Trempe très-légère au rouge cerise.

Les usines du Saut-du-Tarn, sont au nombre des rares usines de dénaturation qui produisent, elles-mêmes, les matières premières nécessaires aux différentes fabrications, en partant de la fonte pour arriver aux produits finis de toute nature.

Classification des fontes

§ **141**. — Les fontes ont des compositions chimiques extrêmement variables, selon les minerais et les combustibles qui ont servi à leur fabrication et aussi suivant l'allure des hauts fourneaux dans lesquels elles ont été produites.

Les renseignements sur la résistance des fontes à la traction, ne sont pas très-nombreux.

En ce qui concerne les fontes anglaises, nous trouvons, dans le mémoire déjà plusieurs fois cité de Sir J. Whitworth, les chiffres suivants :

RÉSISTANCES A LA RUPTURE.	ALLONGEMENTS %.	RÉSISTANCES A LA RUPTURE.	ALLONGEMENTS %.
20k	0.9	15.3	0.75
18.4	1.1	14.6	0.12
16.9	1.0	10.9	0.50
16.9	0.65		

Le but de Sir J. Whitworth, dans les expériences qui lui ont fourni les résultats ci-dessus, était de comparer la résistance des fontes « des meilleures provenances » avec son acier coulé sous pression ; les chiffres que nous venons de donner doivent donc être considérés comme se rapportant à des fontes anglaises de provenances variées, mais toutes de bonne réputation. Les allongements ont été mesurés sur 5 centimètres de longueur.

En dehors de ces renseignements, nous trouvons dans un mémoire du professeur américain Thürston, mémoire dont il sera parlé plus loin, les résultats d'épreuve suivants :

ÉLÉMENTS DE LA RÉSISTANCE.	FONTES ANGLAISES.	
	Blencavon N° 2.	Low-moor N° 1.
Charge à la limite d'élasticité.	4k4	4k5
Allongement élastique %.	0.0519	0.1305
Charge à la rupture	10k4	11k5
Allongement correspondant à la rupture %	0.0511	0.1524

Ces résultats sont notablement inférieurs à ceux que donnent habituellement les fontes anglaises.

§ 142. — Parmi les fontes anglaises qui figurent à l'Exposition, il en est qui méritent une mention spéciale : ce sont celles de la maison Harrison-Ainslie et Cie. Ce sont des fontes au *charbon de bois* fabriquées avec des minerais du Cumberland, qui sont tout particulièrement appréciés sous la marque D. P., pour la fabrication des pièces en fonte malléable.

§ 143. — Dans le mémoire précité du professeur Thürston, nous trouvons des résultats d'épreuve relatifs aux fontes de la Société américaine Barnum, Richardson et Cie, de Salisbury (Connecticut).

Les fontes de Salisbury, qui jouissent d'une grande réputation en Amérique pour la fabrication des roues de vagons en fonte moulée, sont classées de la manière suivante :

Fonte n° 1. — C'est la plus tendre de toutes ; elle ne trempe pas en coquille et sert pour les moulages communs.

Fonte n° 2. — Un peu plus dure que la précédente ; ne trempe pas non plus en coquille : c'est une fonte d'affinage ; elle s'emploie pour la production des roues de vagons, mais en mélange avec des débris de vieilles roues ou des fontes plus dures.

Fonte n° 3. — Quelque peu plus dure que la précédente ; trempe légèrement en coquille, à la jante des roues au moulage desquelles elle est employée ; elle est beaucoup employée en mélange avec des fontes plus dures pour la fabrication des roues de vagons.

Fonte n° 4. — Est encore plus dure et trempe en coquille à la profondeur de 0m,0125 environ, à la jante d'une roue : cette sorte est presque généralement employée pour la fabrication des roues de vagons.

Fonte n° 4 1/2. — C'est surtout une fonte de puddlage ; elle s'emploie aussi pour la fabrication des roues de vagons ; en mélange avec des sortes inférieures on a des fontes plus douces. Elle trempe en coquille à une profondeur de 0m,0187 environ.

La *Fonte truitée n°* 5 et la *Fonte blanche n°* 6 sont toutes deux très-dures et trempent en coquille à la profondeur que l'on peut désirer ; en fait, la fonte n° 6 durcit dans toute sa masse dans la trempe en coquille. Ces deux fontes servent en mélange avec des fontes plus douces pour faire des roues et des rouleaux trempés en coquille.

La qualité ou catégorie de la fonte produite dépend en grande partie de la température du fourneau au moment de la fabrication, quelquefois aussi du minerai employé et de l'état du temps, et probablement aussi de quelques autres causes complétement inconnues. Si le fourneau fonctionne à une température moyenne, il produit des fontes dures et d'une catégorie élevée ; les fontes douces sont obtenues par une haute température. Si l'on veut produire de la fonte dure, il faut forcer les charges de minerai dans le haut-fourneau par rapport aux charges de combustible ; si l'on veut produire de la fonte douce, c'est le contraire qu'il faut réaliser.

Les fontes nos 2 et 4 ont été, sous la direction du professeur Thürston, l'objet d'essais que nous allons analyser.

Les essais ont porté sur des barres coulées en première fusion, ayant 0m,609 de longueur et pour section un carré de 0m,0127 de côté. Ces barres ont d'abord été essayées à la flexion sur des points d'appui distants de 0m,5588 : dans les deux moitiés, en a découpé à la machine-outil des barreaux qui ont été essayés, partie à la traction, partie à la compression, partie à la torsion.

Nous allons rendre compte des essais à la traction. Les barreaux d'épreuve cylindriques avaient 0m,127 de longueur et 0m,020 de diamètre. Les résultats ont été les suivants :

ÉLÉMENTS DE LA RÉSISTANCE.	FONTE N° 4.	FONTE N° 2.
Charge à la limite d'élasticité.	8k4	5k1
Allongement élastique %.	0.0641	0.0736
Charge à la rupture.	24k1	12k
Allongement à la rupture %.	0.3725	0.5473

La fonte de Salisbury n° 4 est donc une fonte d'une grande résistance.

La comparaison de la densité de ces fontes avec celle des fontes anglaises fait ressortir, à ce point de vue, des différences sensibles, ainsi :

La densité de la fonte de Salisbury n° 2 est de.	7,186
Celle de la fonte de Salisbury n° 4 est de.	7,250
Celle de la fonte Blencavon n° 2 est de.	7,093
Celle de la fonte Low-moor n° 1 est de.	7,043

La densité des fontes de Salisbury est donc notablement supérieure à celle des fontes anglaises des premières provenances.

§ 144. — La « Staatsbahn » fournit les indications suivantes sur la résistance des fontes de l'usine de Reschitza :

ÉLÉMENTS DE RÉSISTANCE.	FONTE au coke.	FONTE au bois.	MÉLANGE D'ACIER ET DE FONTE dans la proportion	
			20 : 80	10 : 90
Module d'élasticité	14000 à 10000	14400	13440	14060
Charge à la limite d'élasticité	Impossibles à déterminer.			
Charge à la rupture	21.3	25.4	25.4	26.9
Les allongements ont été impossibles à déterminer.				

Les essais ont eu lieu sur des barres à section rectangulaire ayant environ 40 centimètres carrés de section.

§ 145. — Les fontes exposées par la Société du Creusot se divisent en trois catégories :

Fontes pour puddlage.
— acier.
— moulage.

Les fontes pour puddlage sont classées suivant les catégories de fer qu'elles sont destinées à produire.

Le degré de pureté des fontes provient essentiellement de la composition des lits de fusion des hauts-fourneaux, préparés par des mélanges de minerais riches et purs, avec les minerais du pays en proportion variable avec la qualité de fonte à obtenir, mais invariable pour une même qualité de fonte.

Les fontes n° 1 à rails résultent du traitement exclusif des minerais de Mazenay, et les fontes n° 7 à fers fins proviennent uniquement de minerais riches et purs.

Les diverses fontes pour puddlage ont la composition moyenne suivante :

COMPOSITION.	NUMÉROS DES FONTES.					
	1	2	3	4	6	7
Carbone total	1.680	2.587	2.789	3.240	3.122	3.380
Silicium	0.702	1.076	1.650	1.900	1.990	2.120
Manganèse	0.294	0.406	0.864	1.200	1.744	2.600
Phosphore	1.608	0.749	0.580	0.375	0.195	0.065
Soufre	0.505	0.319	0.223	0.122	0.065	0.045
Fer	95.211	94.863	93.894	93.163	92.884	91.790

Les fontes pour aciers proviennent du traitement exclusif des minerais les plus purs, avec addition, s'il y a lieu, de minerais manganésés ; elles sont classées d'après leur composition ; suivant leur numéro de classement, on les traite d'une manière différente et les aciers qui en résultent sont affectés à des usages divers.

Leur composition moyenne est la suivante :

COMPOSITION.	NUMÉROS DES FONTES.						
	1	2	3	4	5	6	7
Carbone total	3.700	3.550	3.350	3.452	3.200	3.050	2.621
Silicium.	2.200	2.320	2.209	2.180	2.130	1.800	1.208
Manganèse.	4.086	4.160	3.888	3.660	3.492	3.250	2.506
Phosphore.	0.053	0.055	0.056	0.049	0.054	0.055	0.050
Soufre.	0.035	0.034	0.040	0.045	0.045	0.075	0.087
Fer.	89.926	90.081	90.397	90.614	91.073	91.770	93.468

Les fontes pour moulage alimentent à l'exclusion de toutes autres fontes du dehors, les ateliers de fonderie en seconde fusion. D'après la nature des pièces coulées et les propriétés recherchées, on emploie ces fontes seules, ou à l'état de mélange entre elles ou encore mélangées avec les fontes précédentes. Ces alliages sont effectués suivant des proportions parfaitement définies et on contrôle journellement la fabrication par des expériences de choc.

Les fontes de seconde fusion résultant de ces alliages se distinguent par une grande homogénéité de grain, l'absence complète de soufflure. Dans certains cas, elles donnent également lieu à des pièces d'une grande résistance à la traction, au choc et aussi au frottement.

La composition moyenne des fontes de moulage est la suivante :

COMPOSITION.	NUMÉROS DES FONTES.				
	1	2	3	4	5
Carbone total	3.450	3.215	3.190	2.950	2.990
Silicium.	2.750	2.544	2.405	2.100	1.812
Manganèse.	0.544	0.565	0.588	0.540	0.388
Phosphore.	0.772	0.634	0.710	0.615	0.680
Soufre.	0.074	0.073	0.082	0.096	0.120
Fer.	92.410	92.969	93.025	93.699	94.010

§ **146**. La Société des hauts fourneaux de Saint-Louis fabrique spécialement des fontes de choix, produites au coke au moyen des minerais riches et purs du littoral de la Méditerranée. Elle expose :

Des fontes fines grises employées pour l'affinage, au bas foyer au combustible végétal et pour la fabrication de l'acier Bessemer.

Des fontes fines grises, truitées, blanches, rayonnées, employées pour les puddlages supérieurs et pour la fabrication de l'acier Siémens-Martin.

Des fontes fines de moulage de grande résistance.

Divers types de fontes spéciales pour la fabrication de la fonte malléable (Marque D. P.).

Des fontes rubanées et blanches lamelleuses employées pour des usages analogues.

Enfin, une série de fontes manganésées contenant depuis 10 jusqu'à 87 pour 100 de manganèse.

Voici l'analyse de quelques-uns de ces produits :

	FONTES FINES ACIÉREUSES.		FONTES DE MOULAGE.	
	N° 1.	N° 2.	N° 3.	N° 4.
Fer	89.89	92.40	92.80	92.80
Manganèse	2.80	2.52	1.15	1.87
Silicium	2.99	1.82	2.50	2.70
Carbone	3.50	3.40	5	2.50
Soufre	0.014	0.09	traces.	traces.
Phosphore	0.002	0.006	0.006	0.007
	99.196	100.036	99.466	99.877

§ 147. La Compagnie de Terre-Noire classe ses fontes, en fontes pour moulage et fontes pour affinage.

Les fontes pour moulage ont la composition suivante :

	TENEUR MÉTALLIQUE °/₀.			MATIÈRES ÉTRANGÈRES °/₀.			
	Fer.	Manganèse.	Silicium.	Graphite.	Carbone combiné.	Soufre.	Phosphore.
Fonte N° 1	92.17	1.25	2.25	3.25	0.94	0.02	0.05
— N° 2	92.98	1.05	1.95	2.55	1.25	0.04	0.05
— N° 3	93.85	0.95	1.75	1.95	1.52	0.063	0.047
— N° 4	94.58	0.654	1.15	1.15	2.08	0.071	0.042
— N° 5	94.15	0.583	0.85	0.85	2.17	0.095	0.047

Les éléments de la résistance sont les suivants :

ÉLÉMENTS DE LA RÉSISTANCE.	NUMÉROS DES FONTES.				
	1	2	3	4	5
Charge de rupture par m/m □	6k5	8k9	10k2	14k9	17k5

Les barreaux d'épreuve étaient cylindriques et avaient 14 m/m de diamètre.

Ces fontes, soumises aux épreuves par le choc du service de l'artillerie, ont donné les résultats suivants :

ÉPREUVES PAR LE CHOC.	NUMÉROS DES FONTES.				
	1	2	3	4	5
Barreau brut de 40 m/m de côté. Hauteur de rupture.	0.36	0.42	0.54	0.62	0.68
Barreau ajusté de 100 m/m de côté. Hauteur de rupture.	0.50	0.70	0.80	0.90	1.20

Pour les barreaux bruts, le poids du mouton est de 12k, le poids de l'enclume de 800k : L'écartement des points d'appui 16 c/m ; on fait tomber le mouton de 26 c/m, puis on élève de deux en deux centimètres jusqu'à rupture.

Pour les barreaux rabotés, le poids du mouton est de 100k, le poids de l'enclume 10000k, l'écartement des points d'appui 1m00 ; on fait tomber le mouton d'une hauteur de 40 c/m, puis on élève la hauteur de dix en dix centimètres :

Les fontes pour affinage ont la composition suivante :

NATURE DES FONTES.	TENEUR MÉTALLIQUE °/o.			MATIÈRES ÉTRANGÈRES °/o.			
	Fer.	Manganèse.	Silicium.	Graphite.	Carbone combiné.	Soufre.	Phosphore.
Fonte pour fer ordinaire	95.05	0.653	0.758	»	2.45	0.622	0.622
— fer fort.	92.95	3.450	0.618	»	2.05	0.162	0.162
— fer supérieur	95.04	1.940	0.204	»	2.875	0.053	0.053
— fer fin et acier puddlé.	92.87	3.258	0.548	»	3.25	0.063	0.063

§ **148.** Nous croyons utile de donner également, ci-après, les compositions chimiques du Spiegeleisen et de quelques alliages de ferro-manganèse et de Silicium, fabriqués au haut fourneau par la Compagnie de Terre-Noire.

NATURE DES ALLIAGES.	FER.	MANGANÈSE.	SILICIUM.	CARBONE combiné.	PHOSPHORE.
Spiegel-eisen.	84.45	10.20	0.160	4.85	0.085
Ferro-manganèse à 25 °/o.	69.60	25.15	0.052	5.20	0.095
— à 41 °/o.	53.00	41.25	0.080	5.45	0.135
— à 64 °/o.	30.50	64.25	0.062	5.65	0.125
— à 85 °/o.	8.25	85.50	0.093	6.62	0.145
Alliages de silicium N° 1.	66.75	20.50	10.20	2.05	
— N° 2.	71.50	19.50	7.45	2.05	
— N° 3.	79.00	13.00	5.45	2.30	
— N° 4.	85.50	6.50	5.55	2.10	

Voici, enfin, deux alliages de chrome et de tungstène préparés par la Compagnie de Terre-Noire en vue de la fabrication de l'acier au chrome ou au tungstène;

NATURE DES ALLIAGES.	FER.	MANGANÈSE.	CHROME ou tungstène.	CARBONE combiné.	PHOSPHORE.
Alliage au chrome.	57.45	13.20	25.30	4.75	»
Alliage au tungstène.	50.00	41.50	24.25	5.65	»

§ **149**. Les fontes de la Société des hauts fourneaux de Pont-à-Mousson sont désignées au moyen d'une classification anglaise de 1 à 5 avec deux sous-classes pour les besoins du puddlage.

N° 1 — Fonte noire très-graphiteuse,
N° 2 — Fonte grise à gros grains,
N° 3 — Fonte grise à grain serré,
N° 3-4 — Fonte truitée grise, petits points blancs très-fins,
N° 4 — Fonte truitée,
N° 4-5 — Fonte truitée blanche à grosses mouches noires,
N° 5 — Fonte blanche lamelleuse.

Ces fontes proviennent de minerais oolithiques et sont phosphoreuses.

Une analyse de fonte blanche d'affinage a donné :

Carbone.	2,791
Silicium.	0,733
Manganèse.	0,198
Phosphore.	1,910
Soufre.	0,410

§ **150**. Les fontes de la Société d'Audincourt méritent une mention spéciale.

Ces fontes proviennent, comme on sait, d'un minerai de peroxyde de fer hydraté en grains traité au charbon de bois : elles sont généralement grises et noires, à gros grains brillants avec paillettes de graphite. Refondues en deuxième fusion, elles donnent des moulages très résistants ; elles jouissent, à un haut degré, de la propriété de tremper quand on les coule en coquilles.

Épreuves par compression

§ **151**. Outre les épreuves par traction qui servent à caractériser la résistance des métaux, certains expérimentateurs ont effectué sur diverses variétés de fer des épreuves par flexion, par compression et par torsion.

Les épreuves par flexion font, à notre avis, double emploi avec les épreuves par traction et nous ne croyons pas nécessaire de les relater : mais il en est autrement des épreuves par compression et par torsion qui peuvent, dans certains cas, fournir des renseignements utiles.

Les épreuves par compression les plus méthodiques, sont celles que la « Staatsbahn » a fait exécuter sur les produits de son usine de Reschitza. En voici les résultats :

RÉSISTANCE A L'ÉCRASEMENT DE CYLINDRES ET DE PARALLÉLIPIPÈDES EN ACIER, EN FER PUDDLÉ ET EN FONTE.

MATIÈRES.	NUMÉROS de dureté.	SECTION.	DENSITÉ.	MODULE d'élasticité. Kil. par m/m □	LIMITE d'élasticité. Kil. par m/m □	COMMENCEMENT du fort écrasement. Kil. par m/m □	RÉSISTANCE à l'écrasement ou charge maxima. Kil. par m/m □
ACIER MARTIN.	2	□	7.8357	22090	37.78	129.00	211.00
		○	7.8339	22000	27.25	»	175.00
	3	□	7.8579	22550	34.44	103.00	216.00
		○	7.8403	22400	37.02	»	198.00
	4	□	7.8500	22220	20.00	86.00	140.00
		○	7.8534	22280	24.20	80.00	156.00
	5	□	7.8552	22660	17.90	71.00	114.00
		⊙	7.8559	22820	29.44	70.00	126.00
	6	□	7.8612	22520	17.84	67.00	91.00
		○	7.8636	22920	26.12	66.00	105.00
	7	□	7.8672	22220	14.44	50.00	105.00
		○	7.8673	22720	24.20	56.00	102.00
ACIER BESSEMER.	3	□	7.8425	22250	34.44	139.00	190.00
		○	7.7902	22880	53.60	143.00	174.00
	4	□	7.8475	22310	32.44	98.00	145.00
		○	7.8504	22770	30.40	107.00	142.00
	5	□	6.8465	22500	25.50	77.00	117.00
		○	7.8465	22720	28.20	91.00	122.00
	6	□	7.8568	22280	16.80	73.00	137.00
		○	7.8578	22150	27.11	86.00	112.00
	7	□	7.8571	22630	15.66	64.00	101.00
		○	7.8560	22600	20.35	63.00	107.00
ACIER MARTIN BRUT (Lingots).	2	○	7.7826	22120	38.44	»	175.00
	3	○	7.8364	20930	21.22	»	185.00
	5	○	7.8426	20590	16.97	»	160.00
	5	○	7.8363	19570	14.95	»	130.00
	6	○	7.8451	19960	14.85	»	122.00
	7	○	7.8541	20500	16.13	»	86.00
ACIER BESSEMER brut (lingots).	3	○	7.8467	21480	14.95	»	165.00
	4	○	7.8452	21730	17.08	»	127.00
	5	○	7.8355	21450	20.28	»	150.00
	6	○	7.8488	20990	15.83	»	107.00
	7	○	7.8518	20000	9.50	»	91.00
Fers à nerfs		□	7.8094	21300	14.40	39.00	73.00
		○	7.8109	22300	14.63	48.00	89.00
Fer à grain fin.		□	7.8107	22800	6.15	50.00	100.00
		○	7.8118	10860	5.25	55.00	100.00
Fonte au coke		□	7.2329	11100	»	»	80.00
		○	7.2293	11300	»	»	76.00
Fonte au bois		□	7.2809	11260	»	»	86.00
		○	7.2764	11540	»	»	84.00
Mélange d'acier et de fonte dans la proportion de	10/90	□	7.2960	13180	»	»	90.00
		○	7.3344	13910	»	»	93.00
	20/80	□	7.3054	12180	»	»	94.70
		○	7.3125	13320	»	»	96.00

Les conclusions à tirer de ces expériences sont les suivantes :

1° Le module d'élasticité est sensiblement le même pour la compression et pour la traction ;

2° Les charges par $^m/_m$ □ correspondantes à la limite d'élasticité sont à peu près les mêmes dans les deux cas.

Par conséquent, les diminutions de longueur sous les charges de compression dans la limite d'élasticité ont à peu près les mêmes valeurs que les allongements sous les efforts de traction dans cette même limite. Au delà de la limite d'élasticité, les résistances à la compression sont bien supérieures aux résistances à la traction.

Le mémoire de la « Staatsbahn » donne les détails suivants sur la manière dont les épreuves ont été effectuées :

« Les épreuves ont été traduites en courbes et les épures originales de ces « courbes ont été faites sur papier quadrillé, divisé en double millimètres ; « l'échelle des abscisses a été prise égale à un double centimètre pour 1000^k « de charge par centimètre carré ; celle des ordonnées est de 1 double milli- « mètre pour un dix-millionième du raccourcissement proportionnel ; il en « résulte qu'en estimant à vue d'œil sur le papier quadrillé $\frac{1}{10}$ de double milli- « mètre, on peut porter sur la ligne des abscisses la longueur représentative « de 10^k de charge par *c. m. q*, et sur la ligne des ordonnées la longueur repré- « sentative de 1 millionième du raccourcissement proportionnel ; ces propor- « tions correspondent précisément au degré d'exactitude qu'il est possible « d'obtenir dans les expériences au moyen de la machine. (Ces épures originales « ont été dressées par M. le professeur Bauschinger qui a relevé personnellement « tous les résultats des expériences ; elles sont donc une représentation fidèle « des valeurs qu'il a lui-même déterminées).

« Les lignes qu'on obtient par la représentation graphique sont presque « droites jusqu'au point qui correspond à la limite d'élasticité ; le point est in- « diqué sur les planches par deux petits cercles concentriques, tandis que les « autres points fixés par expérience sont indiqués par un seul petit cercle. Mais « au delà de la limite d'élasticité, ces lignes prennent la forme de courbes qui « s'écartent sensiblement et de plus en plus de la droite.

« Ce fait d'ailleurs n'est pas le seul critérium qui ait servi à déterminer la « limite d'élasticité ; on s'est encore aidé de l'observation des changements « permanents ; on appelle ainsi, comme on sait, les changements de longueur « que conserve une pièce après avoir été soumise à un effort.

« Ces changements permanents se produisent en général dès l'origine même « pour des charges faibles ; leur grandeur croît progressivement avec celle de la

« charge tant que la limite d'élasticité n'a pas été atteinte ; mais au moment même « où l'on atteint et dépasse la limite d'élasticité, les changements permanents « prennent, par un saut brusque, un accroissement sensible, dont l'apparition « permet encore mieux que les différences mentionnées ci-dessus de constater « qu'on est arrivé à la limite d'élasticité. Il existe d'ailleurs encore un autre « signe auquel on peut reconnaître la limite d'élasticité. Si l'on a soumis un « corps à la compression sans dépasser sa limite d'élasticité et qu'on répéte « l'expérience avec la même charge, on observera en général, dans l'un comme « dans l'autre cas, le même raccourcissement ; quelquefois même le raccour- « cissement qui se produira par la seconde compression sera plutôt moindre ; « au contraire si, par une première compression, on a dépassé la limite d'élas- « ticité et qu'on réitère l'expérience dans les mêmes conditions, c'est-à-dire « avec la même charge, on trouvera que le raccourcissement provoqué par « cette seconde compression sera sensiblement plus fort que dans le premier « cas. »

« Sans doute, même en s'aidant des trois indices que nous venons d'énu- « mérer, on ne parviendra pas à déterminer avec une entière précision la « limite d'élasticité des corps, surtout lorsqu'il s'agira de matériaux durs et « cassants dont la limite d'élasticité est très élevée ; mais c'est peut-être une « condition même de la nature de cette limite que sa détermination précise ne « soit pas possible, de même qu'on ne saurait déterminer exactement le point « de contact d'une ligne droite avec une courbe dont on ne connaît pas la loi. « En tout cas, la limite d'élasticité déterminée conformément aux principes « que nous venons d'indiquer, aura l'avantage de se présenter comme une pro- « priété caractéristique des matières et non comme le résultat d'hypothèses ou « d'interprétations arbitraires.

« Du reste, quelques matières, comme par exemple les différentes sortes de « fontes, ne laissent pas reconnaître ou ne laissent reconnaître que très con- « fusément l'existence d'une pareille limite.

« La résistance à la compression ayant été mesurée comme nous venons de « l'indiquer, les échantillons furent alors, chacun à son tour, préparés pour « les essais sur la résistance à l'écrasement.

« Cette préparation, ayant pour but de réduire en un point donné la section « des barres d'essai, s'effectue tant au tour qu'à la machine à raboter et consiste « à enlever au milieu des barres une partie de la matière ; de manière à n'y « plus laisser subsister qu'un petit cylindre de 4^{cmq} de section environ (dia- « mètre égal à la hauteur), lorsqu'il s'agit de barres cylindriques, et un petit « cube de $2^{c}/^{m}$ de côté s'il s'agit de barres rectangulaires. Cela fait, les barres

« d'essai sont remises à la machine, et soumises de nouveau à la compression. « Les effets de la compression ne se manifestent pas toujours de la même « façon; il arrive souvent qu'on peut constater à un moment donné un com- « mencement sensible d'écrasement; les pompes cependant continuant à fonc- « tionner, la bulle d'air du niveau posé sur le fléau de la balance de la machine « à essayer continue longtemps encore après à indiquer par sa position, que « la matière soumise à l'écrasement continue à résister; puis lorsque la « pression augmentait encore, la rupture se produisait enfin, ou bien on finis- « sait par atteindre une charge maxima au delà de laquelle le plateau de la « balance s'abaissait subitement; ce maximum de pression était suivi d'un « écrasement rapide de la barre; lors même qu'on venait à diminuer la pres- « sion, l'écrasement n'en continuait pas moins ses progrès, accompagné sou- « vent d'un fléchissement très prononcé de la barre d'essai; dans les cas sem- « blables la charge maxima a été considérée comme l'expression de la « résistance de la matière à l'écrasement. »

§ **152**. — Le professeur Thürston a soumis les fontes de Salisbury à des essais par compression dont voici les résultats :

ÉLÉMENTS DE LA RÉSISTANCE.	NUMÉROS DES FONTES.	
	4	2
Charge en kil. par m/m □ à la limite d'élasticité	59k4	53k5
Diminution de longueur % à la limite d'élasticité	0.187	1.015
Charge de compression extrême en kil. par m/m □	89k6	61k5
Diminution totale de la longueur correspondante % à la charge extrême	9.72	8.2

Les échantillons soumis à la compression étaient des cylindres exactement tournés de 0m,0508 de longueur et de 0m,0127 de diamètre.

Dans chaque cas, l'échantillon s'est cassé par le pliage et l'écrasement combinés : c'est-à-dire qu'il se pliait légèrement avant la rupture finale et que la rupture avait lieu suivant une surface oblique.

Si l'on compare les résultats ci-dessus avec ceux qui ont été obtenus avec les fontes de Salisbury dans les épreuves par traction, (§ 143), on constate :

1° Que les charges à la limite d'élasticité dans le cas de la compression sont infiniment supérieures aux mêmes charges dans le cas de la traction;

2° Que les raccourcissements élastiques sont également supérieurs aux allongements élastiques :

Les modules d'élasticité sont :

Pour la fonte n° 4. 13100
— n° 2. 7060

Les modules de compression sont :

Pour la fonte n° 4. 21000
— n° 2. 35000

Ces résultats n'ont aucun rapport avec ceux obtenus dans les essais de la « Staatsbahn ».

Remarquons d'ailleurs que les fontes de la « Staatsbahn » ont pour densité.

La fonte au coke. 7,229
La fonte au bois. 7,276

Tandis que les fontes de Salisbury ont pour densité : (§ 143.)

La fonte n° 2. 7,186
La fonte n° 4. 7,259

Les densités sont très analogues :

§ **153.** — La Compagnie de Terre-Noire a également soumis à des essais par compression, ses fontes, métaux mixtes et aciers coulés sans soufflures, mais les essais dont il s'agit n'ont pas été conduits de manière qu'on puisse en comparer les résultats avec ceux qui viennent d'être relatés dans les paragraphes précédents. Ils ne peuvent donc servir qu'à comparer les uns aux autres, au point de vue de la compression, les fontes et aciers sans soufflures de la Compagnie de Terre-Noire.

Les essais ont eu lieu sur des cylindres de 10 m/m de diamètre. Voici les résultats obtenus :

FONTE ET METAL MIXTE

ÉLÉMENTS DE LA RÉSISTANCE.	COULÉES.					
	1	2	3	4	5	6
Charge en kilog. par m/m □ ayant produit l'écrasement	32k5	50k80	78k28	90.83	125k5	175.0
Hauteur du cylindre avant l'écrasement en m/m.	9.95	9.96	9.93	9.93	10.85	10.58
Hauteur du cylindre après l'écrasement en m/m.	détruit.	détruit.	détruit.	7.13	8.25	8.86
Raccourcissement %	»	»	»	29	24	16

ACIERS COULÉS SANS SOUFFLURES

ÉLÉMENTS DE LA RÉSISTANCE.	COULÉES.							
	N° 7.		N° 8.		N° 9.		N° 10.	
	Naturel.	Trempé à l'huile.	Naturel.	Trempé à l'huile.	Naturel.	Trempé à l'huile.	Naturel.	Trempé à l'huile.
Charge supportée par les cylindres comprimés en kilog. par m/m □.	407k	407k	407k	407k	407k	407k	407k	407k
Hauteur avant la compression en m/m. .	10	10.05	10	10	10.15	10.45	10	10.15
Hauteur après la compression en m/m. .	4.72	9.95	4.25	9.80	3.80	4.70	3.40	4.55
Rapport entre les deux hauteurs. . . .	2.13	1.02	2.35	1.03	2.65	2.22	2.90	2.25

L'acier chromé, dont il a été question au § 138 a donné les résultats suivants :

ÉLÉMENTS DE LA RÉSISTANCE.	MÉTAL NATUREL.	MÉTAL TREMPÉ A L'HUILE.
Charge supportée par les cylindres comprimés en kil. par m/m □.	407k	407k
Hauteur avant la compression en m/m	10	0.95
Hauteur après la compression en m/m	4.25	4.45
Rapport entre les deux hauteurs.	2.35	2.23

Épreuves par torsion

§ **154.** — Nous trouvons dans le compte-rendu publié par la « Staatsbahn » des renseignements sur les épreuves par torsion dont ont été l'objet les fers et aciers de l'usine de Reschitza.

Les procédés expérimentaux ont été décrits au § 53 : ils fournissent les éléments suivants :

1° Les efforts exercés à l'extrémité d'un bras de levier de $0^m,500$, exprimés en tonnes ;

2° Les torsions de deux sections normales distantes de $0^m,500$ évaluées par les déplacements relatifs de deux lunettes. Ces déplacements sont exprimés en doubles décimètres, ce qui correspond à des $\frac{1}{3}$ de degrés.

Lorsqu'un solide est soumis à un effort de torsion P s'exerçant dans un plan perpendiculaire à l'axe des centres de gravité des sections, la formule qui donne la tension T à la périphérie de la section extrême est :

$$(1) \qquad \tau = 50000 \frac{P}{\theta} e$$

dans laquelle,

P. est l'effort de torsion appliqué au bout d'un bras de levier de $0^m,50$ exprimé en tonnes ;

θ le moment d'inertie polaire de la section transversale :

c la distance de la fibre la plus éloignée de l'axe des centres de gravité.

La formule qui donne le module d'élasticité à la torsion est :

$$u = \frac{1080000000}{\pi} \cdot \frac{P}{\theta . \alpha} \tag{2}$$

dans laquelle,

α représente la torsion sur une longueur de 40 °/m exprimée en double centimètre ou en $\frac{1}{3}$ de degré.

Au moyen de ces formules et des résultats d'expériences, on a calculé le tableau suivant :

RÉSISTANCE A LA TORSION DE BARRES RONDES ET CARRÉES EN ACIER ET EN FER.

MATIÈRE.	NUMÉROS de sûreté.	FORME de la section.	MODULE d'élasticité Kil. par m/m □	LIMITE élasticité. Kil. par m/m □	RÉSISTANCE à la torsion. Kil. par m/m □	TORSION après la rupture pour la longueur de 40 c/m.	OBSERVATIONS.
ACIER MARTIN.	2	□	7970	19.03	68.21	50°	Cassure déchirée irrégulièrement.
		○	8820	19.21	62.76	70°	—
	3	□	8270	19.53	67.05	49°	Cassure déchirée irrégulièrement.
		○	9980	21.13	49.95	17.5°	—
	4	□	8280	16.81	65.12	174°	Cassure unie.
		○	9410	15.57	57.64	205°	Cassure déchirée irrégulièrement.
	5	□	7940	11.61	52.27	174°	Cassure déchirée irrégulièrement.
		○	9170	14.00	50.93	277°	—
	6	□	8280	11.60	52.19	317°	Cassure déchirée irrégulièrement.
		○	9140	12.81	46.75	422°	Cassure unie.
	7	□	8400	13.75	53.40	340°	Cassure unie.
		○	9700	14.09	46.11	485°	—
ACIER BESSEMER.	3	□	8030	30.62	32.73	4.5°	Cassure déchirée irrégulièrement.
		○	9830	26.90	53.80	19°	—
	4	□	8140	16.38	63.40	139°	Cassure déchirée irrégulièrement.
		○	9920	17.93	49.95	112°	—
	5	□	8050	16.57	64.94	171°	Cassure déchirée irrégulièrement.
		○	9840	17.93	54.44	306°	Cassure en partie déchirée irrégulièrement, en partie unie.
	6	□	8120	14.80	57.63	364°	Cassure déchirée irrégulièrement.
		○	9850	16.65	48.67	578°	Cassure en partie déchiré irrégulièrement, en partie unie.
	7	□	7940	12.67	53.85	270°	Cassure déchirée irrégulièrement.
		○	9470	11.53	48.03	608°	Cassure pour la majeure partie unie.
Fer à nerfs. .		□	7420	7.00	43.36	251°	Cassure unie.
		○	8890	7.00	37.09	328°	—
Fer à grain fin.		□	7870	6.33	43.75	160°	Cassure unie avec des parties déchirées.
		○	8730	7.00	34.58	126°	Cassure irrégulièrement déchirée et d'un aspect fibreux bien tranché.

Il est remarquable que le module d'élasticité est toujours plus fort pour les barres rectangulaires que pour les barres rondes : cela permet de conclure que la théorie de la résistance à la torsion n'est exacte même dans les limites de l'élasticité que pour des sections circulaires. Le moment où l'on atteint la limite d'élasticité apparaît d'une manière bien tranchée dans les essais sur la résistance à la torsion.

La rupture s'est produite presque constamment dans le voisinage de l'une ou de l'autre des têtes de la pièce : il est incontestable que cette circonstance est de nature à altérer dans une certaine mesure l'exactitude des résultats concernant la résistance à la torsion.

§ **155.** — D'autres expériences par torsion ont été exécutées par le professeur Thürston, qui les relate dans son rapport sur les fontes de Salisbury.

L'appareil si ingénieux, employé par le professeur Thürston, à été décrit au § 52.

Prenons la machine au moment où elle est sur le point de fonctionner.

La feuille destinée à recueillir la courbe est enroulée sur le tambour, le crayon est en place, le barreau d'épreuve est solidement fixé et centré dans les coussinets.

Faisons naître un effort de torsion en tournant la manivelle. Cet effort va se transmettre par l'intermédiaire du barreau d'épreuve lui-même au contre-poids et va tendre à l'écarter de la verticale. La grandeur de l'effort déterminera la nouvelle position du contre-poids. A la résistance du contre-poids, il convient d'ajouter l'effort développé par le frottement du tourillon, effort qui agit dans le même sens et n'augmente, du reste, la charge que dans une faible proportion.

Supposons-le déterminé par expérience et considérons le déplacement du contre-poids. Si nous multiplions le poids du système appliqué en son centre de gravité, par la longueur de la perpendiculaire abaissée de ce centre de gravité, sur la verticale passant par l'axe du barreau d'épreuve, nous obtiendrons le moment de l'effort résistant du barreau.

Dans son déplacement, la tige du contre-poids oblige le crayon à se mouvoir le long de la courbe directrice. Les ordonnées de cette courbe sont proportionnelles aux déplacements du contre-poids, il s'en suit que la ligne tracée de droite à gauche sur le tambour par le crayon représentera suivant un rapport connu, en unités de moment (en kilogrammètres ou en livres-pieds anglais dans le mémoire du professeur Thürston) le moment de l'effort résistant. Cette ligne serait une génératrice du tambour cylindrique, si le barreau d'épreuve n'éprouvait aucune torsion. Si nous supposons, au contraire, que le barreau d'épreuve se torde sans offrir aucune résistance, le crayon restera stationnaire et décrira sur le tambour des circonférences perpendiculaires à l'axe du barreau d'épreuve, indiquant le nombre de degrés de torsion. Imaginons maintenant, comme cela a toujours lieu dans la pratique, qu'il y ait à la fois résistance et torsion, et ces deux mouvements simultanés engendreront la courbe représentative de l'essai du barreau.

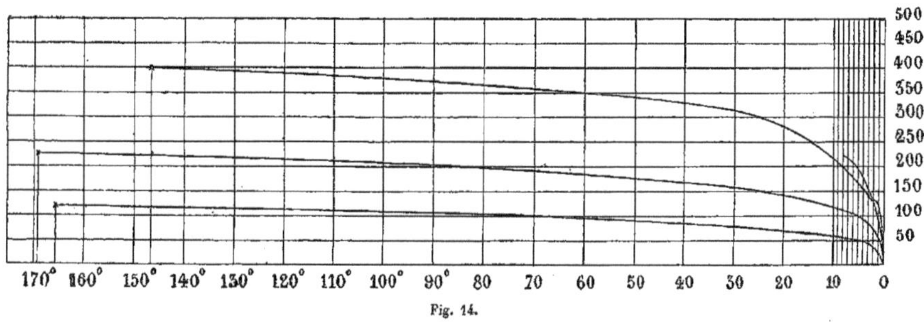

Fig. 14.

Dans le diagramme représenté ci-dessus, les moments sont évalués en livres-pieds soit $0^{km},138$ et chaque pouce de l'ordonnée représente 100 de ces unités, soit $13^{km},80$. On n'aura donc qu'à mesurer à l'échelle, les ordonnées pour avoir le moment de la résistance qui est égal à $a + b$, en prenant pour a la longueur en pouces anglais de l'ordonnée considérée et la multipliant par 100, et pour b un moment résistant déterminé par l'expérience et égal à 2,024 livres-pieds $=$ $0^{km},280$.

On obtient ainsi aisément la charge à la limite d'élasticité et la résistance maximum exprimées en unités de moment.

L'élasticité d'un métal est la tendance qu'il a à revenir à sa forme naturelle lorsqu'il a été déformé. Pour la torsion, on mesure cette élasticité par l'angle décrit en sens inverse du mouvement qui avait déformé la pièce, alors que l'on fait décroître graduellement l'effort primitivement exercé. On obtient ainsi sur l'épure une ligne élastique sur l'abscisse de laquelle on peut mesurer l'angle demandé. Nous appellerons cet angle : angle de recul.

L'unité, dont on se sert comme mesure de l'élasticité, est le rapport entre le nombre de degrés de recul et la valeur du moment de l'effort dont on a dû décharger la pièce pour obtenir ce nombre de degrés. C'est donc en général :

$$\frac{\text{Nombre de degrés de recul.}}{\text{Nombre d'unités de moment.}}$$

et dans le cas présent :

$$\frac{\text{Nombre de degrés de recul.}}{\text{Nombre de livres-pieds.}}$$

Résistance à la torsion

La résistance vive de rupture d'un métal, qui n'est autre chose que le travail mécanique qu'il faut développer pour rompre ce métal et qui est une mesure de la résistance au choc, s'obtient en évaluant à l'échelle l'aire de la courbe.

Ces résistances vives sont données par la formule suivante :

Soient :

Q, la résistance vive demandée, exprimée en unité de travail choisie (ici en livres-pieds) ;

A, Aire en unités de surface (ici en pouces carrés) mesurée sur l'épure jusqu'à la rupture ;

L, La longueur de l'abscisse en unité de longueur (ici en pouces) ;

M, Le nombre d'unités de moment (ici en livres-pieds de moment) représentées par chaque unité de l'ordonnée de l'épure. (Dans le cas présent $M = 100$) ;

R, Le rayon du tambour en unités de longueur (ici en pouces) ; nous aurons :

$\frac{A}{L}$ = Ordonnée moyenne.

$\frac{A}{L} M$ = Valeur des ordonnées moyennes exprimée en unités de travail, ou ce qui revient au même, en unités de poids appliquées à une distance de l'axe du barreau égale à l'unité de longueur, soit dans le cas présent en livres-pieds ou en livres appliquées à une distance de l'axe égale à un pied.

$\frac{L}{R}$ égale par conséquent le chemin parcouru par cette force placée à l'unité de distance de l'axe.

Le travail est donc en définitive, si l'on néglige les frottements, exprimé par la formule.

$$\frac{A}{L} M \times \frac{L}{R} + \frac{AM}{R}$$

Appelons maintenant F, la valeur de la force de frottement appliquée à une distance de l'axe égale à l'unité de longueur, soit à un pied dans le cas présent, et nous aurons un nouveau terme de la forme

$$\frac{FL}{R}$$

le travail total sera en définitive :

$$q=\frac{AM}{R}+\frac{FL}{R}$$

Pour la machine employée par le professeur Thürston et qui a été décrite au § 52, la valeur de R : était 5,72 celle de F : 2,024, l'équation générale devient donc :

$$q=(A\times 12{,}482)+(L\times 0{,}354)$$

On calculera la force vive élastique par la même formule dans laquelle on remplacera A et L par les valeurs *a* et *l* correspondant à la limite d'élasticité.

On aura comme formule générale :

$$q=a\frac{M}{R}+l\frac{F}{R}$$

et dans notre cas particulier :

$$q=(a\times 17{,}482)+(l\times 0{,}354)$$

La résistance vive élastique est la plus importante à considérer, car elle donne la mesure du travail que peut accomplir le métal ; la détermination de la résistance vive de rupture est d'une moindre utilité pratique, car elle ne sert qu'à mesurer le travail accompli par un choc qui détruirait le métal.

Module de torsion

Le professeur Thürston donne le nom de *Modules de torsion* aux valeurs des trois constantes que l'on trouve dans les formules connues de la torsion.

Soient :

M le moment statique de la force par laquelle le barreau d'épreuve est tordu,

L la longueur du barreau d'épreuve,

θ l'angle de torsion mesuré sur l'arc,

θ_1 l'angle de torsion correspondant à l'unité de longueur, $\left(\theta_1=\frac{\theta}{L}\right)$

c une constante spécifique dépendant seulement de la matière dont se compose le barreau d'épreuve,

h le diamètre du barreau d'épreuve.

En prenant pour origine des coordonnées le centre de gravité de la section, l'équation d'équilibre est :

$$c\,\theta_1\int\int\varphi^2\times\varphi\,d\omega\,d\varphi=M$$

En appelant I le moment d'inertie polaire,

$$I=\int\int \varphi^2 \times \varphi\, d\omega\, d\varphi$$

l'équation (1) devient :

$$c.\theta_1.I=M$$

d'où

$$\theta=\frac{ML}{c.I}$$

or,

$$I=\frac{\pi R^4}{2}=\frac{\pi h^4}{32}$$

d'où

(1) $$\theta=\frac{32\,ML}{c.\pi h^4}$$

Convertissons θ en degrés et désignons l'angle de torsion en degrés par θ_E, nous avons :

$$\theta_E=\frac{360}{\pi.h}\theta$$

remplaçant θ par sa valeur dans l'équation (1), il vient :

$$\theta_E=\frac{360\times 32.\,ML}{\pi^2 c h^5}$$

Dans cette valeur de θ_E se trouve une quantité constante

$$\frac{\pi^2 c}{360\times 32}$$

que nous désignerons par A_E, on a dès lors :

$$\theta_E=A_E\times\frac{ML}{h^5}$$

Cette constante A_E, adoptée par le professeur Thürston comme l'une des caractéristiques de la résistance à la torsion, est liée à la constante c ordinairement employée dans la théorie de la torsion par la relation :

$$c=\frac{360\times 32}{\pi^2}\times A_E$$

par suite,

$$c=11{,}673\times A_E$$

D'autre part, la théorie de la torsion donne pour l'équation qui lie le moment M de l'effort de torsion, avec la résistance du barreau d'épreuve, en appelant h le diamètre du barreau et q un coefficient dépendant seulement de la nature de la matière,

$$M=\frac{\pi}{16}\times q\times h^3$$

en appelant q_1 la valeur de q correspondant à la limite d'élasticité de la matière, q' la valeur de q correspondant à la rupture, on peut poser :

$$A_1 = \frac{\pi}{16} q_1$$

$$A' = \frac{\pi}{16} q'$$

Les constantes A^1 et A' sont adoptées par le professeur Thürston conjointement avec la constante A_E comme les caractéristiques de la résistance à la torsion.

Résistance au cisaillement

§ **156.** — La « Staatsbahn » a fait exécuter sur les divers produits de l'usine de Reschitza, des expériences en vue de déterminer leur résistance au cisaillement. Les expériences ont porté sur des boulons en acier Bessemer et Siémens-Martin et en fer puddlé.

Les boulons étaient engagés à frottement doux, dans des viroles en acier emmanchées sur des plaques en connexion avec les mâchoires de la machine d'essai, on serrait légèrement les plaques l'une contre l'autre au moyen d'un écrou ; les boulons travaillaient donc au cisaillement sans aucune complication de flexion.

Voici les résultats obtenus :

MATIÈRES.	RÉSISTANCE au cisaillement.	RÉSISTANCE à la traction.	DIFFÉRENCE.
Acier Martin N° 2	49k1	75k7	35 %
— N° 3	48.3	73	34
— N° 4	40.8	59.8	32
— N° 5	36.8	54.7	33
— N° 6	34	46.7	28
— N° 7	31.5	45.5	31
Acier Bessemer N° 3	62.9	108.3	42
— N° 4	42.4	61.5	31
— N° 5	40.0	64.7	38
— N° 6	36.0	55.9	36
— N° 7	36.4	50.8	28
Fer à nerfs	28.1	37.2	25
Fer à grains	34.0	41.2	17

D'où il faut conclure que la résistance au cisaillement n'est pour les fers et aciers, qu'une fraction de résistance à la traction. Cette fraction est variable avec la nature du métal.

La résistance au cisaillement est égale :

Pour le fer à grains,	aux $\frac{83}{100}$	de la résistance	à la traction.
Pour le fer à nerfs,	aux $\frac{75}{100}$	—	—
Pour l'acier Martin,	aux $\frac{68}{100}$	—	—
Pour l'acier Bessemer,	aux $\frac{65}{100}$	—	—

En ce qui concerne spécialement l'acier, on peut dire que : plus l'acier est carburé, moins il a d'aptitude à résister au cisaillement.

§ **157**. — Des expériences sur la résistance au cisaillement, peut-être plus variées que celles de la « Staatsbahn », ont été exécutées au Creusot il y a quelques années.

Elles avaient pour but de comparer la résistance des rivets en fer et en acier.

1re *série d'expériences*. — On s'est proposé de déterminer la résistance au cisaillement de broches en fer et en acier : la résistance de ces mêmes broches étant d'ailleurs déterminée par une autre série d'expériences. Les essais ont porté sur l'acier A_0 et sur le fer 4C de la classification du Creusot : on en avait confectionné des broches avec lesquelles on a assemblé deux tôles mises en connexion, chacune avec une mâchoire de l'appareil d'essai. Voici les résultats obtenus :

Éléments de la résistance à la traction. . . . (Moyenne de 4 épreuves).	Acier A_0	Charge de rupture. . . .	$=50^k6$
		Allongement.	$=28$ %
	Fer 4C	Charge de rupture. . . .	$=39^k10$
		Allongement.	$=26$ %
Résistance au cisaillement par m/m □ de la section.		Acier A_0. . .	$=39^k10$
		Fer 4C. . . .	$=30^k77$

D'après cela, la résistance au cisaillement ne serait que les $\frac{58}{100}$ de la résistance à la traction pour l'acier, que les $\frac{73}{100}$ pour le fer.

Ce résultat concorde à peu près pour le fer, avec celui de la « Staatsbahn » : pour l'acier, la réduction de résistance est plus considérable, mais eu égard aux conditions des expériences du Creusot, il est à présumer qu'il y a eu un peu de flexion de la broche et que par suite le chiffre du Creusot est un peu plus élevé qu'il ne devrait l'être, s'il y avait eu cisaillement simple.

2e *série d'expériences*. — On a cherché à déterminer la résistance d'une broche au double cisaillement : ainsi qu'on pouvait le pressentir en remarquant que les deux sections suivant lesquelles la rupture de la broche doit se faire, ne travaillent probablement pas exactement de la même façon, cette résistance s'est trouvée être notablement inférieure au double de la résistance au cisaillement simple.

Ainsi la moyenne de 4 essais a donné :

Pour l'acier A_9, résistance par m/m □. 36k3
Pour le fer 4C, — 28k4

3e *série d'expériences.* — Deux tôles ont été réunies *par un rivet* traversant un trou ovalisé : on a déterminé la force nécessaire pour produire un commencement de glissement. Cette force a été trouvée sensiblement la même pour le fer et pour l'acier, savoir :

Moyenne de 8 essais :

Acier A_9. . . . . 21k34 par m/m □ de section du rivet.
Fer 4C. . . . . 22k2 — —

4e *série d'expériences.* — Trois tôles ont été assemblées par un rivet passant par un trou ovalisé : on a déterminé la force qui produisait un commencement de glissement ; on a trouvé (moyenne de 7 essais) :

Pour l'acier A_9. . . . . 18k14 par m/m □ de la section du rivet.
Pour le fer 4C. . . . . 27k81 — —

On voit que l'adhérence a été un peu plus faible que précédemment, dans le cas du rivet d'acier, et notablement plus forte, dans le cas du rivet de fer.

5e *série d'expériences.* — Deux tôles ont été réunies par un rivet : on a déterminé la force nécessaire pour cisailler ce rivet. Les chiffres trouvés ne diffèrent guère de ceux du cisaillement simple (1re série). Cela prouve que l'adhérence est détruite avant le commencement du cisaillement; voici les résultats moyens de 6 essais :

Acier. A_9. . . . . 41k61 par m/m □ de la section du rivet.
Fer 4C. . . . . 30k87 — —

6e *série d'expériences.* — Trois tôles ont été assemblées par un rivet : on a déterminé la force nécessaire pour provoquer le double cisaillement du rivet. Cette force a été trouvée un peu plus grande que celle qui est nécessaire pour produire le double cisaillement d'une broche (2e série).

Moyenne de 7 essais :

Acier A_9. . . . . 43k7 par m/m □ de la section du rivet.
Fer 4C. . . . . 30k5 — —

7e *série d'expériences.* — On a reproduit les expériences de la 3e série avec des rivets posés à la machine ; voici la moyenne de 8 essais :

Acier A^9 . . . . 38k78 par m/m □ de la section du rivet.
Fer 4C. . . . . 34k07 — —

En comparant ces résultats avec ceux de la 3e série, on constate que le rivetage à la machine augmente considérablement l'adhérence.

Expériences de M. Wöhler sur les effets de la répétition des efforts exercés sur les métaux

§ 158. — M. Wöhler, ingénieur en chef du matériel de la Compagnie des chemins de fer de la Silésie du Sud, a exécuté une série d'expériences dans lesquelles des échantillons métalliques, étaient soumis à des efforts de flexion, de traction ou de torsion inférieurs, chacun isolément, à ceux qui auraient été capables de rompre les échantillons, mais répétés successivement un très-grand nombre de fois. Ces expériences ont été exécutées au moyen de toute une série de machines que nous ne décrirons pas : nous nous contenterons de résumer les résultats obtenus par M. Vöhler.

Cet ingénieur résume les conséquences de ses expériences sous la forme d'une loi que nous traduisons comme il suit :

« La rupture d'un métal (fer ou acier) peut être produite non-seulement « par une charge statique, dite de rupture, mais aussi par la répétition « d'un grand nombre de vibrations ou mouvements alternatifs dont aucun ne « produit un effet équivalent à la charge de rupture : les différences des « tensions extrêmes correspondantes aux limites des vibrations peuvent « servir de mesure à la résistance du métal. »

La grandeur absolue des tensions extrêmes peut se rapprocher d'autant plus de la charge de rupture que la différence de ces tensions extrêmes est, elle-même, plus petite.

Pour les vibrations par suite desquelles la même fibre passe alternativement de l'état de tension par traction à celui de tension par compression, et *vice versâ*, les tensions par traction doivent être considérées comme positives et les tensions par compression comme négatives, de sorte que dans ce cas, la différence des tensions extrêmes est la somme arithmétique de la plus grande tension de traction et de la plus grande tension de compression.

M. Wöhler conclut de ses expériences que, dans le cas où la résistance à la flexion ou la résistance à la traction sont mises en jeu, il peut se produire, avec une même sécurité contre la rupture, des vibrations dans les limites suivantes :

Pour le fer.	entre $+ 12^k$ et $- 12^k$ entre $+ 22^k$ et 00 entre $+ 32^k$ et $+ 18^k$	de tension des fibres par $^m/_m$ □.

Pour l'acier fondu pour essieux.	entre $+ 20^k$ et $- 20^k$ entre $+ 36^k$ et 00 entre $+ 59^k$ et $+ 26^k$	de tension des fibres par $^m/_m$ □.
Pour l'acier fondu pour ressorts non trempé.	entre $+ 38^k$ et 00 entre $+ 52^o$ et $+ 20^k$ entre $+ 60^k$ et $+ 30^k$ entre $+ 66^k$ et $+ 44^k$	de tension des fibres par $^m/_m$ □.

Il va sans dire qu'il faut admettre que la plus grande tension des fibres reste encore au-dessous de la charge statique de rupture du métal considéré.

Comme applications immédiates de la loi qu'il a énoncée, M. Vöhler cite les suivantes :

Des pièces de construction qui subissent des efforts alternativement dans un sens et dans l'autre, telles que tiges de pistons, bielles de machines, balanciers, etc..., doivent être faites en général dans le rapport de 9 : 5 plus fortes que celles qui ne sont soumises qu'à des efforts dans un sens, comme les consoles, ponts, toitures, etc....

Pour le calcul de la résistance des ponts et toitures de grandes dimensions, on peut, puisque leur poids propre forme une charge minimum absolument constante, ne pas tenir compte de ce dernier tant que la somme du poids propre et de la charge n'atteint pas la limite d'élasticité de la matière.

Pour les ressorts des véhicules des chemins de fer, les vibrations se font dans des limites dont la différence est assez peu importante comparativement à la tension maxima.

Par suite, dans ces ressorts, l'acier peut supporter des efforts comparativement beaucoup plus grands que dans tout autre cas. C'est ce qui a lieu effectivement dans la pratique puisque, le plus souvent, sous les vagons chargés, cet acier travaille jusqu'à 60 kilos par $^m/_m$ □ : que, fréquemment même, il travaille jusqu'à 65 et même 74 kilos par $^m/_m$ □, et pour un bon acier, cette charge même n'est pas exagérée et serait susceptible d'être encore augmentée.

Cet état de choses n'est pas sans importance pour la douceur de la marche des voitures à voyageurs.

Celles des parties des chaudières à vapeur non exposées au feu ne subissent, quand elles sont de forme cylindrique simple, que des variations de tension insignifiantes provenant des variations dans la tension de la vapeur. Pour ces pièces, il peut par suite être admis une tension des fibres plus considérable que celle employée jusqu'à présent. Pour celles des parties de la chaudière qui sont exposées au feu, il faut tenir compte, en dehors de l'usure, du mouvement des molécules occasionné par la température variable du chauffage. Il n'est pas invraisemblable que le mouvement des molécules sous l'action de la chaleur, renouvelé beaucoup de fois, opère de la même manière relativement à la destruction de la cohésion que les vibrations produites par des forces.

Pour ce qui concerne maintenant la détermination des coefficients de sécurité à employer par celui qui veut construire en se basant sur les essais examinés plus haut, il faut se mettre aux points de vue suivants :

Par l'emploi des coefficients de sécurité, on se propose de tenir compte d'accidents qu'on ne saurait prévoir : ceux-ci peuvent être occasionnés aussi bien par des défauts de matière ou d'exécution que par l'importance de la tension ; on doit tenir compte de ce dernier élément dans le calcul de la résistance et aux deux premiers seulement doivent obvier les coefficients de sécurité.

L'effet de la tension est tout différent selon que celle-ci se trouve être constante et stationnaire ou variable et amenant par suite des vibrations. Il faut tenir compte aussi du cas où l'on exige de la construction une durée indéfinie ou une durée pour un temps limité.

Il en résulte que les mêmes coefficients de sécurité ne sont pas applicables pour toutes les constructions, à égalité de résistance statique de la matière.

Dans chaque cas, il faut deux coefficients : un qui règle le rapport à la limite de rupture absolue, l'autre qui règle le rapport à la vibration dont la répétition multipliée amène également la rupture.

Pour des constructions d'une durée indéfinie, il faut, en considération de ce qu'il suffit que la limite absolue de rupture soit atteinte une seule fois pour que la destruction ait lieu, prendre un degré de sûreté contre cette limite de rupture, assez fort pour faire face à toutes les imperfections supposables dans la matière. On peut donc compter sur la moitié de la limite de rupture habituelle en prenant par suite 2 pour coefficient.

Une matière, qui exigerait un coefficient plus fort, doit-être considérée comme impropre aux constructions.

Dans le choix du coefficient ci-dessus, on n'a pas tenu compte de la limite d'élasticité de la matière : c'est dans chaque cas particulier qu'il faut juger si, et dans quelles limites, une flexion permanente peut-être désavantageuse. S'il arrive qu'il y ait une seule fois surcharge et que celle-ci garantisse contre toute flexion ultérieure en service ordinaire, le fait n'a aucune gravité lorsque la surcharge n'atteint pas trop près de la limite de rupture.

Comme toutefois, pour les constructions importantes il n'est pas admissible en principe de dépasser la limite d'élasticité d'une quantité sensible, il faut nécessairement, dans le cas où le coefficient ci-dessus donnerait une charge dépassant la limite d'élasticité, revenir à la charge qui correspond à cette dernière.

Comme coefficient de sûreté contre les vibrations qui, même lorsque la limite de sûreté est dépassée d'une manière réitérée, n'amènent pas encore de danger immédiat, 2 est suffisant dans toutes les circonstances et peut encore être diminué dans beaucoup de cas.

En considération de ce qui précède, les résultats d'essais cités ci-dessus nous donnent les charges limites suivantes comme admissibles pour des constructions d'une durée indéfinie :

NATURE DU MÉTAL.	CHARGES MAXIMA PAR m/m □ ADMISSIBLES	
	dans le cas d'efforts variables s'exerçant alternativement dans des sens opposés.	dans le cas d'efforts variables s'exerçant toujours dans le même sens.
Fer forgé.	6^k	13^k
Acier fondu non trempé	9	24

Il est indispensable de bien faire ressortir que les chiffres ci-dessus ne s'appliquent qu'à des barres dont la section varie régulièrement d'un bout à l'autre de la barre. Des objets réunis entre eux par rivetage, par calage, etc..., ou présentant des variations brusques de formes, échappent complétement aux lois ordinaires : dans ce cas, des essais spéciaux peuvent seuls renseigner sur les charges de sécurité admissibles. Les anomalies, qui se présentent dans la résistance des pièces qui offrent des congés à angle vif, démontrent suffisamment la nécessité de ces essais spéciaux.

Pour des constructions d'une durée *limitée*, d'autres considérations ont leur importance.

Si l'on sait, par exemple, que l'essieu d'un véhicule de chemins de fer est soumis à de certains efforts plus considérables au passage des changements de voie seulement, et si l'on peut évaluer aussi le nombre de ces flexions dans un laps de temps déterminé, cette plus grande flexion peut en toute sécurité approcher de celle qui, répétée bien des millions de fois, amène la rupture. Elle peut aller par suite pour le fer jusqu'à 12^k par m/m □ et pour l'acier fondu jusqu'à 20^k par m/m □.

Les essais avec de l'acier trempé pour ressorts indiquent de plus qu'il est sans importance de charger des ressorts de vagons jusqu'aux $\frac{3}{4}$, peut-être de la limite absolue de rupture, pourvu toutefois que le jeu du ressort soit suffisamment faible par rapport à la flexion.

D'après les essais, il peut être admis en sus d'une charge constante de 66^k par $^m/_m$ □ une surcharge variable de 66^k à 90^k par $^m/_m$ □ pour les ressorts. Les mouvements occasionnés par le chargement et le déchargement des vagons se produisent si rarement qu'on peut admettre qu'ils correspondent à des charges très-voisines de la charge de rupture.

Les essais de M. Wöhler fournissent les données nécessaires pour juger de la durée qu'auront ainsi les ressorts.

Épreuves du colonel Rosset sur la dureté des métaux

§ 159. — Le colonel Rosset a exécuté une série d'épreuves destinées à comparer la dureté relative de divers métaux.

Pour faire cette comparaison, on se sert d'un couteau en acier trempé ayant une forme spéciale et bien déterminée.

Un parallèlipipède, taillé dans le métal que l'on veut étudier, est soumis dans une machine disposée pour la compression, à l'action de ce couteau : lorsqu'on exerce la compression, le couteau pénètre dans le métal et, de la longueur de l'entaille, sous un effort déterminé, on déduit le degré relatif de dureté du métal.

Le couteau, employé dans les épreuves de dureté, est fait en forme de pyra-

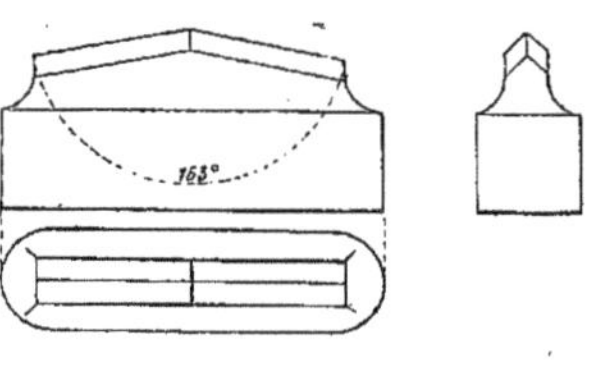

Fig. 15.

mide quadrangulaire (à base rhomboïdale) dont les angles sont 163° et 90°; il est représenté par le dessin ci-dessus.

Pour comparer entre elles les duretés, on part de cette base, qu'elles sont inversement proportionnelles au volume de l'entaille produite par l'impression du couteau ; ce principe est admis dans les épreuves américaines.

Pour établir l'échelle de dureté pour les métaux plus durs que le cuivre, on opère de la manière suivante : le cuivre laminé au point correspondant à celui employé pour mesurer la pression intérieure des canons avec le mesureur Rodman, reçoit du couteau précité une entaille de 30$^m/_m$ de longueur, sous une pression de 3850^k ; l'entaille produite à un volume de 50 millimètres cubes.

Cette entaille a été prise pour le 0 de la dureté, puis on a admis que la plus grande dureté de l'acier trempé le plus dur, ne se laissant pas entailler, était de 10.

On a ensuite calculé les longueurs d'entailles correspondantes à des volumes graduellement croissants de $\frac{1}{2}$ m/m en $\frac{1}{2}$ m/m cubes et chaque série de 5 m/m cubes forme un degré de dureté qui est divisé à son tour en 10 parties. On à de cette façon obtenu une échelle de duretés suivant laquelle on peut classer les aciers soumis aux expériences.

Ces épreuves présentent beaucoup d'intérêt et mériteraient d'être exécutées par les compagnies de chemins de fer, sur les bandages en acier des diverses provenances : la dureté superficielle d'un bandage est, en effet, une qualité bien essentielle puisque, selon toute vraisemblance, la rapidité avec laquelle le métal s'use en service varie en raison inverse de la dureté.

CHAPITRE VI

EXAMEN SOMMAIRE DES PROCÉDÉS DE LA MÉTALLURGIE DU FER TENDANT A L'AMÉLIORATION DE LA QUALITÉ

§ 160. — Bien que notre programme comporte surtout, l'examen des *produits* de la Métallurgie, c'est-à-dire des matières réunies dans la classe 45 de l'exposition, nous ne saurions nous soustraire à la nécessité de faire une excursion dans le domaine de la classe 50 relative au matériel et aux *procédés* de la Métallurgie. Parmi les *procédés* de la Métallurgie, il en est, en effet, qui ont surtout pour but l'amélioration de la *qualité* des produits et à ce titre, se rattachent très-étroitement à notre sujet. Nous allons donc examiner sommairement ci-après, ceux des procédés de la métallurgie, les plus récents, qui ont pour but ou pour effet l'amélioration de la qualité des métaux.

§ 161. — M. l'Inspecteur général Grüner écrivait en 1869 : « Tout le monde connaît les défauts des grosses pièces de fer produites par soudage. Aux barres soudées qui manquent d'homogénéité, on cherche à substituer du fer ou de l'acier en lingots.

« Les procédés Bessemer et Martin fournissent ces lingots homogènes, le premier en affinant la fonte par l'air seul, le second en faisant réagir du fer doux sur la fonte. Mais les deux méthodes supposent des fontes pures et sont par ce motif d'une application limitée : obtenir aussi de l'acier fondu ou du fer homogène avec les minerais communs, voilà pour le moment, le grand desideratum de toutes les personnes qui travaillent le fer.

« Les deux éléments qui nuisent le plus à la ténacité du fer ou du moins ceux qui souillent le plus souvent les minerais communs, ce sont le phosphore et le soufre : Enlever ces deux substances, soit aux minerais soit à la fonte, tel est le problème qu'il s'agit de résoudre » et M. Grüner ajoutait, en parlant des expédients tentés dans ce but : « Sans doute on ne peut espérer obtenir par ces moyens des aciers supérieurs. Laissons cette spécialité aux minerais non phosphoreux tels que les fers spathiques et les fers oxydulés magnétiques. Mais d'autre part, n'employons pas les minerais rares et chers pour les rails. Que ferait-on, je le demande, des minerais communs ? »

Ce que M. Grüner écrivait en 1869 est encore aujourd'hui l'expression exacte de la situation.

D'une part, emploi des minerais riches et purs d'Algérie, d'Espagne, etc..., pour la production des aciers supérieurs et par là toute difficulté de traitement évitée : l'excellence de la qualité obtenue d'emblée.

D'autre part, efforts incessants pour tirer le meilleur parti possible des minerais communs : Procédés Heaton, Lowthian Bell, etc.., améliorations dans le mécanisme du puddlage : fours rotatifs, ringards mécaniques, etc.

§ **162**. — On est généralement d'accord pour admettre que le fer forgé se présente sous deux formes distinctes : le fer à nerfs et le fer à grains.

Cependant cette opinion a rencontré un contradicteur dans M. Kirkaldy qui pose les principes suivants :

1° Toutes les fois que le fer se rompt brusquement, une apparence cristalline se produit infailliblement : s'il se rompt graduellement une apparence fibreuse est inévitable.

2° Le grain fin ou rude d'une part, la fibre fine et serrée d'autre part, dépendent de la qualité du fer.

3° Lorsque dans la même tôle ou la même barre, il y a deux qualités de matières, l'une plus dure et moins ductile que l'autre, l'aspect sera en partie fibreux, en partie cristallin : la partie fibreuse est produite par l'allongement graduel qui se produit avant et pendant la rupture : la partie cristalline vient de ce que la partie moins ductile se rompt brusquement sans s'allonger pendant la rupture.

4° Quand la proportion du métal dur est de beaucoup la moindre, ce métal se rompt tout d'un coup, tandis que le reste continue à s'allonger ; quand il y a égalité ou que le métal ductile domine, les deux parties se rompent ensemble ou presque au même instant : une partie arrivant graduellement à sa résistance limite, se rompt en prenant une apparence fibreuse, tandis que l'autre portion supportant, tout à coup, une charge plus considérable, cède brusquement en donnant une cassure cristalline.

5° On peut juger assez bien des qualités relatives des fers en comparant leurs cassures pourvu qu'ils aient été rompus de la même manière.

6° En faisant varier la forme, le traitement, la charge et la manière de l'appliquer, on verra des éprouvettes coupées dans une même barre présenter de grandes différences pour certaines variétés de fer : on n'en observera aucune avec d'autres.

M. Kirkaldy cite diverses expériences qui lui paraissent confirmer ses dires.

La plus frappante et sans contredit la suivante : Prenez une barre fibreuse, de dix pieds de long par exemple, (plus il y aura de longueur, mieux cela vaudra) vers le milieu de la barre faites une incision circulaire avec un ciseau froid. Mettez la barre en équilibre de façon qu'elle repose d'un côté sur le bord d'une large enclume de l'autre sur un bout de fer placé à 8 ou 9 pouces de ce bord : frappez alors sur l'incision quelques coups énergiques qui fassent rebondir et vibrer la barre très-fortement. Vous obtiendrez une structure granulaire et jusqu'à un certain point cristalline. Prenez les deux moitiés et incisez-les de même à environ un ou deux pouces de la rupture, puis brisez-les à petits coups sur le bord arrondi de l'enclume, la fibre apparaîtra de nouveau.

La conclusion à tirer de cette expérience et de toutes celles que cite M. Kirkaldy, ce n'est pas que le fer soit *un*, dans sa nature et que sa cassure soit à nerfs ou à grains, selon la manière dont on la produit, c'est que bien des circonstances influent sur la cassure du fer pour la modifier, et que par conséquent pour juger de la cassure d'une variété de fer, il faut l'opérer dans des conditions bien déterminées.

Ces conditions sont les suivantes : pratiquer à froid, au moyen du burin, une incision sur tout ou partie de la périphérie de l'échantillon et le briser à petits coups en l'appuyant, un peu en deçà de l'incision, sur le bord arrondi de l'enclume.

C'est ainsi que dans toutes les forges on casse les barres de fer brut provenant du puddlage afin de les classer par qualité : or la cassure étant ainsi pratiquée dans des conditions bien déterminées, les fers sont grenus ou nerveux selon que leur décarburation a été poussée plus ou moins loin : les fers à grains étant les plus carburés, les fers à nerfs étant ceux qui le sont le moins.

§ **163**. — Le fer à nerfs se produit, en général, avec des fontes blanches peu carburées et surtout peu siliceuses et à une allure du four à puddler relativement froide.

Le fer à grains, au contraire résulte ordinairement de l'emploi des fontes grises ou blanches lamelleuses, fortement carburées, et traitées à l'allure chaude du four à puddler.

Ces observations n'ont d'ailleurs rien d'absolu ; un bon puddleur produisant à volonté, selon la marche qu'il imprime à son travail, du fer à nerfs ou du fer à grains.

§ **164**. — L'exposition de la Société belge des forges d'Ougrée est fort instructive à cet égard : ces forges produisent des fers à grains du meilleur aspect à des prix tellement bas, qu'il est à présumer que l'obtention du grain résulte plutôt de tours de mains de puddlage que de l'emploi de fontes de qualité.

§ **165**. — L'emploi de certains réactifs chimiques favorise d'ailleurs, dans une large mesure, l'obtention du fer à nerfs ou du fer à grains : la présence de la chaux dans le four à puddler par exemple, a pour effet inévitable la production du fer à nerfs, on peut au contraire obtenir du fer à grains d'excellente qualité, et cela avec des fontes communes, par l'emploi des Carbonates alcalins. C'est ce que fait M. Vanderheym, directeur des forges de MM. Jamin et Cie à Eurville. Voici comment il explique son procédé :

§ **166**. — Le fer à grains fins ne prend naissance qu'à une allure très-chaude du four à puddler et dans ce cas le travail des fers se fait sur des garnissages soit en minerai, soit en scories basiques appelées soles et cordons : l'épaisseur des cordons et le niveau supérieur de la sole déterminent les dimensions intérieures du laboratoire qui doivent être dans un certain rapport avec les dimensions du foyer pour qu'on puisse produire une température suffisante.

Lorsque, par le travail des fontes, les cordons se détruisent et la sole s'abaisse, on ne peut plus avoir dans le laboratoire une chaleur assez vive et d'après ce qui a été dit plus haut on est dans des conditions défavorables pour obtenir du fer à grains fins.

Or, c'est précisément l'inconvénient qui se présente lorsqu'on veut puddler à une allure chaude les fontes communes. Ces fontes sont produites à une allure chaude du haut fourneau et par conséquent très-siliceuses. Sous leur influence les garnissages se corrodent : le four s'agrandit, la température baisse : la qualité du fer produit devient mauvaise.

L'emploi de scories riches, conseillé par certains auteurs, n'est pas admissible dans ce cas, à cause de l'abondance des laitiers qu'elles ne font qu'exagérer et qui rend le travail impossible.

L'analyse chimique démontra à M. Vanderheym que les fers ainsi obtenus sont fortement siliceux : voici, par exemple, l'analyse d'un de ces fers :

Carbone	0,190
Silicium	0,105
Soufre	0,220
Phosphore	0,054

M. Vanderheym eût l'idée de combattre cet excès de silicium par l'addition d'une certaine quantité de carbonate de soude dans le four à puddler.

Les effets de cette addition sont les suivants :

1° Les garnissages en scories du four à puddler se conservent infiniment mieux.

2° Le rendement moyen de la fonte est notablement augmenté par suite du déplacement de l'oxyde de fer des laitiers.

3° La structure du fer est régularisée : le grain plat et noir fait place à un grain régulier, caractéristique du fer homogène et doux; la ductilité et la malléabilité du fer sont notablement augmentées.

4° Le travail du puddlage est facilité par la diminution du volume du laitier, qui, dans le travail à l'allure chaude des fontes communes, est tel, qu'il déborde au-dessus du seuil lorsque la fonte monte, et rend ainsi tout travail impossible.

L'analyse chimique des fers obtenus avec les mêmes fontes que ci-dessus, mais après addition de carbonate de soude, donna les résultats suivants :

Carbone	0,097
Silice	0,215
Soufre	0,051
Phosphore	0,073

la proportion de silice a donc diminué de 0,052 soit : 50 %.

L'idée d'employer des carbonates alcalins pour l'épuration des fontes n'est pas nouvelle : dès 1841, M. Grüner, dans son « Cours lithographié de métallurgie de l'école des mineurs de Saint-Étienne » proposait pour l'épuration des fontes l'emploi du tartre brut et des carbonates alcalins.

La base alcaline, par un jeu d'affinités, doit en effet s'emparer des composés acides formés aux dépens du soufre, de l'arsenic, du phosphore, etc....

Mais, de cette conception théorique à son application courante et vraiment industrielle, il y avait une marge que M. Vanderheym nous paraît avoir incontestablement franchie.

Il suffit de comparer dans la vitrine de MM. Jamin et Cie, les fontes employées pour le puddlage, avec les fers produits, pour être convaincu de la réalité des résultats pratiques obtenus.

§ 167. — Les fers à nerfs et les fers à grains ont, chacun, leurs emplois spéciaux, dans lesquels ils se sauraient suppléer les uns aux autres.

Pour la fabrication des chaînes, des manilles de tendeurs d'attelage des vagons, de toutes les pièces, enfin, qui exigent une grande douceur, une faculté de déformation étendue, l'emploi du fer à nerfs est indiqué : le fer à grains, moins ductile, pourrait donner lieu à des ruptures sous les chocs.

Pour la fabrication des vis, des rivets, de toutes les pièces qui doivent être filetées, refoulées, écrasées, etc., l'emploi du fer à grains est, au contraire, nécessaire ; le fer à nerfs ne permettrait pas aux filets des vis de se former bien nettement sous les filières : il est trop tendre et risquerait de s'arracher ; les têtes des rivets s'étoileraient lors du refoulement : il faut pour tous ces emplois du fer dur, moins ductile que le fer à nerfs.

C'est pour cette raison que dans toutes les industries de dénaturation, clouteries, tréfileries, etc., on a employé longtemps d'une manière exclusive les fers affinés au bois, lesquels présentaient le grain fin, qu'on a ultérieurement obtenu aussi en puddlant à la houille les fontes de qualité supérieure.

C'est dans cet ordre d'idées que la Cie P.-L.-M. a classé, elle-même, les ferrures de wagons qui entrent dans son matériel, en deux catégories ; les unes doivent être fabriquées avec des fers à grains ; les autres avec des fers à nerfs.

§ **168**. — Nous allons maintenant examiner quelques-uns des procédés qui ont été proposés pour la déphosphoration des fontes communes.

Le procédé *Heaton* date déjà d'un certain nombre d'années : si nous nous y arrêtons un moment, c'est qu'il nous semble nécessaire d'en fixer les principaux détails, avant d'aborder l'examen du procédé plus nouveau de M. Lowthian Bell, dont les résultats ont fait leur apparition dans l'exposition collective des maîtres de forges du Cleveland.

L'épuration de la fonte par le procédé Heaton, dit M. Grüner dans un mémoire publié en 1869, est fondée sur la réaction à la fois oxydante et basique du nitrate de soude.

L'acide nitrique oxyde le silicium, le phosphore, le soufre et la soude, s'empare des oxydes ainsi formés et les soustrait à l'action réductive du fer. Ces réactions sont connues ; mais la difficulté, en opérant sur de grandes masses, est d'arriver à un contact assez intime de la fonte et du nitrate pour produire une épuration efficace sans pourtant amener une action trop vive, qui pourrait occasionner de violentes explosions.

A cet effet, M. Heaton emploie une cuve cylindrique à creuset mobile, sorte de cubilot sans tuyères, dans lequel on coule la fonte à épurer. L'invention de M. Heaton consiste surtout dans la disposition de la *boîte à nitrate*. Pour que ce sel ne soit attaqué par la fonte en fusion que d'une façon graduelle, il faut qu'il soit fortement comprimé dans le creuset mobile au fond duquel il est placé, et en outre protégé par une cloison perforée. Si le jet de fonte tombait directement sur le nitrate, il l'entamerait immédiatement dans toute son épaisseur : l'action serait des plus vives au premier instant et bientôt le sel alcalin surnagerait sans réagir efficacement sur les diverses parties du métal à épurer. Pour éviter cela, on place dans le creuset, sur le nitrate tassé, la cloison perforée dont on vient de parler; grâce à cet expédient l'action épurative du nitrate s'exerce progressivement sur la masse du métal. Le métal épuré, sorti du creuset, est boursouflé comme une éponge grossière : il est dans cet état soumis à un puddlage rapide au four à puddler, puis cinglé en massiaux au marteau-pilon et étiré en barres; ou bien, si l'on veut en faire de l'acier, il est fondu au creuset ou au four à reverbère.

Il résulte des nombreuses analyses faites par M. Grüner que les fontes riches en phosphore, comme les fontes de la Moselle par exemple, traitées par le procédé Heaton, perdent une notable proportion de leur phosphore et deviennent parfaitement aptes à produire du fer doux ou de l'acier de bonne qualité.

Il est constant que l'affinage au nitre par le procédé Heaton, que nous venons d'exposer très-sommairement et seulement dans ses traits généraux, enlève le phosphore au moins en partie et mieux encore, le silicium et le soufre; le degré d'épuration dépend des proportions du nitre : c'est une question de frais, et le tout est de savoir si une épuration convenable ne conduit pas à un prix de revient par trop élevé.

Le métal raffiné par le procédé Heaton, dit M. Grüner, n'est pas de l'acier et encore moins du fer homogène : c'est une fonte simplement épurée qui doit subir un nouveau traitement, par exemple l'affinage par réaction du four Siemens-Martin. Par suite, c'est aux fontes pures que l'on traite au four Martin qu'il conviendrait de comparer le métal raffiné Heaton.

§ **169**. — Dans ces conditions M. Grüner ne pense pas que le procédé Heaton soit économique : il estime qu'il y a mieux à faire.

Le mazéage et le puddlage, en effet, en présence de scories basiques, enlèvent facilement à la fonte la majeure partie du silicium et du phosphore : ce mazéage peut se faire à volonté au bas foyer ou au reverbère; seulement il faut, dans les deux cas, des appareils à parois métalliques refroidies et des scories fortement basiques. On peut donc avoir recours au feu de finerie anglaise, en se servant de cokes aussi purs que possible et en rendant les scories extra-basiques par des additions répétées de minerais de fer ou de manganèse riches et purs. — La condition *sine quâ non* du succès, c'est de munir le four de parois en fonte convenablement refroidies et de garnir les parois à [l'intérieur de riblons] grillés ou de fer oxydé riche : on sait que lorsqu'on maze sur sole en sable, le phosphore se concentre dans le métal affiné, parce que les scories deviennent siliceuses : il en est de même au four Martin, dont le bassin est en sable. Le phosphore ne peut être enlevé à cause de la nature siliceuse des scories et l'on ne peut, dans ce cas, les rendre basiques sans percer le four, le sable et les briques étant rapidement fondus par l'oxyde de fer. Mais ce qui ne peut se faire dans un four ordinaire réussit dans un four à parois métalliques refroidies, disposé à la façon des fours bouillants : la fonte y arriverait fondue du creuset du haut fourneau : là elle serait mazée entre une sole en oxyde de fer et une couverte en scories ferrugineuses maintenues basiques par des additions répétées de minerai riche. — L'opération serait arrêtée avant la décarburation ; de là le métal raffiné viendrait au four Martin, où le travail pour acier ou fer homogène serait finalement complété par voie de réaction.

§ **170.** — Ces considérations théoriques de M. Grüner, qui datent de 1869, ne paraissent nullement vieillies, quand on les rapproche des observations présentées par M. Lowthian Bell à « l'Institut du fer et de l'acier » dans le meeting tenu à Middlesborough en novembre 1877, à l'appui de la méthode qu'il préconise pour la déphosphoration des fontes du Cleveland.

Les idées exposées par M. Lowthian Bell ne procèdent pas de conceptions théoriques : elles marchent pas à pas avec l'analyse chimique et la vérification expérimentale.

M. Bell fait remarquer que quatre métalloïdes accompagnent ordinairement la fonte : le carbone, le silicium, le soufre et le phosphore.

§ **171.** — Pour certaines qualités supérieures de fer, la fonte est finée ou mazée préalablement au puddlage : selon que le finage est poussé plus ou moins loin, la composition du métal finé varie, et des proportions plus ou moins grandes des métalloïdes qui accompagnaient la fonte, se trouvent éliminées ; des échantillons furent pris à diverses périodes d'une opération de finage et l'analyse chimique donna les résultats suivants :

	CARBONE.		SILICIUM.	SOUFRE.		PHOSPHORE.
	Diminution °/₀.	Augmentation °/₀.	Diminution °/₀.	Diminution °/₀.	Augmentation °/₀.	Diminution °/₀.
Après fusion	4.77	»	54.18	»	3.03	1.24
10 minutes après	»	0.05	61.91	»	13.15	4.59
20 —	1.14	»	78.25	3.03	»	6.57
28 —	3.85	»	87.73	24.24	»	9.91
Fine métal	9.33	»	88.05	24.24	»	13.27

En rangeant ces métalloïdes dans l'ordre de la rapidité avec laquelle ils s'éliminent, on a donc :

1° Silicium.
2° Phosphore.
3° Soufre.
4° Carbone.

Malgré les différences apparentes qui les distinguent, dit M. Bell, il y a, en principe, une grande ressemblance entre l'opération du finage et celle du convertisseur Bessemer; dans ce dernier cas, cependant, l'élévation de la température est plus considérable : cela est dû à la plus grande rapidité de l'action de l'air, qui traverse le métal liquide en beaucoup plus grande masse, et au contact plus intime du métal et de l'oxygène. La quantité aussi bien que l'intensité de la chaleur est accrue, parce que la réaction est plus complète que dans le finage.

Il y a une autre différence entre les deux procédés : le finage s'opère en présence d'une grande quantité de scorie fondue, riche en oxyde de fer, ce qui ne se présente pas dans le convertisseur.

Les phénomènes qui se passent dans ces deux opérations ne sont nullement identiques. Dans les deux cas, le silicium est éliminé d'abord; mais dans le cas du finage, c'est le phosphore qui est attaqué immédiatement après, concurremment avec le carbone, tandis que dans le convertisseur le phosphore reste intact.

Voici sommairement l'effet comparé des opérations du finage et du convertisseur sur une même fonte :

	CARBONE.	SILICIUM.	SOUFRE.	PHOSPHORE.
Au finage (diminution).	90	10	30	50 %
Au convertisseur (suivant la période).	77 à 99 Diminution.	8 à 99 Diminution.	Pas de changement.	10 à 10 % Augmentation.

M. Bell s'est demandé si la présence d'un excès de scories basiques dans le convertisseur modifierait cet état de choses. Il vérifia expérimentalement qu'en poussant l'opération Bessemer très-loin, on arrive à avoir des scories contenant 38,7 % de fer et néanmoins tout le phosphore était resté dans le métal.

Cela posé, il faut remarquer que la chaleur joue un grand rôle dans les réactions chimiques : ainsi une chaleur modérée détermine la combinaison de l'oxygène et de l'hydrogène, tandis qu'une température plus élevée peut dissocier l'eau en ses éléments; de même si l'oxyde de fer peut dans certaines conditions de température transformer le phosphore de la fonte en acide phosphorique et l'éliminer, du moins en partie, sous la forme de phosphate de fer, on peut admettre que la haute température du métal dans la cornue Bessemer renverse la réaction qui s'effectue dans le finage et le puddlage.

M. Bell mit en évidence ce passage du phosphore dans les scories du four à puddler, par une expérience directe ; à cet effet, on versa lentement à travers une colonne liquide d'oxyde de fer une certaine quantité de fonte prise directement au haut fourneau. L'action fut très-vive et, en examinant le fer avant et après l'expérience, on s'assura que les effets produits correspondaient à un degré remarquable à ceux obtenus avec la même fonte au finage.

L'analyse chimique fournit les résultats suivants :

	CARBONE.	SILICIUM.	SOUFRE.	PHOSPHORE.
100 de fonte contenaient	3.505	2.103	0.102	1.515
100 ayant traversé l'oxyde.	2.731	0.028	0.056	0.848
Diminution °/₀ des quantités originaires.	17.37	98.70	45.09	44.08
Diminution correspondante au finage. .	19.87	90.57	100	42.85

§ 172. — Pour effectuer plus complétement la séparation de ce que l'on pourrait appeler les impuretés de la fonte, il paraît indiscutable que le métal doit être fluide ; or, c'est le carbone qui donne à la fonte la propriété de se liquéfier à une température relativement basse, et comme, sauf dans le convertisseur, c'est le carbone qui se sépare le plus difficilement du fer, on peut admettre que c'est cet ordre d'intensité, dans l'affinité chimique, qui, maintenant la fluidité du bain, rend possible l'oxydation et l'élimination totale ou partielle du silicium, du soufre et du phosphore dans le four à puddler.

Si l'on admet que la fluidité et certaines conditions de température sont nécessaires pour assurer le départ des trois substances ci-dessus mentionnées, il n'est pas difficile de voir que le procédé du puddlage présente un certain degré d'incertitude.

Si en effet, par une circonstance accidentelle, le carbone est éliminé plus rapidement qu'à l'ordinaire, le fer peut commencer à prendre nature avant que le phosphore soit oxydé autant qu'il peut l'être ; il reste alors dans le métal pour une bonne partie.

Par de nombreuses analyses chimiques, M. Bell établit que dans le puddlage le carbone et le silicium sont attaqués à de hautes températures lorsqu'ils sont en contact avec un milieu capable de céder de l'oxygène, tel que l'oxyde de fer. Le soufre est partiellement affecté de la même manière ; d'autre part, le phosphore, éliminé partiellement par un traitement à une chaleur modérée, reste intact à des températures élevées.

En tenant compte de ces faits, on voit que l'objectif du puddleur doit être d'exposer, par un travail violent, la charge à l'action de l'oxyde fluide, dès le commencement de l'opération, c'est-à-dire au moment où le phosphore s'oxyde deux fois aussi rapidement que le carbone proportionnellement à la quantité existante ; M. Bell a des raisons de croire que ce résultat est obtenu plus facilement en liquéfiant la fonte avant de l'introduire dans le four à puddler.

§ **173.** — Une autre question relative au puddlage mérite de fixer l'attention : actuellement nous admettons que tout le phosphore éliminé au début de l'opération passe dans la scorie. Or nous pouvons nous demander si, vers la fin de l'opération, dans certains cas ou dans certaines parties du four, la température du métal n'est pas suffisante pour que le fer s'empare d'une partie du phosphore de la scorie.

Bien qu'il résulte des analyses que la barre puddlée contient souvent plus de phosphore que n'en contenait le fer, à une période précédente de l'opération, cela peut tenir aussi bien à une réabsorption du phosphore qu'à une interposition de scories phosphorées dans les barres puddlées; il était donc nécessaire d'élucider cette question par des expértences directes et voici comment M. Bell y est arrivé : des prises d'épreuve furent faites à un four à puddler traitant des fontes phosphoreuses, à différentes périodes de l'opération.

Avant d'analyser ces prises d'épreuve on les débarrassa, aussi bien que possible, du laitier qu'elles contenaient, par immersion dans un bain de potasse fondue et de carbonate de soude.

L'analyse donna alors les résultats suivants :

	Proportion du phosphore.
1° Fonte crue.	1,200 %
2° Fonte en fusion.	0,409
3° 26 minutes après la fusion : le métal prenant nature.	0,085
4° 31 minutes — —	0,078
5° 39 minutes, grumeaux de fer.	0,094
6° 45 minutes, barre finie.	0,151

Traitée par la lessive alcaline, la barre ne contenait plus que 0,08 de phosphore. Cette barre fut exposée à la plus haute température que l'on puisse atteindre dans un four à reverbère ordinaire et mise en contact avec des laitiers fluides riches en phosphore : au bout de 40 minutes la quantité de phosphore contenue dans le fer s'était élevée à 0,122 % et au bout d'une heure elle s'élevait à 0,255. La réabsorption du phosphore des laitiers à une haute température est donc manifeste.

§ **174.** — En résumé, il résulte des recherches de M. Bell :

1° Que dans le mazéage aussi bien que dans le puddlage, le départ des 4 métalloïdes qui accompagnent ordinairement le fer dans la fonte, ne s'effectue pas simultanément : en présence d'un grand excès de scories riches en oxyde de fer, c'est le silicium, puis le phosphore qui s'oxydent les premiers, ensuite le soufre, et enfin le carbone.

2° Lorsque la température s'élève, non-seulement le phosphore ne s'élimine plus, mais celui qui était passé dans les scories peut être réabsorbé.

M. Bell conclut de là qu'on peut débarrasser les fontes d'une bonne partie de leur phosphore à la condition qu'on les affine à une basse température en présence d'un excès de scories basiques.

§ 175. — Voici comment M. Bell compte réaliser ces conditions : « Sur « une plate-forme élevée sera situé un petit cubilot dans lequel le laitier ou « l'oxyde de fer sous toute autre forme sera fondu ; de là la matière en « fusion coulera dans un four tournant autour de son axe, où l'on introduira « aussi la fonte venant directement du haut fourneau. Nous espérons que de « cette manière il s'opérera un mélange des deux liquides suffisant pour pro- « duire le résultat que nous avons en vue.

« Comme four rotatif, je me propose de me servir d'un four à puddler de « MM. Godfrey et Howson [1] : la construction de ces fours me permettra d'en « chauffer rapidement l'intérieur, quand il sera nécessaire, et d'éviter ainsi « que de l'air froid ne vienne refroidir les matières avant la substitution des « éléments, tandis que la faculté d'incliner le four sous un angle quelconque « me permettra de conduire l'opération jusqu'à un point déterminé par la « quantité de carbone que l'on désire éliminer. »

§ 176. — Depuis le meeting de Middlesborough, M. Bell a mis ses idées à exécution.

La fonte du Cleveland contient de 1,2 à 2,6 % de silicium (2,842 % en moyenne pour 26 spécimens) et de 1,2 à 1,75 % de phosphore (1,448 % en moyenne pour 45 spécimens).

L'application du procédé de M. Bell à ces fontes donne du fer dans lequel les proportions de silicium et de phosphore sont les suivantes :

Silicium % 0,021 — 0,076 — 0,022 — 0,037.
Phosphore % 0,084 — 0,070 — 0,084 — 0,058.

Ces fers éprouvés à la traction donnent les résultants suivants :

(1) Il sera question de ce four un peu plus loin.

DIMENSIONS DES BARRES ayant donné lieu aux barreaux d'épreuves	RÉSISTANCES EN KILOG. par m/m □ à la limite d'élasticité. (1)	à la rupture. (2)	RAPPORT. (1)/(2)	ALLONGEMENT. à la charge de 28 kil. par m/m □	à la rupture.	CASSURE.
Rond de 34 m/m.	17k	40k	0.42	3.51	27.8	Fibreuse.
Rond de 37 m/m.	16.5	39	0.42	3.77	26.6	—
Rond de 43 m/m.	16	40	0.40	3.38	29.7	—
Carré de 30 m/m.	17	39	0.44	3.37	28.3	—
Carré de 37 m/m.	15.5	38	0.40	3.77	31.8	—
Carré de 43 m/m.	14.9	39	0.38	3.83	30.2	—
Moyennes.	1	39k	0.41	3.60	29.1	

Les résultats fournis par les fers fabriqués par le procédé de M. Bell sont assurément fort remarquables ; toutefois des essais par choc compléteraient avantageusement les informations fournies par les essais par traction. Quoi qu'il en soit, une pratique industrielle un peu prolongée décidera seule si les frais supplémentaires qu'entraîne le procédé d'épuration des fontes, ne font pas subir au fer une plus value telle qu'il n'y ait pas avantage à traiter les minerais phosphorés du Cleveland épurés, de préférence aux minerais de Bilbao, qui arrivent déjà dans le Cleveland même, pour la fabrication de l'acier Bessemer.

Puddlage mécanique

§ 177. — M. Lowthian Bell n'hésite pas à proclamer la supériorité du travail mécanique dans le puddlage sous le rapport de l'expulsion du phosphore ; sa conviction est fondée sur ce fait que le renouvellement incessant des surfaces dans le puddlage mécanique égalise la température.

« La supériorité du puddlage mécanique, dit M. Bell, est difficile à prouver « par des essais, à cause de la faculté que possède l'ouvrier de dépasser les résul- « tats moyens de son travail par des soins extraordinaires. Les résultats du travail « journalier varient eux-mêmes quant au phosphore avec les ouvriers, dans di- « verses chaudes faites par un même ouvrier et même dans une seule chaude « faite par un même ouvrier. Dans le cas du fer obtenu au moyen de fontes du « Cleveland, le phosphore peut être regardé comme compris entre 0,35 et 0,50 %.

« Comme preuve de la supériorité du puddlage mécanique, je reproduirai les « analyses faites au laboratoire du North Eastern Railway sur 8 rails obtenus au

(1) Ce rapport paraît élevé.

(2) Se reporter à ce que nous avons dit à ce sujet au § 78.

« moyen de blooms provenant des fontes du Cleveland puddlées au four Danks.

Le n° 1 tient	. . . .	0,257 %	de phosphore.
— 2 —	. . . .	0,218	—
— 3 —	. . . .	0,217	—
— 4 —	. . . .	0,178	—
— 5 —	. . . .	0,143	—
— 6 —	. . . .	0,093	—
— 7 —	. . . .	0,076	—
— 8 —	. . . .	0,074	—

« Tous ces chiffres sont inférieurs à ceux qui se rapportent au fer puddlé « à la main.

« Comme preuve de l'uniformité avec laquelle le four Danks opère sur la « masse soumise à son action, j'ai fait doser la teneur en phosphore des échan- « tillons pris aux deux extrémités et au milieu d'un rail formé d'un seul bloom « Danks puddlé en une chaude et laminé directement après avoir subi deux « réchauffages superficiels. La portion centrale en contenait 0,179 % et les « deux bouts 0,178 et 0,176.

« Dans les 8 exemples reproduits, il est visible que, malgré les avantages du « puddlage mécanique, il y a encore une grande irrégularité dans le phosphore « contenu : une telle irrégularité doit pouvoir s'expliquer et se corriger dans « une opération dépendant aussi peu des soins de l'ouvrier. »

L'influence du puddlage mécanique sur la qualité et la régularité du fer, constatée par une autorité aussi élevée que celle de M. Lowthian Bell, nous porte à considérer cette question comme rentrant dans notre sujet, et nous croyons devoir passer sommairement en revue les usines françaises qui ont eu recours, dans ces dernières années, au puddlage mécanique.

L'usine du Creusot a mis en service, depuis un ou deux ans, un four rotatif du système Danks, perfectionné par M. Bouvard, l'un de ses ingénieurs. Un spécimen de ce four figure dans l'exposition de la Société du Creusot. La qualité et la régularité des produits obtenus paraît fort remarquable.

La Société des forges de Denain et Anzin emploie un four système Crampton dont le fonctionnement paraît satisfaisant.

M. Pernot, chef de fabrication à l'usine de Saint-Chamond (Société des hauts fourneaux de la marine et des chemins de fer) a imaginé un four rotatif dont la sole seule est animée d'un mouvement de rotation ; cette sole est en outre inclinée sur l'axe de rotation de manière que la sole émerge par moitié du bain de fonte. La partie émergée de la sole reçoit le contact de la flamme, s'oxyde, et, repassant sous le bain par la rotation, produit la réaction de l'affinage; de plus, le mouvement de rotation, soit par entraînement, soit par force centrifuge, fait remonter la fonte en lame mince sur ce plan incliné et développe énormément la surface exposée à l'oxydation : ces effets combinés produisent un brassage beaucoup plus complet que celui obtenu par la main de l'homme, et ce brassage est surtout beaucoup plus régulier.

M. Pernot, combinant son système de four avec le chauffage Siemens, produit également de l'acier par le procédé Martin.

Cette application du four Pernot à la production des métaux fondus paraît donner de bons résultats, au point de vue de la qualité; elle a en outre le mérite d'abréger la durée de l'opération, qui, comme on le sait, est généralement fort longue dans le procédé Martin. Le rendement du four Pernot à acier est par suite avantageux.

La Société des forges de Commentry-Fourchambault vient d'introduire dans son usine de Fourchambault le four imaginé par MM. Godfrey et Howson. Voici la description succincte de cet engin, d'après la communication faite par M. Howson à « l'Institut du fer et de l'acier ».

La partie essentielle de l'appareil consiste en une espèce de cornue ou creuset monté sur un axe supporté par des tourillons horizontaux ; une roue d'engrenage commandée par une vis sans fin permet de mouvoir ces tourillons et par suite d'imprimer à l'appareil un mouvement de bascule. L'extérieur du fond du creuset porte également une roue d'engrenage commandée par un pignon qui permet de faire tourner le creuset autour de son axe : on voit donc que l'appareil, tout en pouvant tourner sur lui-même comme une toupie, est également susceptible d'être incliné sous un angle quelconque. Par suite de cette disposition, on peut amener l'ouverture du creuset devant la flamme et, l'opération terminée, faire tomber la loupe par un mouvement de bascule.

La source de chaleur consiste simplement en un gros chalumeau à gaz dont le jet pénètre dans la bouche de la cornue vers le centre, tandis que les produits de la combustion s'échappent le long des parois et tout autour de la tuyère.

Les gaz entrent, par le tube principal, dans un espace annulaire que précède le bec du chalumeau, et l'air passe à travers le tuyau central dont l'extrémité est percée de petits trous.

Les gaz sont produits par un appareil assez analogue au générateur Siemens.

Il est facile de régler les arrivées d'air et de gaz de manière que la flamme soit à volonté oxydante, réductrice ou neutre.

Avec cet appareil il paraît qu'on peut effectuer le puddlage sous une température assez modérée pour qu'il n'y ait pas de bouillonnement: la conservation des garnissages est par suite rendue plus facile.

Ce four paraît appelé à beaucoup d'avenir.

§ 178. — Parmi les procédés mécaniques de puddlage doit être rangé l'emploi des outils mécaniques pour le brassage.

L'emploi de ces outils est déjà ancien, et nous ne citerons parmi eux qu'un des plus récents : c'est le brasseur mécanique système Espinasse, qui a été installé en premier lieu à l'usine Verdié de Firminy, puis dans plusieurs autres usines, et qui paraît fonctionner convenablement.

Procédé Langlade

§ 179. — Nous mentionnerons, pour terminer, un procédé métallurgique qui intéresse, lui aussi, à certains égards l'amélioration des produits, c'est le puddlage au moyen des gaz des hauts fourneaux et des générateurs Siemens d'après le système Langlade.

Le problème que s'est posé M. Langlade est le suivant :

1° Puddler, souder, etc., gaz de haut fourneau sans que la marche du haut fourneau ait à en souffrir ;

2° Puddler au gaz de houille, de lignite et de combustibles analogues.

Le puddlage au gaz de haut fourneau avait échoué jusqu'à présent, pour deux raisons principales :

1° La température était trop faible ;

2° Cette température était trop variable.

La température de combustion des gaz de haut fourneau est faible et variable par suite de la présence dans le gaz d'une proportion souvent importante et très-variable de vapeur d'eau.

Le moyen de régulariser la composition du gaz est de régulariser la proportion de vapeur d'eau qu'il contient, en le refroidissant à une température constante au contact de l'eau, et plus cette température sera basse, plus aussi la température de combustion s'élèvera, parce que le gaz contiendra moins de vapeur d'eau.

Le moyen d'élever la température de la flamme est de chauffer le gaz et l'air dans des fours à chaleur régénérée ou tempérée : seulement il se présente alors une autre difficulté, l'encombrement des chambres des générateurs par la poussière qu'entraîne le gaz. Mais par un lavage énergique le gaz peut être assez bien épuré pour que les fours marchent plusieurs années sans nettoyage.

Il faut donc, pour que les fours marchent dans de bonnes conditions, laver et refroidir énergiquement les gaz et ensuite se servir de fours à chaleur régénérée ou tempérée, les fours Siemens par exemple.

M. Langlade a adopté des dispositifs très-ingénieux pour que l'allure des hauts fourneaux ne soit pas contrariée par la manœuvre. La description de ces dispositifs s'éloigne de notre sujet.

Le puddlage au gaz de houille, de lignite, etc., offrait des difficultés d'une tout autre nature : ce qui avait empêché l'emploi de ces gaz pour le puddlage, c'était l'encombrement rapide des canaux des fours par la poussière de scories et d'oxydes de fer provenant du bain du puddlage et qu'on nomme vulgairement *sarrazins*. Malgré toutes les précautions pour arrêter ces sarrazins dans des points faciles à nettoyer, on n'avait pu rendre les fours à gaz de houille et de lignites applicables dans la *pratique* du puddlage.

« La solution de cette question est encore dans le lavage des gaz, et le fait acquis, dit M. Langlade, c'est que lorsqu'on emploie ces gaz lavés et refroidis au point voulu, il ne se produit plus d'encombrement gênant; les fours marchent plusieurs mois de suite sans nettoyage et dans des conditions parfaites.

« Le lavage a lieu dans des appareils analogues à ceux qui sont employés pour les gaz des hauts fourneaux.

« La température des fours chauffés par ce procédé est très-élevée, parfaitement régulière et entièrement dans la main du puddleur, qui peut l'élever ou l'abaisser instantanément ; dans les fours à grille, on ne peut éviter l'arrivée des escarbilles et des cendres mêlées à la flamme, au contact du bain de puddlage, tandis qu'avec les procédés Langlade la flamme est très-pure. Aussi les produits sont-ils supérieurs à ceux qu'on obtient dans les fours à puddler ordinaires ; en outre le déchet est moindre. »

Il est à remarquer que le système Langlade exige beaucoup d'eau : ce sera, dans bien des cas, un obstacle à son développement.

CHAPITRE VII

TOLES DE FER ET D'ACIER. — FERS SPÉCIAUX. — FERS LAMINÉS A PROFIL VARIABLE. — RAILS. BANDAGES. — ESSIEUX. — CENTRES DE ROUES. — RESSORTS. — TUBES EN FER.

§ **180**. — Nous allons maintenant passer en revue les pièces ouvrées en fer et en acier employées dans le matériel des chemins de fer : nous nous occuperons d'abord des pièces de grosse forge et nous examinerons dans le chapitre suivant les pièces de menue forge.

Tôles de fer

§ **181**. — Les tôles de fer sont généralement, en France du moins, classées en six catégories; voici, par exemple, la classification des tôles du Creusot avec les éléments de leur résistance.

ÉLÉMENTS DE LA RÉSISTANCE.	NUMÉROS DE CLASSIFICATION DES TÔLES.					
	N° 2.	N° 3.	N° 4.	N° 5.	N° 6.	N° 7.
Charge de rupture par m/m □ de la section primitive. .	33k2	33k7	34k7	34k8	35k6	36k7
Allongement permanent au moment de la rupture. . . .	6.5	10	14.6	18.2	22	26.5
Striction ou rapport de la section primitive à la section rompue	0,940	0.895	0.847	0.808	0.740	0.665

Les échantillons sont découpés dans des tôles de 1^m,000 de large et de 2^m,500 de longueur sur 10 à 12 m/m d'épaisseur, dans le sens du laminage.

182. — Nous citerons encore la classification des tôles de la Société des forges de Denain et Anzin ; en voici les éléments :

ÉLÉMENTS DE LA RÉSISTANCE.	NUMÉROS DE CLASSIFICATION DES TÔLES.					
	N° 2.	N° 3.	N° 4.	N° 5.	N° 6.	N° 7.
Résistance à la rupture par m/m □ en long.	30k	30k	33k	35k	36k	37k
Résistance à la rupture par m/m □ en travers	26	27	28	32	33	35
Allongement correspondant °/₀ en long	3	5	8	12	18	20
Allongement correspondant °/₀ en travers	»	2	4	7	9.5	12

La tôle n° 2 ou tôle à bac peut être percée à froid pour la rivure.

La tôle n° 3 est employée dans le commerce pour la construction des générateurs à vapeur.

La tôle n° 4 remplit les conditions imposées par la Marine pour les tôles communes.

La tôle n° 5 remplit celles des tôles ordinaires.

La tôle n° 6 correspond aux tôles supérieures de la Marine,

Et la tôle n° 7 aux tôles fines.

§ **183.** — Voici quelles sont les conditions fixées par la circulaire du Ministre de la Marine, en date du 17 février 1868, en ce qui concerne les fournitures de tôles en fer.

Les tôles sont classées en quatre catégories portant les dénominations suivantes :

1re Catégorie. — *Tôles communes.* Désignation commerciale : tôles communes améliorées,

2e Catégorie. — *Tôles ordinaires.* Désignation commerciale : fers forts.

3e Catégorie. — *Tôles supérieures.* Désignation commerciale : fers forts supérieurs.

4e Catégorie. — *Tôles fines.* Désignation commerciale : tôles forgées ; tôles au bois.

Les éléments de la résistance de ces diverses tôles sont les suivants :

ÉLÉMENTS DE LA RÉSISTANCE.	NUMÉROS DES CATÉGORIES.			
	N° 1.	N° 2.	N° 3.	N° 4.
Charge de rupture moyenne par m/m □ dans le sens qui donne la moindre résistance.	28k	31k	32k	35k
Allongement moyen correspondant °/₀.	5.5	5	7	10
Charges de rupture minima pour une épreuve isolée	25	28	29	30
Allongement minimum correspondant °/₀.	2.5	4	5.5	7.5

§ 184. — Lorsque les tôles sont des bandes de plus de 5 mètres de longueur et de moins de 0^m,50 de largeur, les éléments de la résistance doivent être les suivants :

ÉLÉMENTS DE LA RÉSISTANCE.	NUMÉROS DES CATÉGORIES.			
	N° 1.	N° 2.	N° 3.	N° 4.
Charge de rupture par m/m □ moyenne en long	32^k	34^k	»	»
Charge de rupture par m/m □ moyenne en travers	26	28	»	»
Allongement moyen correspondant % en long.	6	9	»	»
Allongement moyen correspondant % en travers	2.5	3.5	»	»

Nota. La Marine n'emploie pas, pour les bandes de tôle, les 3e et 4e catégories.

§ 185. — La circulaire ministérielle précitée contient les instructions suivantes relativement à l'exécution des épreuves.

« On établira séparément les résultats moyens de résistance et d'allongement obtenus, tant dans le sens du laminage que dans le sens perpendiculaire, au moyen de cinq épreuves au moins pour chaque sens.

« Pour ces épreuves on découpera des bandes de tôle dans un certain nombre de feuilles prises au hasard, dans chaque livraison, en ayant soin d'expérimenter, pour chaque feuille un nombre de bandes égal dans le sens du laminage et dans le sens perpendiculaire. Ces bandes seront façonnées de manière à avoir pour section de rupture un rectangle dont un des côtés aura 30 millimètres de largeur et l'autre l'épaisseur de la tôle; par exception, pour les tôles minces au-dessous de 5 millimètres, la largeur de la bande d'épreuve sera réduite à 20 millimètres. La longueur de la partie prismatique soumise à la traction sera toujours de 200 millimètres.

« Ces bandes seront soumises, au moyen de poids agissant directement ou par intermédiaire de leviers tarés avec soin, à des efforts de traction croissant jusqu'à ce que la rupture ait lieu.

« La charge initiale sera calculée de manière à produire un effort de traction de

25 kilogrammes par m/m □ pour les tôles de.				1re	catégorie.
28	—	—	—	2^e	—
29	—	—	—	3^e	—
29	—	—	—	4^e	—

Cette première charge sera maintenue en action pendant cinq minutes. Les charges additionnelles seront ensuite placées, à des intervalles de temps sensiblement égaux et d'environ une minute. Elles seront calculées aussi approximativement que le permettra la division des poids en usage, à raison de un quart de kilogramme de traction par m/m □ de section. On notera pour chaque charge l'allongement correspondant, mesuré sur la longueur prismatique de 20 centimètres. »

§ **186.** — La circulaire ministérielle prévoit, en outre, des épreuves à chaud qui varient selon la catégorie de la tôle.

Pour les tôles de première catégorie, il sera exécuté avec un morceau de tôle de dimension convenable, découpé dans une feuille prise au hasard dans chaque livraison, un cylindre ayant pour hauteur et pour diamètre intérieur vingt-cinq fois l'épaisseur de la tôle. Ce cylindre exécuté avec le soin convenable ne devra présenter ni fente ni gerçure.

Pour les tôles de 2e, 3e et 4e catégorie, l'épreuve à chaud consiste à exécuter avec un morceau de tôle de dimension convenable, découpé dans une feuille prise au hasard dans chaque livraison, une calotte sphérique avec bord plat conservé dans le plan primitif de la tôle. La corde et la flèche de cette calotte mesurées intérieurement seront égales : la corde à trente fois l'épaisseur primitive de la tôle pour les tôles de 2e, 3e et 4e catégorie; la flèche à *cinq fois* cette même épaisseur pour les tôles de 2e catégorie, à *dix fois* pour les tôles de 3e, et à *quinze fois* pour les tôles de 4e. Le bord plat circulaire de cette pièce aura pour largeur sept fois l'épaisseur de la tôle et sera raccordé à la partie sphérique par un congé ayant pour rayon l'épaisseur même de la tôle. Ce congé sera mesuré dans l'intérieur de l'angle.

La calotte ainsi exécutée avec tout le soin nécessaire ne devra présenter ni fente, ni gerçure.

Pour les tôles de 4e catégorie, il sera en outre confectionné avec un second morceau de tôle, pris dans la même feuille ou dans une seconde, une cuve à base carrée et à bord relevé d'équerre; le fond de cette cuve aura pour côté trente fois l'épaisseur de la tôle, et les bords mesurés en dedans auront pour hauteur sept fois cette même dimension. Ces bords seront raccordés entre eux et avec le fond par un congé qui, mesuré dans l'intérieur de l'angle, aura pour rayon l'épaisseur même de la tôle. La tôle ainsi exécutée ne devra présenter ni fente ni gerçure et il ne devra s'y manifester aucune trace de dédoublure.

§ **187.** — Une circulaire ministérielle du 6 mars 1874 introduit une modification dans les conditions précédemment indiquées : cette modification porte sur les conditions de résistance des tôles fines de 1re catégorie; il a été dit que pour ces tôles :

« Dans le sens qui aura donné la moindre résistance, la charge de rupture sera au moins de 35 kilogrammes et l'allongement correspondant d'au moins 10 %. »

A cette prescription, la circulaire du 6 mars 1874 apporte la restriction suivante :

« On tolérera toutefois un déficit de résistance pouvant s'élever jusqu'à 5 kilogrammes, pourvu que ce déficit soit compensé par un excédant d'allongement de $1\,{}^{1}/_{2}$ % par kilogramme en moins. »

§ **188.** — La classification et les conditions d'épreuves des tôles en fer adoptées par la Marine, ont été également adoptées telles quelles, ou avec quelques modifications, par la plupart des Compagnies de chemins de fer françaises : la Compagnie des chemins de fer de l'Est, toutefois, s'est arrêtée à une classification et à des épreuves notablement différentes.

La classification de la Cie de l'Est comprend :

Les tôles communes. T. n° 2. — Les tôles ordinaires. T.O. n° 4. — Les tôles supérieures (raides). T.S. n° 5. — Les tôles supérieures (douces). T.SS. n° 6. — Les tôles fines. T.F. n° 7.

Les épreuves à faire subir aux tôles comprennent :

Essais à chaud à une température variant entre le rouge-cerise et le rouge clair.	cintrages. emboutissages. pliages.
Essais à froid.	pliages. poinçonnages. allongements.

Les essais à chaud et à froid varient selon la catégorie des tôles, et dans chaque catégorie, selon les épaisseurs des tôles. Par exemple, pour les *tôles ordinaires*, T.O. n° 4, les essais sont les suivants :

TOLES ORDINAIRES. T. O. N° 4.	RÉSISTANCE.		ALLONGEMENT %		PLIAGES A FROID angles intérieurs.		PLIAGES A CHAUD angles intérieurs.	
	Long.	Travers	Long.	Travers	Long.	Travers.	Long.	Travers.
Épaisseur 5 m/m et au-dessous. .	35k	32k	7	5	90°	120°	30°	70°
— 5 à 8 m/m inclus. . .	35	32	6.3	4.5	100°	130°	50°	80°
— 8 à 11 m/m inclus . .	35	32	6.5	4.5	120°	140°	70°	120°
— 11 à 14 m/m inclus . .	34	32	6	4	140°	160°	90°	120°
— 14 à 17 m/m inclus . .	33	31	5.5	3.5	150°	170°	90°	120°
— 17 à 20 m/m inclus . .	33	31	5.5	3.5	160°	170°	90°	120°
— 20 à 25 m/m inclus . .	33	31	5.5	3.5	170°	170°	90°	120°

Les chiffres relatifs à la résistance sont les moyennes de 3 épreuves au moins.

Cette gradation d'épreuves est assurément rationnelle, car plus la tôle est mince, plus elle est terminée froide au laminoir, plus par conséquent elle est relativement raide, et plus la résistance par m/m □ qu'on doit en attendre est comparativement élevée. Nous craignons toutefois que, dans la pratique, une précision aussi grande dans les spécifications ne se heurte à bien des difficultés.

§ **189.** — Pour fixer les idées sur ce point, nous ne pouvons mieux faire que de relater une expérience effectuée, il y a quelque temps, par la Cie P.L.M. Dans une tôle de fer, correspondant à la 4e catégorie de la classification de la Marine, nous avons fait découper, tant en long qu'en travers, 52 barreaux d'épreuve répartis comme l'indique la figure ci-après. Nous avons essayé tous ces barreaux, et ils nous ont fourni les résultats qui sont inscrits sur chacun d'eux, dans la figure ci-dessous.

SENS DE LA LONGUEUR DE LA TÔLE

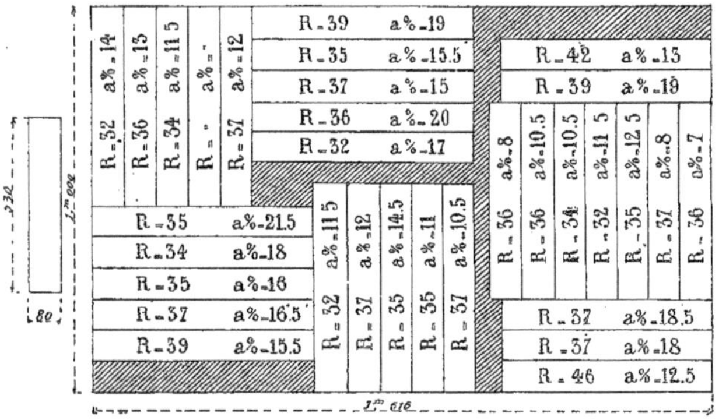

R.32 a%.14
R.36 a%.15
R.34 a%.11.5
R." a%."
R.37 a%.12
R.39 a%.19
R.35 a%.15.5
R.37 a%.15
R.36 a%.20
R.32 a%.17
R.42 a%.13
R.39 a%.19
R.36 a%.8
R.36 a%.10.5
R.34 a%.10.5
R.32 a%.11.5
R.35 a%.12.5
R.37 a%.8
R.36 a%.7
R.35 a%.21.5
R.34 a%.18
R.35 a%.16
R.37 a%.16.5
R.39 a%.15.5
R.32 a%.11.5
R.37 a%.12
R.35 a%.14.5
R.35 a%.11
R.37 a%.10.5
R.37 a%.18.5
R.37 a%.18
R.46 a%.12.5
332
1m 202
80
1m 616

En examinant les résultats obtenus, on constate : 1° que d'une région à une autre de cette feuille de tôle, les résistances par millimètre carré varient de 32^k^ à 46^k^ dans le sens du laminage, de 32^k^ à 37^k^ dans le sens perpendiculaire, et que les allongements varient de 12,5 à 21,5 % dans le sens du laminage et de 7 à 14,5 % dans le sens perpendiculaire.

2° Que sur les rives, les résistances par m/m □ sont généralement supérieures aux résistances au centre de la feuille. La tôle dont il s'agit répond, haut la main, aux conditions de la 4e catégorie des tôles de la Marine : elle est d'excellente qualité, et cependant quelles variations dans la résistance d'une région à une autre de la feuille ! D'après cela, comment serait-il possible de réaliser, pratiquement, une gradation d'épreuves comme celle adoptée par la

Cie de l'Est, dans laquelle les résistances varient de 1k selon les épaisseurs de la tôle? Les variations de résistance, selon que le barreau d'épreuve est découpé dans une région ou une autre de la feuille de tôle, sont, comme nous venons de le voir, bien supérieures à cela!

Nous constatons d'ailleurs, que sur les rives qui sont généralement laminées plus froides que le centre de la feuille, la résistance est supérieure, ce qui confirme le principe de la gradation adoptée par la Cie de l'Est.

§ **190**. — Parmi les tôles qui figurent à l'Exposition, un certain nombre se font remarquer par leur qualité.

Les tôles de la qualité « best-best » pour chaudières à vapeur exposées par la « Shelton bar Iron Cy » présente les conditions de résistance suivantes :

Résistance à la traction par m/m □	38k8
Réduction de section	18,5 %
Allongement à la rupture	16,7 %

Les tôles essayées avaient 18 m/m d'épaisseur, l'allongement a été mesuré sur une longueur de 305 m/m.

Ce sont des tôles d'excellente qualité.

§ **191**. — Les tôles fines de la Société d'Audincourt sont également remarquables. Elles sont toutes soudées au marteau-pilon : les paquets de fer au bois reçoivent des chaudes successives, dans des fours à souder, et sont convertis, toujours au marteau-pilon, en un lopin rectangulaire de 10 à 15 centimètres d'épaisseur et laminés en long et en large. Ce procédé permet d'obtenir des tôles parfaitement soudées, dans lesquelles la résistance à la traction dans le sens du laminage diffère très-peu de celles dans le sens perpendiculaire.

La longue durée de ces tôles en service, sans altération, est de notoriété publique.

Des expériences faites, à bien des reprises, sur des tôles d'Audincourt ont démontré que la résistance moyenne à la traction est de 42 kilogrammes par m/m □, et qu'elles éprouvent, avant rupture, un allongement qui varie de 16 à 32 %.

§ **192**.—Nous trouvons, deci, delà, tant dans la section française que dans les sections étrangères, des spécimens de tôles qui ont subi des emboutis plus ou moins difficiles à réaliser : ces spécimens témoignent autant de la bonne qualité du métal, que de l'habileté des ouvriers qui l'ont mis en œuvre. Nous croyons devoir faire observer, à cette occasion, que, dans quelques usines, les tôles embouties pour locomotives, notamment les faces arrières d'enveloppes de foyers, sont embouties en matrice au moyen de la presse hydraulique : la tôle est réchauffée au four, posée sur une matrice présentant la forme qu'elle doit acquérir, et d'un seul coup on façonne la tôle au moyen d'une presse, qui épouse les formes de la matrice. Ce procédé exige du métal beaucoup moins que les interminables façonnages à la forge à main, et d'autre part le résultat, au point de vue de la solidité de la pièce emboutie, est certainement avantageux.

§ **193.** — Nous devons une mention spéciale aux tôles ondulées exposées par M. Fox dans la section anglaise. Ces tôles sont ondulées en forme de sinusoïde par un laminage spécial. L'inventeur leur attribue les avantages suivants :

1° La résistance à l'aplatissement est plus grande, et corrélativement on peut employer des tôles plus minces avec des pressions plus élevées; — 2° la surface de chauffe est augmentée ; — 3° les ondulations rendent la surface de chauffe plus efficace ; — 4° la circulation est plus active, la vapeur se dégageant rapidement par les rainures annulaires ; — 5° l'élasticité est plus grande ; — 6° la dilatation se faisant librement, empêche les dépôts d'adhérer.

Que quelques-uns des avantages dont se targue l'inventeur soient plus ou moins chimériques, l'idée n'en est pas moins ingénieuse et la réalisation ne l'est

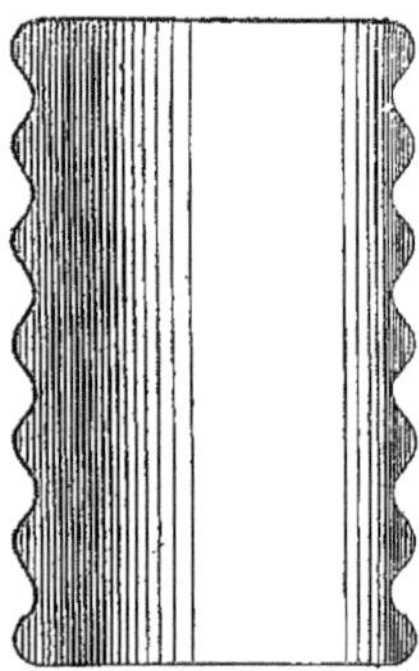

Fig. 14.

pas moins. M. Fox soude par rapprochement, et probablement au laminoir, les viroles cylindriques de chaudières, puis il les ondule en les faisant passer par un laminoir circulaire plus ou moins analogue aux laminoirs à bandages. Pour montrer combien cette opération augmente la raideur de la tôle dans le sens transversal, M. Fox a laminé sous les yeux du jury, au moyen d'un petit modèle de son laminoir, une petite virole en plomb : cette virole, qui s'écrasait facilement sous les doigts à l'état ordinaire, est devenue, après avoir été ondulée, d'une raideur très-remarquable. Il n'est pas douteux assurément que les viroles de ce système présentent une grande raideur transversale, mais c'est évidemment aux dépens de leur raideur longitudinale : cela restreint leur application aux cas où la raideur longitudinale n'est pas mise en jeu.

Tôles d'acier.

§ **194.** — Une circulaire du Ministre de la Marine, datée du 11 mai 1876, fixe la classification et les conditions d'épreuves des tôles d'acier.

Pour s'assurer de la qualité des tôles d'acier, la Marine fait trois sortes d'épreuves : à froid, à chaud et par la trempe.

Les épreuves à froid ont pour but de déterminer la résistance à la rupture et la faculté d'allongement du métal tant dans le sens du laminage que dans le sens perpendiculaire : les barreaux d'épreuve, découpés dans les tôles, sont façonnés de manière à avoir pour section un rectangle dont l'un des côtés a 30 millimètres de largeur et l'autre l'épaisseur de la tôle. Toutefois, pour les tôles minces au-dessous de 5 m/m, la largeur du barreau d'épreuve sera réduite à 20 m/m ; et pour les tôles de 18 m/m d'épaisseur et au-dessus, cette même dimension pourra être réduite à l'épaisseur de la tôle. Dans aucun cas les barreaux d'épreuve ne doivent être recuits.

La charge initiale est déterminée de manière à produire un effort de traction égal aux 8 dixièmes de l'effort de rupture ; cet effort et l'allongement correspondant sont indiqués, dans le tableau suivant, pour le sens qui donne la moindre résistance.

ÉPAISSEUR EN MILLIMÈTRES.	TOLES D'ACIER.			
	POUR CONSTRUCTIONS.		POUR CHAUDIÈRES.	
	Charge moyenne minimum.	Allongements minimum.	Charge moyenne minimum.	Allongements minimum.
1 1/2	47	10	»	»
2 à 3 inclusivement	47	12	»	»
3 à 4 —	47	14	»	»
4 à 5 —	46	16	»	»
5 à 6 —	46	18	»	»
6 à 8 —	45	20	42	25
8 à 20 —	45	20	42	26
16 à 30 —	44	20	40	25
	BANDES ET COUVRE-JOINTS.			
	En long.	En travers.	En long.	En travers.
4 à 6 exclusivement	48k	18 0/0	44k	16 0/0
6 à 16 —	48	22	44	18
16 à 30 —	48	22	42	17

§ 195. — Les épreuves à chaud consistent à exécuter, avec un morceau de tôle de dimensions convenables, une calotte hémisphérique, avec bord plat conservé dans le plan primitif de la tôle. Le diamètre de la demi-sphère mesuré intérieurement, sera égal à 40 fois l'épaisseur de la tôle, et le bord plat circulaire aura pour largeur 10 fois cette même dimension. Ce bord plat sera raccordé à la partie sphérique par un congé dont le rayon mesuré dans l'intérieur de l'angle sera, au minimun, égal à l'épaisseur de la tôle. En outre, pour les tôles de plus de 5 m/m d'épaisseur, il sera confectionné une cuve à base carrée, à bord relevé d'équerre : la base de cette cuve aura pour côté trente fois l'épaisseur de la tôle, et les bords, mesurés en dedans, auront pour hauteur dix fois cette même épaisseur. Le fond de cette même cuve sera percé, au milieu, d'un trou circulaire, avec bords relevés perpendiculairement au plan du fond, et du côté opposé aux bords de la cuve. Le diamètre de ce trou, mesuré intérieurement après travail fini, sera de vingt fois l'épaisseur de la tôle, et la hauteur du bord relevé sera de cinq fois cette même épaisseur. Tous les angles seront arrondis; leur congé intérieur aura pour rayon l'épaisseur de la tôle.

Les pièces ainsi exécutées avec toutes les précautions qu'exige le travail de l'acier, ne devront présenter ni gerçures, ni fentes, même lorsqu'elles auront été refroidies dans un courant d'air vif.

§ 196. — Pour les essais de trempe, on découpera dans les feuilles de tôle des barreaux de 26 c/m de longueur sur 4 c/m de largeur, tant dans le sens du laminage que dans le sens du travers. Toutefois on ne prend ces barreaux que dans le sens du laminage, lorsqu'il s'agit d'expérimenter des bandes ou contre-joints ayant moins de 26 c/m de largeur. Ces barreaux sont chauffés uniformément, de manière à être amenés au rouge-cerise un peu sombre, puis trempés dans de l'eau à 28° centigrades. Ainsi préparés, ils doivent pouvoir prendre sous l'action de la presse, sans présenter de traces de rupture, une courbure permanente dont le rayon minimum, mesuré intérieurement, ne devra pas être supérieur à l'épaisseur du barreau expérimenté.

Ces mêmes barreaux, lorsqu'il s'agira de tôles commandées pour chaudières, devront pouvoir, sous l'action de la presse, et sans présenter de traces de rupture, être pliés en deux, à plat, de manière que les deux moitiés soient complétement appliquées l'une sur l'autre.

Les barreaux préparés pour ces essais de trempe ne devront pas avoir leurs rives longitudinales arrondies : on tolérera seulement que l'acuité des angles soit enlevée à la lime douce.

§ 197. — Nous venons de voir que les tôles d'acier pour construction de bâtiments, d'épaisseur voisine de 20 m/m, doivent avoir les éléments de résistance suivants :

Résistance à la rupture	45k par m/m □
Allongement	25 %

et celles pour chaudières, de même épaisseur :

Résistance à la rupture	40k par m/m □
Allongement	25 %

Le Lloyd anglais autorise l'emploi du métal fondu dans la construction des avires, avec une réduction de l'épaisseur de la tôle, de 20 % comparativement à l'épaisseur employée précédemment pour la tôle de fer puddlé, à la condition que la tôle du métal fondu supporte les épreuves suivantes.

1° Les bandes découpées dans la tôle, dans le sens du laminage ou dans le sens perpendiculaire, doivent présenter une charge de rupture par traction supérieure à 43k, et inférieure à 49k.6 par /m □, avec un allongement correspondant de 20 % sur 200 millimètres.

2° Les bandes chauffées au rouge-cerise modéré et trempées dans l'eau à 38° centigrades, devront supporter un ployage tel, que le diamètre intérieur de la courbe ne dépasse pas 3 fois l'épaisseur de la tôle.

La tôle préconisée par le Lloyd anglais est donc sensiblement moins douce que la tôle adoptée par la Marine française, la différence est surtout sensible lorsque la comparaison porte sur les tôles à chaudières de la Marine.

§ **198.** — La Commission Suédoise du « Jernkontor », que nous avons déjà eu l'occasion de citer, critique les conditions adoptées par le Lloyd anglais : ces conditions sont telles, qu'elles ne peuvent être réalisées qu'avec une teneur en carbone de 0,25 à 0,30 % et au-dessus. Cette forte teneur donne une tôle plus difficile à travailler, sans qu'elle soit, au point de vue des chocs, dans des conditions résistantes bien satisfaisantes : d'après la Commission Suédoise, il vaut mieux employer un métal fondu dont la teneur en carbone ne dépasse pas de 0,20 à 0,25 % : ce métal serait au point de vue, des propriétés résistantes, un intermédiaire entre celui des tôles pour construction et celui des tôles pour chaudières adoptées par la Marine.

Épreuves au choc sur les tôles d'acier et les tôles de fer.

§ **199.** — La Commission Suédoise du « Jernkontor » a exécuté sur des tôles d'acier et de fer, de diverses provenances, une série d'épreuves par le choc, qui présentent un grand intérêt. Nous allons rendre compte de ces expériences.

Les essais ont porté sur des métaux fondus de l'espèce la plus douce, tenant au plus 0,3 de carbone, et sur des tôles de fer Lancashire (affiné) et de fer puddlé.

Afin de constater si un forgeage plus ou moins grand du métal Bessemer exerce une influence quelconque sur la résistance de la tôle, on tira de la même charge d'un convertisseur Bessemer, 2 lingots, l'un de 297 m/m □ de section, l'autre de 445 m/m × 185 m/m. Le premier fut martelé sous un martinet à vapeur du poids de 8590 kilogrammes aux dimensions de 445 × 185 m/m, c'est-à-dire à celles du second lingot ; après quoi, tous les deux furent laminés de la même manière en tôles de 9 m/m d'épaisseur.

L'expérience prouva que, pour ces tôles de 9 m/m au moins, les deux modes de forgeage ne donnaient pas des résultats sensiblement différents : nous nous contenterons donc de rapporter les résultats de l'une de ces deux séries d'épreuves : il est fort possible, d'ailleurs, que pour des tôles plus épaisses provenant de lingots de même dimension, cette conclusion ne soit pas exacte.

Les tôles destinées à subir les essais au mouton, furent découpées en disques d'environ 1 mètre de diamètre, et fixées à un cadre solide en fer, au moyen de 36 boulons, également en fer, disposés en quinconce sur deux rangs circulaires : tous les trous des boulons furent forés, afin d'éviter l'altération de la texture du métal fondu. Le boulet du mouton pesait 872 kilogrammes : il formait à son extrémité inférieure un cylindre du diamètre de 253 m/m à panne arrondie en sphère. Le diamètre intérieur du cadre auquel était fixée la tôle comportait 537 m/m. Le rapport entre le diamètre du boulet et la partie de la tôle, accessible à la dépression, était donc à peu près :: 10 : 21.

Les essais consistaient à laisser tomber le mouton sur la tôle d'une hauteur variable selon la nature du métal, et à répéter ces coups de mouton jusqu'à ce que la tôle fût détériorée.

Dans le but de faciliter la comparaison entre la résistance des tôles appartenant au même groupe, il était, en premier lieu, nécessaire de déterminer la hauteur de chute convenable pour chaque groupe, de manière à obtenir, pour toute la série, un nombre suffisamment égal de coups, avant la rupture des tôles. La différence était si grande, à cet égard, entre les tôles produites d'après les procédés divers, que si la hauteur de chute convenable aux tôles Bessemer et Martin avait été appliquée aux tôles puddlées, ces dernières se seraient rompues au premier coup, ce qui aurait nécessairement empêché toute comparaison entre leurs résistances au choc. Les hauteurs de chute furent fixées, en conséquence, à 1^{m},50 pour les tôles de métal soudé, contre 4^{m},50 pour celles de métal fondu :

Voici les résultats obtenus pour des tôles de diverses natures et de différentes provenances :

NATURE DES TOLES.	HAUTEUR de chute du mouton	NOMBRE DE COUPS ayant amené la rupture	MOYENNE des flèches maxima m/m
Tôles de métal fondu suédois Bessemer ou Martin	4^{m}50	5 à 9 coups.	150 à 160 m/m.
Tôle Lancashire suédois	1.50	7 à 11 coups.	134
Tôle puddlée suédoise	1.50	4 à 6 coups.	104
Tôle anglaise « Best Yorkshire »	1.50	5 coups.	68
Tôle anglaise Straffordshire BB	1.00	1 coup.	Tôle brisée.
Métal fondu suédois Bessemer ou Martin	1.50	25 coups.	150 à 160.
— —	9.00	5 coups.	150 à 160.
Tôles de métal fondu de Terrenoire.	4.50	5 coups.	145.

Les coups de mouton cessaient dès que les tôles montraient le moindre indice de fissure.

Le mode de rupture présentait de grandes différences suivant le degré d'amincissement de la tôle, avant le coup qui produisait la rupture plus ou moins complète. Si cet amincissement était tel, qu'il ne fallait plus qu'un faible effort pour briser la tôle, le boulet la pénétrait de part en part et y produisait de graves dégâts. Si, au contraire, la tôle avait encore une épaisseur et une force de résistance suffisantes, il ne formait qu'une fissure tantôt plus grande, tantôt plus petite, et parfois seulement un faible indice de criqûre. Par suite de la faible hauteur de chute employée pour les tôles de fer soudé, elles ne se brisaient d'ordinaire qu'avec des fissures plus ou moins considérables. Quant aux tôles puddlées, il arrivait dans les expériences faites avec une hauteur de chute plus considérable, qu'elles se rompaient au premier coup, et que le boulet passait totalement au travers, comme cela se présente aussi pour diverses tôles de métal fondu.

Il est donc impossible de déduire du mode de rupture des tôles, leur résistance plus ou moins grande au choc. Si le choc est assez fort, non-seulement pour briser la tôle, mais aussi pour la pénétrer, elle sera toujours gravement endommagée, de quelque matière qu'elle soit composée.

Quoi qu'il en soit, si, indépendamment du mode de rupture, on mesure la résistance des tôles au choc, par le nombre de coups de mouton tombant de 1^{m},50 de hauteur, qui amènent la première détérioration du métal, on voit que la résistance au choc du *métal fondu Bessemer ou Martin* serait représentée par 25, tandis que celle du métal soudé ne s'élève pas au delà de 10 pour le métal

Lancashire, 5 pour le métal puddlé suédois et 3 seulement pour le métal puddlé anglais de la meilleure provenance.

En ce qui concerne la résistance comparée des métaux fondus Bessemer et Martin, ces deux variétés ne paraissent pas présenter entre elles de différences bien sensibles.

Peut-être la tôle Martin s'est-elle montrée un peu plus douce que la tôle Bessemer de la même teneur en carbone[1].

Quelques expériences furent faites aussi sur des tôles de métal fondu, qui après laminage et découpage avaient été recuites au rouge-cerise, puis abandonnées à un refroidissement lent, ou bien trempées dans de l'eau à 28° centigrades Ce traitement ne modifie pas sensiblement la résistance de ces tôles au choc, tandis que les essais de traction firent ressortir cette circonstance bien connue, que le métal fondu recuit au rouge perd de sa résistance à la rupture, tandis que sa faculté d'allongement est augmentée, et que au contraire, le métal fondu trempé subit un notable accroissement de résistance à la rupture aux dépens de sa faculté d'allongement.

La difficulté de chauffer les tôles à une température convenable et uniforme sans un four spécial, que la Commission Suédoise n'avait pas à sa disposition, a rendu peu sûres les opérations de la trempe et du recuit : la trempe, en particulier, se heurte à des difficultés pratiques, dès que les dimensions des tôles sont un peu grandes, soit par suite de la difficulté de produire une température égale sur la totalité de la tôle, soit parce qu'elle se déforme au refroidissement dans l'eau. Dans le laminage, on veillait toujours à ce que la tôle fût placée dans un endroit sec et chauffé, afin de s'y refroidir lentement, et d'éviter ainsi un refroidissement inégal. Il est permis de voir dans cette circonstance la raison pour laquelle il ne se montre pas de différences bien sensibles entre les tôles recuites et celles qui ne furent pas soumises à cette opération.

Pour compléter les renseignements relatifs aux essais de la Commission du « Jerncontor », nous donnerons ci-après les résultats des épreuves par traction des tôles de différentes natures qui ont été éprouvées par le choc.

---

[1] Cette conclusion de la Commission Suédoise est, comme on le voit, d'accord avec celle de la « Staatsbahn, » citée au § 92.

NATURE DU MÉTAL DE LA TOLE.			ÉLÉMENTS DE LA RÉSISTANCE.				
			CHARGE à la limite d'élasticité. (1)	ALLONGEMENT élastique.	RÉSISTANCE à la rupture. (2)	ALLONGEMENT à la rupture.	RAPPORT. (1)/(2)
MÉTAL BESSEMER.	0.10 % teneur en carbone.	Métal naturel..	20.9	0.095	36k7	28.	0.56
		— trempé..	»	»	65.5	19.5	»
		— recuit...	8.16	0.076	33.6	36	0.48
	0.17 % teneur en carbone.	Métal naturel..	21.1	0.097	40.5	30	0.52
		— trempé..	22.9	0.105	63.4	14	0.56
		— recuit...	15.6	0.065	35.2	31.5	0.44
	0.23 % teneur en carbone.	Métal naturel..	21.9	0.097	42.2	27	0.51
		— trempé..	24.7	0.115	62.7	14.6	0.39
		— recuit...	17.8	0.078	37.2	31	0.47
	0.25 % teneur en carbone.	Métal naturel..	21.1	0.099	43.9	23.5	0.48
		— trempé..	25.1	0.121	61.6	18.3	0.40
		— recuit...	19.9	0.088	40.6	30.7	0.49
	0.30 % teneur en carbone.	Métal naturel..	21.9	0.098	49.3	23.2	0.44
		— trempé..	26.6	0.125	65.4	12.5	0.40
		— recuit...	18.9	0.091	44.2	31.0	0.42
MÉTAL MARTIN.	0.17 % teneur en carbone.	Métal naturel..	19.1	0.085	40.2	30.6	0.47
		— trempé..	24.0	0.110	53.9	15.0	0.45
		— recuit...	20.6	0.093	39.5	30.7	0.52
	0.23 % teneur en carbone.	Métal naturel..	19.1	0.087	41.7	28.7	0.45
		— trempé..	21.4	0.101	56.2	23.5	0.38
		— recuit...	16.8	0.074	38.2	34.1	0.44
TÔLES PUDDLÉES SUÉDOISES.	Sens du laminage.......		15.7	0.080	33.6	17.00	0.46
	Sens perpendiculaire....		14.6	0.065	29.6	9.00	0.47
TÔLES DE LANCASHIRE SUÉDOISES.	Sens du laminage.......		13.4	0.063	34.0	20.5	0.36
	Sens perpendiculaire....		14.2	5.063	33.7	20.0	0.42
ACIER DOUX DE TERRENOIRE	0.20 % de carbone.....		21.5	0.095	44.6	25.8	0.48
BEST-YORKSHIRE.	0.17 % carbone.	Sens du laminage	18.6	0.087	36.0	9.5	0.51
		Sens perpendicre.	18.9	0.089	35.9	7.0	0.52
	0.15 % carbone.	Sens du laminage	17.7	0.086	38.9	9.5	0.45
		Sens perpendicre.	15.1	0.070	36.3	8.0	0.41
STRAFFORD-SHIRE BB.	Sens du laminage.......		15.3	0.076	34.4	8.5	0.44
	Sens perpendiculaire....		15.2	0.074	28.2	2.8	0.53

Les barreaux d'épreuve, qui ont servi pour l'exécution des essais précédents, avaient 70 m/m sur 9 m/m. Les allongements ont été mesurés sur 200 m/m de longueur. La machine employée au laboratoire d'essais de Liljeholmen, où ces essais ont été exécutés sous la direction de M. C. A. Delhvick, est la machine de Werder décrite au § 57.

§ **200**. — M. Daniel Adamson, dans sa récente communication au congrès de l'« Iron and Steel Institute » tenu à Paris, rend compte d'autres expériences *par le choc*, auxquelles il a soumis des tôles de fer et d'acier de diverses provenances.

Les expériences de M. Adamson ont sur celles du Jerncontor cette supériorité, que la percussion, à laquelle sont soumises les tôles, est assez considérable pour leur faire atteindre d'un seul coup, lorsqu'elles en sont capables, une certaine limite de déformation fixée d'avance : il en résulte que l'état de la tôle après la percussion donne, en quelque sorte, la mesure de la capacité du métal à résister à un choc déterminé : cette capacité n'est pas aussi nettement mise en évidence par les expériences du Jerncontor.

Le procédé employé par M. Adamson consiste à placer les feuilles de tôle à éprouver sur un billot parallélipipédique en fonte ayant environ 50 c/m de

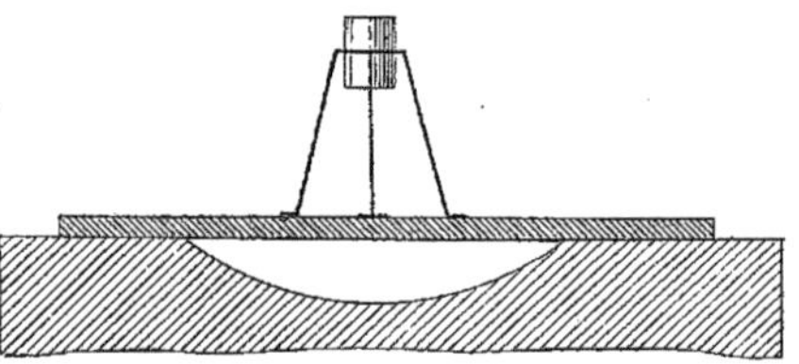

Fig. 15.

côté : la partie supérieure de ce billot est creusée en forme de calotte sphérique ayant environ 25 c/m de diamètre et 10 c/m de profondeur.

Sur la feuille de tôle, qui sert, en quelque sorte, de couvercle à la cuvette ainsi formée, on pose un trépied en fil de fer d'environ 30 c/m de hauteur, et à ce trépied on attache, au moyen de deux anneaux en caoutchouc, une cartouche chargée de trois livres de fulmi-coton humide et comprimé, et munie d'une fusée au moyen de laquelle on fait détoner le fulmi-coton.

Par suite de l'explosion, la tôle reçoit une percussion dont le résultat est de la déprimer dans la cuvette sphérique, à une profondeur plus ou moins considérable, et de la détériorer, plus ou moins, selon la qualité du métal.

M. Adamson a soumis à cette expérience des tôle de diverses provenances, telles que tôles de fer pour chaudières des meilleures marques (qualités Best et Best-Best du Straffordshire, du Shropshire, du Yorkshire, tôles de Lowmoor, etc.) et tôles de métal fondu par le procédé Bessemer et par le procédé Martin.

Les spécimens expérimentés étaient des morceaux carrés d'environ 45 c/m de côté.

L'épaisseur des tôles de fer était de 11 m/m, celle des tôles d'acier était de 9 m/m,5 seulement.

Dans ces conditions, l'effet de la percussion est le suivant :

Les tôles de fer, celles même des meilleures marques, sont plus ou moins complétement brisées le long de l'arête supérieure de la cuvette, et la partie centrale est emboutie dans la cuvette.

Les dégâts sont d'autant plus importants, que le métal est moins pur, c'est-à-dire contient une plus forte proportion de métalloïdes, soufre, phosphore, etc.

Les tôles en métal fondu sont déprimées dans la cuvette à une profondeur plus ou moins grande : pour l'une d'elles, cette profondeur a été de 75 m/m; mais, en général, les tôles ainsi déformées ne présentent aucune fissure, ni autre détérioration.

Les tôles en métal fondu supportent encore mieux cette épreuve lorsqu'elles ont été recuites.

On voit que les expériences de M. Adamson confirment les résultats obtenus par le Jerncontor, en ce qui touche la supériorité des tôles en métal fondu, au point de vue de la résistance au choc.

§ **201**. — L'emploi des tôles d'acier dans la construction des chaudières de locomotives est encore peu répandu en France. D'après les essais du Jerncontor que nous venons de relater, la fabrication du métal fondu paraît cependant être arrivée à un degré de perfection suffisant, pour que les tôles de cette espèce puissent être employées, sans inconvénient, dans la construction des chaudières des locomotives. Elles pourraient l'être d'autant mieux que M. J. Barba, ingénieur de la Marine, dans un livre publié en 1875 à Paris, sous le titre « Étude sur l'emploi de l'acier dans les constructions », a parfaitement établi les conditions dans lesquelles le métal fondu doit être travaillé. En observant ponctuellement les précautions indiquées par M. Barba, la mise en œuvre du métal fondu peut se faire avec tout autant de sécurité que celle des tôles de fer; d'un autre côté, en faisant porter les essais par traction, sur des échantillons découpés sur les rives de chacune des tôles de métal fondu mises en œuvre et en en soumettant un certain nombre aux épreuves par le choc instituées par le « Jerncontor » suédois, on s'entourerait de garanties suffisantes pour n'avoir à redouter aucune éventualité : nous conclurions donc en faveur d'un emploi plus général des tôles de métal fondu dans la construction des chaudières de locomotives, si un point de la question des tôles en métal fondu n'était encore mal élucidé : il s'agit de la durée de ces tôles, c'est-à-dire de leur résistance à la corrosion dans le fonctionnement des chaudières : l'expérience n'a pas encore prononcé, sur ce point, d'une manière bien précise ; mais ce qui a transpiré des résultats obtenus par la Marine, qui a déjà mis en service un certain nombre de chaudières en métal fondu, porterait à croire que la corrosion de ce métal est plus rapide que celle des tôles de fer. La durée de pareilles chaudières serait donc moindre que celle des chaudières en tôle de fer, ce qui mériterait d'être pris en sérieuse considération par les Compagnies de chemins de fer, qui n'ont pas, comme la Marine, un intérêt immédiat à gagner du poids, en employant un métal qui, à résistance égale, permet de réduire les épaisseurs de tôles de chaudières.

Pour cette raison, les Compagnies de chemins de fer ont, suivant nous, intérêt à attendre que l'expérience ait prononcé sur le point auquel nous venons de faire allusion.

§ **202**. — Les Usines du Creusot paraissent, cependant, vouloir les inciter à entrer dans la voie de l'emploi du métal fondu : elles exposent une machine locomotive dont la chaudière, enveloppe, foyer, tubes, entretoises, rivets, est entièrement exécutée en métal fondu.

Les essais des matériaux de cette chaudière ont porté sur des bandes détachées dans les feuilles brutes de tôles, ou sur des ronds laminés pour entretoises e rivets :

DÉSIGNATIONS.	LIMITE D'ÉLASTICITÉ en kilogrammes par m/m □	CHARGE DE RUPTURE en kilogrammes par m/m □	ALLONGEMENT sur 100 m/m.
Tôle (corps cylindrique et foyer)	25k5	40k5	32
Métal des tubes avant étirage.	27.2	42.5	31
Entretoises	24.8	37.3	33.5
Rivets.	22.0	40.0	28

Les tubes sans soudure ont été fabriqués chez MM. J. Laveissière avec des tôles fortes en acier du Creusot, par les moyens en usage pour le cuivre rouge.

Les entretoises ont été rivées à froid.

« Enfin, d'après les renseignements fournis par le Creusot, les rivets obtenus « par une fabrication spéciale n'ont exigé pour leur mise en place aucune pré-

« caution particulière. On peut les chauffer comme des rivets en fer et les poser
« avec le même outillage. D'après de nombreuses expériences, ces rivets résistent
« en moyenne à 33 kilogrammes par un □ au cisaillement, tandis que la résis-
« tance de bons rivets en fer n'atteint en moyenne que 28 kilogrammes. »

Fers spéciaux.

§ 203. — Nous comprenons sous le nom de fers spéciaux, tous les fers laminés à section profilée spéciale, tels que cornières, fers à T ou à double T, etc. D'après cette définition, la rubrique fers spéciaux comprendrait, comme cas particulier, les rails ; nous avons cru toutefois, vu l'importance de ce fer dans l'industrie des chemins de fer, devoir en faire l'objet d'un paragraphe spécial. Nous ne nous occuperons ici que des fers spéciaux usités dans les constructions, et nous commencerons par les fers spéciaux en *métal soudé*.

§ 204. — La circulaire ministérielle du 6 mars 1874, citée plus haut, distingue deux catégories de cornières en fer, les cornières ordinaires et les cornières supérieures, et deux catégories de fers à T et à double T en fer, les fers de qualité commune et les fers de qualité ordinaire. Voici les éléments de résistance de ces diverses catégories :

NATURE DES FERS SPÉCIAUX.	CHARGES PAR LESQUELLES on commence la traction.	CHARGE DE RUPTURE.	ALLONGEMENT correspondant °/₀.
Cornières ordinaires.	30ᵏ	34ᵏ	9
Cornières supérieures	32	35	12
Fers à T et à double T de qualité commune	28	32	6
Fers à T de qualité ordinaire	30	34	9

Les barreaux d'épreuve sont découpés dans les lames verticales ou transversales des fers à T, ou dans les ailes des cornières et dans le sens du laminage : l'épaisseur des barreaux est celle des fers spéciaux dont ils proviennent, leur largeur est de 30 millimètres pour les cornières ayant plus de 5 centimètres de côté, et de 20 millimètres pour toutes celles de dimensions moindres. Pour les fers à T ou à double T, la largeur est de 30 millimètres pour toutes les lames ayant plus de 5 millimètres d'épaisseur, et de 20 millimètres pour toutes celles d'épaisseur moindre.

Outre les essais à froid, la circulaire ministérielle prévoit, pour les fers spéciaux, les essais à chaud ci-après.

§ 205. — Pour les cornières, on exécute avec un bout de cornière un manchon cylindrique, tel, qu'une des lames de la cornière reste dans le plan perpendiculaire à l'axe du cylindre formé par l'autre lame : le diamètre intérieur de ce cylindre est égal à cinq fois la largeur de la lame restée plane pour les cornières ordinaires, à deux fois et demie cette même largeur pour les cornières supérieures; un autre bout est ouvert, jusqu'à ce que l'angle formé par les deux faces extérieures des lames soit de 135 degrés pour les cornières ordinaires, jusqu'à ce que les deux faces extérieures soient sensiblement dans le même plan pour les cornières supérieures ; enfin, un troisième bout est fermé jusqu'à ce que l'angle formé par les deux faces extérieures soit de 45 degrés pour les cornières ordinaires, jusqu'à ce que les deux lames arrivent au contact pour les cornières supérieures.

Les morceaux ainsi essayés ne doivent présenter ni gerçures, ni déchirures, ni fentes longitudinales, indiquant un corroyage imparfait.

Pour les fers à T et à double T de qualité commune il n'est pas fait d'épreuves à chaud. Pour les fers de qualité ordinaire, les épreuves à chaud sont les suivantes:

Pour les fers à double T, on commence par fendre à froid, au moyen de la cisaille, l'extrémité d'une barre, de manière que la fente divise longitudinalement la lame verticale en deux parties égales, sur une longueur égale à trois fois la hauteur du fer, et on perce un trou à l'extrémité de cette fente pour l'empêcher de s'étendre. Puis on écarte, en la manchonnant régulièrement à chaud, l'une des moitiés ainsi séparée de l'autre moitié, jusqu'à ce que la distance entre les deux extrémités de la lame soit égale à la hauteur même du fer à double T. Pour les fers à simple T, on manchonne l'extrémité de la barre, en laissant la lame verticale dans son plan, et l'on forme ainsi avec la lame transversale un quart de cylindre d'un rayon intérieur égal à cinq fois la hauteur totale du T.

Les fers devront supporter ces épreuves sans qu'il se manifeste ni déchirures, ni gerçures, ni fentes, indiquant un corroyage imparfait.

§ **206.** — Les très-nombreux fers spéciaux exposés dans les diverses sections françaises et étrangères cherchent surtout à se distinguer par le soin apporté au laminage; certaines forges exposent des fers à sections profilées tout à fait particulières, qui peuvent avoir leur utilité dans certains cas spéciaux; d'autres forges exposent des fers spéciaux de dimensions considérables : tels sont, par exemple, les fers à double T de la Société Belge des laminoirs de Marchienne-au-Pont, qui ont 400 m/m de hauteur.

Il est très-peu de fers spéciaux pour lesquels on donne des résultats d'essais qui rendent compte de la qualité.

Parmi ces derniers, nous citerons des cornières exposées par la « Shelton bar Iron Cy » qui présentent les résultats d'épreuves suivants :

Résistance à la traction par m/m □. 37k
Allongement % 28,1
Réduction de section. . . . . 31,2 %

on a peine à admettre que des cornières aussi ductiles puissent se fabriquer couramment.

Voici également les résultats donnés par des cornières de la Société des forges de l'Alliance à Marchienne-au-Pont (Belgique).

NATURE DES FERS.	NUMÉRO DE QUALITÉ selon la classification belge.	CHARGE DE RUPTURE.	ALLONGEMENT correspondant %.
Cornière 80 × 80 × 9.5	N° 4.	35k67	15.1
— —	N° 4.	36.38	16.6
Cornière 90 × 90 × 12.5.	N° 2.	38.55	12.2
Plat de 92 × 15.	N° 3.	55.01	8.6

MM. Dupont et Fould, de Pompey (Meurthe-et-Moselle), donnent les résultats suivants, pour des fers spéciaux fabriqués par eux et employés par l'usine Cail pour l'exécution des ponts du chemin de fer de grande ceinture de Paris.

DÉSIGNATION DES FERS SPÉCIAUX.	CHARGE DE RUPTURE.	ALLONGEMENTS correspondants %.
Cornières	41.2	11
—	43.3	13
—	40.7	11
Larges-plats	41.0	19
—	40.9	11
—	40.7	24

§ **207**. Nous nous occuperons maintenant des fers spéciaux en métal fondu, dont l'usage commence à se répandre dans les constructions.

Une circulaire du Ministre de la Marine, en date du 11 mai 1876, a fixé les conditions de réception de ces barres profilées, à boudin, à T simple et double. Les résultats des épreuves par traction doivent être les suivants :

ÉPAISSEUR DES LAMES.	CORNIÈRES ET BARRES à boudin.		BARRES A T SIMPLES.		BARRES A T DOUBLES ET A T avec boudin.	
	charge moyenne minimum.	allongement moyen correspondant %	charge moyenne minimum.	allongement moyen correspondant %	charge moyenne minimum.	allongement moyen correspondant %
De 3 à 4 % . . .	48k	18	48k	18	46k	16
De 4 à 6 % . . .	48	20	48	20	46	16
De 6 à 16 %. . .	48	22	48	20	46	18
De 16 à 25 % . .	48	20	48	20	46	18

Les barreaux d'épreuves sont découpés dans les lames des barres de fers spéciaux et dans le sens du laminage. Leur épaisseur est celle des barres dont elles proviennent ; leur largeur est de 30 m/m : toutefois, pour toutes les lames ayant moins de 5 m/m d'épaisseur, cette largeur est réduite à 20 m/m, et pour toutes celles ayant plus de 18 m/m d'épaisseur, cette même dimension peut être réduite à l'épaisseur de la lame.

Dans aucun cas, les barreaux d'épreuves ne doivent être recuits.

§ **208**. La circulaire ministérielle prévoit en outre des essais de trempe et des essais à chaud.

Pour les essais de trempe, on découpe, dans les lames des barres de fers spéciaux, des barreaux de 26 c/m de longueur et de 40 m/m de largeur. Les rives longitudinales de ces barreaux ne doivent pas être arrondies : on tolère seulement que l'acuité des angles soit enlevée à la lime douce. Les barreaux sont chauffés, uniformément, de manière à être amenés à la couleur du rouge cerise un peu sombre, puis trempés dans de l'eau à 28°. Ainsi préparés, ils devront pouvoir prendre, sous l'action de la presse, une courbure permanente dont le rayon, mesuré intérieurement, ne devra pas être supérieur à une fois et demie l'épaisseur du barreau expérimenté.

Les épreuves à chaud sont les suivantes :

1° *Cornières*. Avec un bout coupé dans une barre il est exécuté un manchon, tel qu'une des lames de la cornière restant dans son plan, l'autre lame forme un cylindre dont le diamètre intérieur soit égal à trois fois et demie la largeur de la lame restée plane. Un autre bout, coupé dans une autre barre, est ouvert jusqu'à ce que les deux faces intérieures soit sensiblement dans le même plan, un troisième bout coupé dans une troisième barre est fermé jusqu'à ce que les deux lames arrivent au contact. Les cornières soumises à ces épreuves ne doivent présenter ni criques, ni gerçures, ni fentes.

2° *Barres à T simple*. Avec un bout coupé dans une barre, il est exécuté un demi-manchon tel que la lame centrale restant dans son plan, l'autre forme un demi-cylindre dont le diamètre intérieur soit égal à 4 fois la hauteur de la barre à **T**.

Dans l'extrémité d'une autre barre, on fend la lame centrale par le milieu sur une longueur égale à 3 fois la hauteur totale de la barre, et l'on perce un trou à l'extrémité de la fente pour l'empêcher de s'étendre, puis on ploie la branche ainsi détachée dans son plan, de manière à l'amener à 45° de l'autre branche. On a soin de conserver la branche travaillée sensiblement rectiligne et de la raccorder avec le reste de la barre par un congé d'un faible rayon.

Les barres soumises à ces épreuves ne doivent présenter ni criques, ni gerçures, ni fentes.

5° *Barres à* **T** *à boudin et à double* **T**. On fend par le milieu la lame centrale de l'extrémité d'une barre, sur une longueur égale à 3 fois la hauteur totale de la barre, et l'on perce un trou à l'extrémité de cette fente pour l'empêcher de s'étendre : puis on ploie une des deux branches, en une ou plusieurs chaudes, en maintenant la lame centrale dans son plan de manière à l'amener sensiblement à 45° de l'autre; pour les barres à boudin, la branche ployée sera celle qui porte le boudin, on a soin de conserver la branche travaillée sensiblement rectiligne et de la raccorder avec le reste de la barre par un congé d'un faible rayon.

Fers laminés à profil variable

§ **209**. Depuis quelques années, on emploie, pour la confection de certaines ferrures, des fers laminés dans des conditions spéciales, qui permettent de réaliser une économie notable de main-d'œuvre, dans la fabrication desdites ferrures. Il s'agit des fers laminés à profil variable d'un point à un autre de la longueur et qui reproduisent périodiquement par fractions de la longueur, l'ébauche des pièces de forge, à la confection desquelles ils sont destinés.

Ces fers laminés sont obtenus au moyen de cylindres lamineurs à la surface desquels on a pratiqué, en creux, des empreintes en rapport avec les formes que doivent présenter les fers laminés.

Pour citer un exemple, on fabrique ainsi des fers laminés méplats qui présentent périodiquement des renforts tels que *a a' a''*. Ces fers sont obtenus

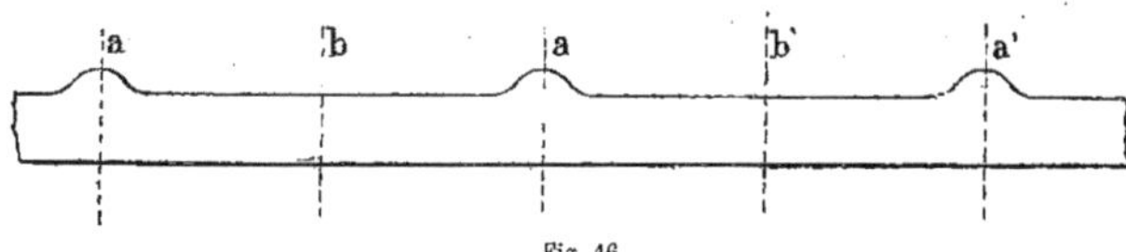

Fig. 16.

au moyen de cylindres lamineurs, dans l'un desquels la cannelure présente à certains endroits, des creux correspondants aux nodosités *a a'a''*, de telle façon que la cannelure d'un pareil cylindre, si elle était rectifiée, offrirait l'aspect de la figure 17 ci-dessous.

Fig. 17.

Des fers laminés de cette espèce, fractionnés en $b\ b'\ b''$, fournissent des ébauches, d'un emploi très commode et très économique, pour la fabrication des équerres de consolidation si employées dans la construction des vagons de chemins de fer.

On n'ignore pas en effet que pour confectionner ces équerres de consolidation le forgeron est obligé d'étirer au marteau, du fer ayant pour épaisseur

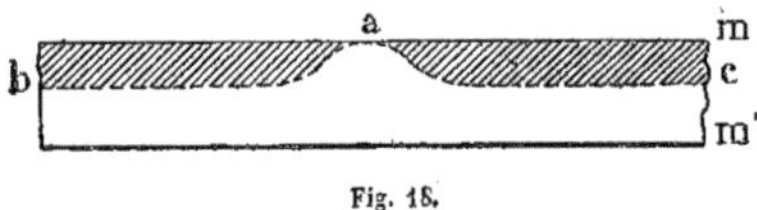

Fig. 18.

$m\ m'$, de manière à lui donner le profil longitudinal $b\ a\ c$, à moins qu'après le ployage il n'obvie au manque de matière qui se manifeste au coude de l'équerre, en y soudant un lardon *m*, pratique rigoureusement interdite par les

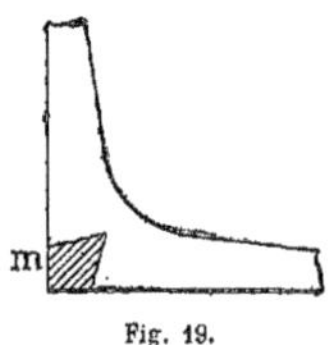

Fig. 19.

Compagnies de chemins de fer qui ont souci de la solidité de leur matériel.

L'emploi des fers laminés spéciaux dont nous nous occupons facilite beaucoup la production économique des équerres de consolidation et écarte la tentation, que pourraient avoir les forgerons, de diminuer leurs frais de main-d'œuvre, par l'emploi du *lardon* dont il a été parlé plus haut.

Ces fers laminés à profil variable sont maintenant très variés : plusieurs forges les produisent.

M. L. Coutant, d'Ivry, qui, peut-être, a le premier produit des fers laminés de cette espèce, expose dans la classe 43 :

Des fers à écrous de tendeurs d'attelage;

Des fers à écrous à 6 pans ;

Des fers pour harpons de chemins de fer ;

Des fers pour crochets d'attelage ;

Des fers pour équerres de consolidation.

Dans l'exposition de la Société des forges de Champagne, nous trouvons :

Des fers à boulons qui suppriment l'étampage de la partie ronde du boulon ;

Des fers à pènes pour la serrurerie;

Des fers à bosse pour bassins de pelle à feu;

Des fers à pince pour fers à cheval;

Des fers à nœud, etc.

Les fers de cette espèce sont ordinairement confectionnés avec des fers tendres, un pareil métal se prêtant plus facilement que les fers de qualité au mode de laminage par lequel on obtient le façonnage voulu : il en résulte que les fers à profil variable ne devront pas être employés, en général, pour la fabrication des pièces auxquelles on demande une grande résistance, par exemple pour les pièces d'attelage des voitures et vagons de chemins de fer, mais il est un très grand nombre de cas où l'emploi de ces fers est aussi avantageux pour les constructions qu'économique pour le forgeron qui les met en œuvre.

Rails

§ **210.** Les prix de rails en métal fondu sont maintenant très voisins des prix des rails en métal soudé : presque tous les consommateurs ont dès lors adopté d'une manière presque exclusive l'emploi des rails en acier, qui présentent sur les rails en fer des avantages marqués au point de vue de la durée.

Les valeurs comparatives de ces deux sortes de rails ont été en Angleterre l'objet d'études spéciales, et M. I. Lowthian Bell, dans la communication qu'il a faite à « l'Institut du fer et de l'acier » au congrès tenu à Middlesborough en 1877, a donné sur ce sujet des détails qui, en raison de l'illustration de l'auteur de la communication, présentent un intérêt particulier. Nous allons résumer, ci-après, les observations de M. Lowthian Bell.

La Compagnie du North-Eastern Railway emploie des rails à double champignon d'une hauteur de 131 $^{m}/_{m}$, qui pèsent 42^{k} par mètre courant. Pour essayer leur résistance, on se sert d'un mouton de 311^{k} que l'on fait tomber au milieu du rail, placé sur deux supports écartés de $0^{m},90$.

La composition des rails produits dans le nord de l'Angleterre par la méthode ordinaire et avec de la fonte de Cleveland est indiquée par l'analyse suivante :

	CARBONE.	SILICIUM.	SOUFRE.	PHOSPHORE.	MANGANÈSE.
A.	0.183	0.163	0.111	0.310	0.924
B.	0.117	0.123	0.035	0.319	0.709
C.	0.100	Traces.	0.124	0.363	Traces.
D.	0.150	Traces.	0.050	0.247	0.302

Les essais ci-après furent faits avec un mouton tombant sur les deux rails marqués C et D.

	POIDS.	PORTÉE.	NOMBRE DE COUPS.	HAUTEUR DE CHUTE EN c/m.	FLÈCHE EN m/m.
C.	557k	0m60	Cinq.	90-150-240 et 360.	103
D.	557k	0m90	Six.	90-120-150-180-210 et 240.	62

avec un poids de 311k, on obtient les résultats suivants, la portée étant également de 0m,90.

NOMBRE de coups.	HAUTEUR DE CHUTE.	FLEXION AVANT LA RUPTURE.	NOMBRE de coups.	HAUTEUR DE CHUTE.	FLEXION AVANT LA RUPTURE.
6	1m50 chacun.	5m/m.6 non cassé.	3	1.50 à 4.80.	2m/m cassé.
6	1.50	5m/m —	4	2.40 à 4.80.	5m/m —
5	1.50 à 4.80.	11m/m.2 cassé.	5	1.50 à 3.60.	5m/m.6 —

Le défaut le plus fréquent que présentent ces rails est une usure rapide se manifestant souvent par l'écrasement du champignon sous le poids des trains, ou bien l'exfoliation du champignon par couches : ce dernier inconvénient est dû, croit-on, à une soudure imparfaite du paquet constitutif des rails. Dans beaucoup de cas, ces défauts se sont montrés peu de mois après la pose du rail, mais sept ou huit ans peuvent être considérés comme durée moyenne de l'ensemble des rails exposés dans une voie principale, à un trafic régulier.

Il y a un an ou deux, M.T. E. Harrison, ingénieur de la North Eastern Railway Cy, fit remarquer que dans un lot de rails placés depuis douze à seize ans dans une voie principale, 60 % se trouvaient encore en service : ces rails provenaient de différentes usines, mais tous avaient été soumis à un procédé de cémentation, connu sous le nom de *procédé Doods* et qui consiste à exposer le rail, en vases clos, avec un mélange de charbon de bois et de soude pulvérisés, à une chaleur rouge pendant 60 à 75 heures. Par ce traitement, la partie extérieure se trouvait aciérée jusqu'à une certaine profondeur, comme nous le verrons plus loin : on s'est d'ailleurs assuré, par l'analyse chimique, que les rails dont il s'agit ne présentent, au point de vue de la teneur en phosphore et autres matières considérées comme préjudiciables à la qualité du fer, aucune supériorité sur les rails qui avaient eu une durée moindre.

La cause pour laquelle, depuis quinze ans, on néglige ce système, qui semblait pourtant avoir donné de si bons résultats, est non point le coût du procédé de durcissement, qui s'élevait à peine à 15 fr. 50 par tonne et moins encore, mais l'effet de cette opération sur la résistance des rails à la rupture. Ceux-ci étaient souvent si affaiblis que plusieurs se brisaient au passage des trains. Par contre, les barres qui n'avaient point ce défaut capital ont résisté à l'usure, comme nous venons de le voir d'une façon tout à fait remarquable. A la suite des faits signalés par M. Harrison la Cie résolut de s'assurer :

1° S'il n'était pas possible d'obtenir un rail en fer *soudé*, avec un degré de résistance tel qu'il n'y eût aucun danger pour l'exploitation;

2° Si le procédé de cémentation ne pouvait être conduit de manière à éviter cet affaiblissement considérable qui se manifeste accidentellement dans les rails.

Le puddlage mécanique, celui obtenu par le four Danks par exemple, fournit d'abord le moyen d'avoir des pièces de fer suffisamment grandes pour pouvoir en former un rail, sans que l'on soit obligé d'avoir recours au soudage des barres entre elles, source de danger, dit-on, pour la durée du rail.

Outre cet avantage, le puddlage dans le four rotatif paraît être plus parfait que celui opéré par l'ancien système, en ce qui concerne l'élimination des matières considérées comme nuisibles à la résistance du produit.

Deux à trois mille tonnes de rails ont été fabriqués pour la North Eastern Railway C[y] par MM. Hopkins Gilkes and C°. La plupart de ces rails furent formés d'un seul bloom massif, et de la manière suivante : la loupe puddlée, pesant environ 500[k], fut réduite en une masse compacte de forme cylindrique, ayant 45 °/m de diamètre sur 75 °/m de longueur dans un squeezer de Winslow, et portée directement à un pilon à vapeur, sous lequel elle fut martelée tout en conservant sa forme circulaire; ensuite le bloom, ayant une section d'environ 25 °/m de côté, passa au laminoir sans réchauffage préalable : alors seulement cette pièce fut réchauffée au blanc soudant et réduite de volume dans un dégrossisseur approprié au train à rails; après quoi, une seconde chaude suante le rendit propre à passer au train finisseur.

Les rails ainsi fabriqués possédaient généralement une texture finement cristalline, la plupart pouvaient aussi être courbés à froid dans le sens transversal sans se briser; quant à leur résistance au choc, elle présentait assez d'irrégularité, mais moins cependant qu'il n'y en a parmi les rails fabriqués au moyen de paquets et avec du fer puddlé à la main.

De pareils rails promettaient donc de bons résultats au point de vue de leur durée; cependant, mis en service sur un point où le trafic est considérable et la voie en courbe de faible rayon, et où les rails durent ordinairement douze mois environ, ils n'y restèrent pas trois mois sans que l'on pût constater déjà des signes évidents de détérioration. Le fer semblait si tendre qu'il s'aplatissait vers l'extérieur du petit cercle de la courbe.

Ainsi les fers obtenus au moyen du puddlage mécanique paraissent, peut-être en raison même de la pureté du métal, impropres à la fabrication des rails, et cependant au point de vue de la résistance à la rupture, ce fer se comporte très bien, même comparativement aux fers des meilleures marques connues, comme le prouvent les résultats d'expériences suivants :

	RÉSISTANCE A LA RUPTURE par m/m □	ALLONGEMENTS °/o correspondant.
Hopkins Gilkes et Cie	39	28.7
— —	37	29.0
— —	39	32.1
— —	36	22.4
— —	36	24.0
Low Moor	45	24.9
Thorneycroft rivet T. H. S.	42	22.4
Lord Ward, W. R. O.	42	18.6

Grande résistance à la rupture n'est donc pas nécessairement synonyme de grande résistance à l'usure, conséquence intéressante qu'il n'est pas inutile de faire ressortir incidemment.

Quoi qu'il en soit, le mécompte éprouvé, quant à la résistance à l'usure des fers puddlés au four Danks, amena la North-Eastern Railway Cy à faire un essai de cémentation, en vases clos, par le procédé Doods sur 1100 tonnes de rails obtenus par le puddlage mécanique. La quantité de carbone dont ces rails furent imprégnés, est indiquée par l'analyse suivante :

Le champignon du rail fut raboté, à trois reprises différentes, jusqu'à une profondeur de 5 millimètres et le carbone recherché dans chaque $^1/_3$ séparément : voici les résultats :

POUR CENT DE CARBONE.	PREMIER 1/3.	DEUXIÈME 1/3.	TROISIÈME 1/3.
1er échantillon	0.845	0.515	0.198
2e —	0.931	0.310	0.150
3e —	0.623	0.231	0.030
4e —	0.868	0.434	0.300
5e —	0.740	0.696	0.190
6e —	1.015	0.675	0.434
7e —	1.013	0.608	0.468
Moyennes	0.862	0.496	0.253

Ces chiffres et ceux résultant d'un grand nombre d'autres analyses montrent que la surface d'usure effective du rail contient, en règle générale deux fois autant de carbone que l'acier Bessemer.

Ces rails furent essayés au choc, au moyen d'un mouton de 311^k avec des supports écartés de 0^m,900, comme dans les expériences relatées ci-dessus.

NOMBRE DE COUPS.	HAUTEURS DE CHUTE.	FLEXION AVANT LA RUPTURE.
10.	de 0^{m}30 à 5^{m}00	40 $^m/_m$ cassé.
7.	de 0.30 à 2.10	18 — cassé.
11.	de 0.30 à 3.30	42 — cassé.
5.	de 0.30 à 1.50	6 — cassé.
5.	de 0.30 à 1.50	6 — cassé.
7.	de 0.30 à 2.10	17 — cassé.
10.	de 0.90 à 5.40	87 — cassé.
3.	de 0.30 à 0.60	5 — cassé.
18.	de 0.30 à 5.40	162 — cassé.

On doit s'attendre naturellement à quelque irrégularité quant à la résistance des rails, mais non au point, cependant, que semblent indiquer les essais ci-dessus. Ce qui est assez extraordinaire aussi, c'est la différence que l'on a constatée dans les divers fragments d'un même rail : aussi, par exemple, un rail s'est rompu après avoir reçu deux coups, l'un d'un poids tombant de 0^m,50, l'autre du même poids tombant de 0^m,60 de haut, tandis que l'une des deux moitiés a supporté avant la rupture 8 coups, le dernier arrivant à 1^m,80 de hauteur.

Quoi qu'il en soit, les rails dont il vient d'être question ne sont en service que depuis un an seulement, et l'expérience n'a pas encore prononcé sur leur résistance à l'usure.

Nous allons relater maintenant d'autres expériences où, dans l'espoir de durcir la surface du rail, on a retenu à dessein une grande quantité de phosphore dans le fer.

La teneur en phosphore était d'à peu près 0.7 pour 100 : sous le rapport de la résistance au choc, ces rails offraient beaucoup d'irrégularité : aussi, pour atténuer cet inconvénient, fit-on les rails de la façon suivante: à la partie supérieure du paquet : une loupe martelée contenant la forte proportion de phosphore ci-dessus indiquée ; à la partie inférieure, des lopins de fer puddlé au moyen du four Danks. Ces rails résistèrent un peu mieux que ceux confectionnés uniquement avec des blooms provenant du four Danks; cependant dans la courbe dont il a été parlé plus haut, ils ne durèrent pas au delà de cinq mois.

La Compagnie de Terrenoire a (comme nous l'avons vu au § 81) posé en principe qu'il peut exister dans les aciers une forte proportion de phosphore, sans inconvénient pour la malléabilité du métal, pendant la fabrication et sans qu'une trop grande fragilité le rende dangereux en service, à la condition toutefois qu'il n'existe pas simultanément une proportion importante de carbone.

La « Weardale Iron Company » se basant sur ce fait, a réussi à produire un excellent rail au moyen d'un mélange composé d'environ 90 pour 100 de fonte de Cleveland, laquelle est très phosphoreuse, et de 10 pour 100 de sa propre fonte, laquelle ne contient qu'une très minime quantité de phosphore. La fonte du Cleveland avait été puddlée et martelée, puis refondue dans un four Siemens-Martin avec la fonte plus pure; à ce mélange était ajoutée aussi, la quantité habituelle de spiegel-eisen.

Ces rails, qui contiennent environ 0,3 °/₀ de phosphore, se comportent assez inégalement dans les épreuves au choc, et assez médiocrement en service, au point de vue de la résistance à l'usure.

Après avoir ainsi passé en revue, les expédients tentés en Angleterre pour se passer de l'acier dans la fabrication des rails, M. Lowthian Bell en vient à comparer la résistance des rails en fer avec celle des rails en acier, et il fait cette comparaison dans les termes suivants :

« Un mouton de 311ᵏ ayant peu d'effet sur du bon acier Bessemer, on l'a remplacé par un autre de 835ᵏ, et nous pouvons remarquer ici, entre parenthèses, qu'un bon rail en fer casse sous le choc d'un tel poids avec une hauteur de chute de $0^m,90$ à $1^m,05$; on arrive au même résultat, avec des rails provenant du puddlage au four Danks, bien que ces derniers puissent résister exceptionnellement à des chocs beaucoup plus considérables. Les rails en acier faits avec de la fonte d'hématite, soit par le procédé Bessemer, soit par le procédé Siemens-Martin, résistent sans aucun doute incomparablement mieux que tout autre rail dont la matière constituante est le fer ; c'est ce qui ressort du tableau suivant :

NATURE DES RAILS.	NOMBRE DE COUPS.	HAUTEUR DE CHUTE EN MÈTRES.	FLEXION EN m/m.
Rails en acier Siemens-Martin. . .	4	1^m50-3^m-4^m50 et 6^m.	87 m/m.
Rails de Sheffield.	11	0^m90 à 3^m30.	105 —
— —	15	0^m30 à 3^m75.	437 —
Rails de Lancashire.	3	2 de 6^m00, 1 de 8^m00.	187 —

« En ce qui concerne la résistance à l'usure, on a remarqué que plusieurs rails en acier fabriqués dans les premiers temps du procédé Bessemer par la « Wear-« dale Iron Cʸ » durèrent douze ans dans cette même courbe déjà citée, où les rails en fer se détruisent si rapidement et manifestent déjà des signes d'usure au bout d'un pareil nombre de jours.

« D'une manière générale, on peut affirmer, en se basant sur l'autorité de M. T. E. Harrison, que de bons rails en acier résistent trois fois autant que les rails en fer, toutes choses égales d'ailleurs. »

§ **211.** — La grande majorité des rails exposés dans les diverses sections tant françaises qu'étrangères sont des rails en acier obtenus soit par le procédé Bessemer, soit par le procédé Siemens-Martin.

Les progrès réalisés, depuis quelques années, dans la fabrication des rails portent surtout sur les conditions du laminage : en vue de réduire le prix de revient, on a cherché à diminuer, autant qu'il est possible, le nombre des chaudes ; les combinaisons adoptées dans ce but ne rentrent pas, d'ailleurs, dans notre cadre. Quelques usines ont exposé des rails d'une longueur inusitée, mais il ne faut voir, dans ces fabrications exceptionnelles, que des efforts faits pour parler aux yeux sans qu'il en résulte, d'ailleurs, une bien grande utilité pratique.

Plus intéressants sont les rails mi-fer, mi-acier qui se trouvent dans l'exposition de la Staatsbahn : le champignon en acier et le patin en fer sont soudés avec une perfection que peut seule expliquer la supériorité de qualité et l'identité d'origine des métaux ainsi assemblés ; il semble, en effet, que la condition nécessaire pour que les soudures de métaux diversement carburés réussissent pleinement est qu'ils proviennent des mêmes minerais. Toujours est-il que les aciers de divers numéros de la « Staatsbahn » se soudent parfaitement les uns aux autres, ainsi que le prouvent surabondamment les échantillons exposés par cette compagnie de chemins de fer ; qu'il en est de même des fers de Suède, tandis que la soudure réussit moins sûrement pour des métaux ayant entre eux une parenté moins étroite.

§ **212.** Nous croyons devoir, pour terminer ce qui concerne les rails, relater sommairement les conditions de réception imposées par quelques compagnies de chemins de fer pour les fournitures de rails.

§ **213.** — Les épreuves prescrites par la Compagnie Paris-Lyon-Méditerranée pour les fournitures de rails *en fer* sont les suivants :

1° Les rails à éprouver placés sur deux points d'appui espacés de 1^{m},00 et chargés en leur milieu doivent supporter sans flèche une pression de 13 000 kilog. et, sans se rompre, une pression de 27 500 kilog.

2° Placés sur deux points d'appui espacés de 1^{m},10 et frappés en leur milieu, ils doivent supporter, sans se rompre, le choc d'un mouton de 200 kilog. tombant de :

0^m30 de hauteur lorsque la température est		. . . .	0° ou au-dessous.
1^m50	—	—	0° à + 20°
1^m70	—	—	20° et au-dessus.

L'enclume supportant les points d'appui doit peser 10 000 kilogrammes.

§ **214.** — Les épreuves prescrites par la même compagnie pour les fournitures de rails *en acier* sont les suivantes :

1° Les rails à éprouver, placés de champ et reposant par le patin, sur deux supports angulaires espacés de 5^m doivent supporter sans conserver plus de 1 m/m de flèche, une pression de 2500 kilog. pour le rail P.-L.-M.-A. et de 3000 kilog. pour les rails P.-M. et P.-L.-M. 2.

2° Ces rails, placés de champ sur deux points d'appui espacés de $1^m,10$, doivent supporter sans conserver plus de $\frac{1}{2}$ m/m de flèche une pression de 25 000 kilog. pour le rail P.-L.-M.-A, et 30 000 kilog. pour les rails P.-M. et P.-L.-M. 2 : ils doivent supporter sans se rompre une pression de 35 000 kilog. pour le rail P.-L.-M.-A. et 40 000 kilog. pour les rails P.-M. et P.-L.-M. 2.

3° Placés sur deux points d'appui espacés à $1^m,10$ et frappés en leur milieu ils doivent supporter, sans se rompre, le choc d'un mouton de 300 kilog. tombant de $1^m,70$ de hauteur pour le rail P.-L.-M.-A, de 2 mètres pour les rails P.-M. et P.-L.-M. 2; après cette épreuve, la flèche permanente ne doit pas être supérieure à 8 m/m.

4° Un morceau de rail d'environ 200 m/m de longueur, chauffé au rouge cerise et plongé dans un courant d'eau vive, doit prendre la trempe ferme : une barre méplate de 30 × 20 m/m, étirée dans le rail, doit aussi prendre la trempe; un outil fabriqué avec un bout de rail et trempé dans les conditions ordinaires doit, sans s'émousser, s'ébrécher ou se refouler, attaquer la croûte des pièces coulées en fonte blanche.

§ **215.** — Voici, sommairement, les conditions d'épreuves imposées par diverses autres compagnies de chemins de fer pour les fournitures de rails *en acier*.

Chemins de fer de l'État belge

1° *Rail Vignole.* — 58 kilog. au mètre; hauteur, 125 m/m largeur ; du patin, 105 m/m; id. du bourrelet, 62 m/m; épaisseur de l'âme, 17 m/m.

Essais à la traction. — Des barreaux de 10 m/m de diamètre sur 100 m/m de longueur doivent donner une résistance à la rupture de 60 à 65 kilog. par m/m □ avec un allongement de 15 % au maximum.

Essais à la pression. — Le rail, placé de champ, sur deux points d'appui espacés de $1^m,10$, doit supporter pendant 3 minutes, une pression de 22 000 kilog. sans conserver de flèche permanente sensible.

Essai au choc. — Le rail doit pouvoir supporter le choc d'un mouton de 500 kilog. tombant d'une hauteur de 4^m. La distance des points d'appui est de $1^m,10$.

2° *Rail pour voie système Hilff.* — 29 kilog. au mètre; hauteur 115 m/m ; largeur du patin 85 m/m ; id. du bourrelet 62 m/m ; épaisseur de l'âme 10 m/m.

Essai à la pression. — Le rail, placé de champ, sur deux points d'appui espacés de $1^m,10$ doit supporter, pendant cinq minutes, une pression de 14 000 kilog. sans conserver de flèche permanente sensible.

Essai au choc. — Le rail doit pouvoir supporter le choc d'un mouton de 300 kilog. tombant d'une hauteur de 4^m, la distance des points d'appui est de $1^m,10$.

Compagnie des chemins de fer de la haute Italie

§ **216**. — *Rails à doubles bourrelets.* — 35 kilogrammes au mètre ; hauteur 125 m/m ; largeur des bourrelets, 64 et 56 m/m ; épaisseur de l'âme 18 m/m.

Essai à la pression. — Le rail placé de champ sur deux points d'appui espacés de 1^m, devra supporter : 1° pendant cinq minutes une pression de 25 000 kilog. sans conserver de flèche permanente sensible ; 2° une pression de 50 000 kilog. sans se rompre.

Essai au choc. — Le rail doit pouvoir supporter le choc d'un mouton de 1000 kilog. tombant d'une hauteur de 10^m. puis être redressé au moyen d'un second choc semblable ; la distance des points d'appui est de $1^m,10$.

Compagnie des chemins de fer du Nord Français

217.—Rail: 30 kilog. au mètre ; hauteur 125 m/m; largeur du patin 97 m/m; id. du bourrelet 56 m/m ; épaisseur de l'âme 12 m/m.

Essai à la pression. — Le rail placé de champ sur deux points d'appui espacés de 1^m, doit supporter : 1° pendant cinq minutes une pression de 17 000 kilog. sans conserver de flèche permanente sensible ; 2° une pression de 30 000 kilog. sans dépasser une flèche de 25 m/m.

Essai au choc. — Le rail doit pouvoir supporter le choc d'un mouton de 300 kilog. tombant d'une hauteur de $2^m,25$, les points d'appui sont espacés de $1^m,10$; sous des hauteurs de chute successives de $1^m,00$, $1^m,50$, $2^m,00$, $2^m,25$ les flèches doivent être sensiblement de 2 m/m, 5 m/m, 11 m/m, 16 m/m.

Chemins de fer du gouvernement du Brésil

§ 218. — Rail : $34^k \frac{1}{2}$ au mètre ; hauteur, 120 $^m/^m$; largeur du patin, 112 $^m/^m$; épaisseur de l'âme ; 14 $^m/^m$.

Essai à la pression. — Le rail placé de champ sur deux points d'appui espacés de 1^m, doit supporter : 1° pendant cinq minutes, une pression de 18 500 kilog. sans conserver de flèche permanente sensible ; 2° une pression de 35 000 kilog. sans dépasser une flèche de 25 $^m/^m$.

Essai au choc. — Le rail doit pouvoir supporter le choc d'un mouton de 400 kilogrammes, tombant d'une hauteur de 3^m,00, les points d'appui sont espacés de 1^m,10. Sous des hauteurs successives de 1^m,00, 1^m,50, 2^m,00, 2^m,50 les flèches devront être sensiblement de 1 $^m/^m$, 3 $^m/^m$, 7 $^m/^m$, 12 $^m/^m$. Voici les résultats des essais au choc et par *traction*, de rails de cette espèce destinés au chemin de fer de Don Pédro II, et fabriqués en acier Bessemer par la Société belge des aciéries d'Angleur.

Nos des ÉPREUVES	FLÈCHES PERMANENTES CORRESPONDANTES AUX HAUTEURS DE CHUTES DE :									ESSAIS PAR TRACTION.		OBSERVATIONS.
	1^m00	1^m50	2^m.	2^m50.	3^m.	4^m.	5^m.	6^m.	2e coup à 6^m.	Charge de rupture, kil. par $^m/^m$ □	ALLONGEMENT °/o	
1	$^m/^m$ 0.2	2.5	5.0	7.0	10.5	14.5	19.0	25.0	»	79^k6	8	
2	0.2	2.5	5.0	8.0	12.0	16.5	24.5	34.0	»	82.6	10	
3	1.0	3.0	6.5	10.5	16.0	21.5	30.0	39.0	»	74.6	12.5	
4	0.5	3.0	6.0	10.0	15.0	22.0	29.0	»	»	76.5	15	
5	0.2	2.0	6.0	10.0	cassé.	»	»	»	»	77.3	12	
6	0.5	3.0	6.0	11.0	17.0	23.0	32.0	»	»	72.6	11	
7	0.2	1.0	3.0	6.0	10.0	16.0	»	»	»	88.5	8.5	
8	0.2	1.0	3.5	6.5	10.0	13.0	20.0	»	»	81.6	13.5	
9	0.2	1.5	5.0	8.0	12.0	18.0	24.0	»	»	81.5	12	
10	0.5	3.0	7.0	11.0	16.0	23.0	cassé.	»	»	75.2	13	
11	0.5	1.0	2.0	4.5	8.0	»	»	15.5	»	89.6	10	
12	0.5	2.0	5.0	8.0	11.0	»	»	20.0	»	78.5	10.5	
13	0.5	2.0	5.0	9.0	13.5	»	»	24.0	»	78.6	17	
Même rail 14a	7.5	»	24.0	»	46.5	72.0	106.0	tordu sans casser.		71.3	14.5	Mouton de 1100k.
Même rail 14b	»	»	»	»	»	»	»	90.0	165.0			
Même rail 14c	»	»	»	»	»	»	73.0	»	»	72.9	13.5	
15	»	»	»	»	»	»	»	»	»	93.9	11.5	
16	»	»	»	»	»	»	»	»	»	78.0	12	
Moyennes.										79^k5	12	

Les barreaux d'épreuves par traction avaient 16 $^m/_m$ de diamètre. Les allongements ont été mesurés sur 100 $^m/_m$ de longueur.

Bandages

§ **219.** — L'emploi des bandages en métal fondu tend à devenir exclusif depuis que le prix de ce métal est devenu presque identique à celui du métal soudé. Les bandages sans soudures fabriqués au moyen de barres enroulées en spirale et soudées au marteau et au laminoir, qui étaient si généralement répandus à une date récente, voient leur production se restreindre de plus en plus. Nous ne voyons, en effet, figurer à l'Exposition que des bandages en métal fondu ou peu s'en faut.

§ **220.** — Ces bandages sont presque toujours fabriqués au moyen de lingots pleins provenant du four Siemens-Martin ou du convertisseur Bessemer, débouchés au marteau-pilon, de manière à être transformés en couronnes, auxquelles on donne d'abord, approximativement, le profil des bandages en les martelant sur des bigornes et qu'on termine enfin au laminoir.

Quelques usines, et, en particulier, celle de Brown Bayley et Dixson, coulaient primitivement les lingots en forme de couronne, de manière à abréger les phases successives de la transformation en bandage; mais l'expérience démontre que cette pratique n'est pas avantageuse pour la qualité du bandage, et l'on y a partout renoncé. Les seules variantes, dans les procédés de fabrication des différents producteurs de bandages en acier portent sur le nombre de chaudes nécessaires pour la transformation des lingots en bandages : on tend à les réduire le plus possible; la qualité du métal paraît bien se trouver de cette réduction.

§ **221.** — On n'est pas encore bien fixé sur les conditions que doit remplir le métal constitutif d'un bandage, pour que ledit bandage résiste bien à l'usure due au roulement. Il est naturel de penser que cette résistance à l'usure est proportionnelle à la dureté : celle-ci croît dans le même sens que la teneur en carbone, et la teneur en carbone à son tour est en raison directe de la résistance à la rupture par traction : cependant nous avons constaté au § 210, d'après M. Lowthian Bell, qu'une grande résistance à la rupture n'est pas, au moins pour les métaux soudés, le signe absolu d'une grande résistance à l'usure. Il est fort possible que dans ce cas, comme dans celui des aciers à outils, intervienne cette autre propriété spécifique de la matière, que nous avons appelé la compacité (§ 132). La plus ou moins grande durée d'un bandage tiendrait donc à la fois à la dureté du métal et à sa compacité. Dans l'impossibilité où l'on est actuellement de trouver un indice caractéristique de la compacité, on est obligé de se borner à demander seulement au métal des bandages, la première des qualités sus indiquées.

On est d'ailleurs borné, dans la recherche de la dureté, par la nécessité de ne pas employer des métaux fragiles, qui en cas de choc compromettraient le bandage.

Les métaux fondus qui présentent une teneur en carbone élevée jouissent de la propriété que la charge à la limite d'élasticité est relativement rapprochée de la charge à la rupture. Or nous avons vu (§ 78) que dans ce cas, toute réduction brusque de section créait un danger, en réduisant considérablement la résistance vive de rupture.

§ **222**. — C'est pour cette raison qu'en augmentant la dureté du métal des bandages, on a dû se préoccuper des moyens de les fixer sur les centres des roues, sans créer des réductions brusques de section, comme il en résultait de l'emploi des rivets. Quelques compagnies de chemins de fer ont adopté à cet effet des vis qui, posées par l'intérieur, ne pénètrent dans le bandage que sur une fraction de son épaisseur : cet expédient ne fait qu'atténuer l'inconvénient que présentent les rivets, puisqu'il y a toujours réduction brusque de section par le travers de la vis. Des dispositifs, réalisant plus radicalement le désidératum ont été proposés, et parmi les exemples que nous en offre l'Exposition, nous citerons le suivant : On pratique sur le tour, à la fois dans le bandage et dans la jante du centre de roue, des évidements en forme de mortaises qui, une fois le bandage posé sur son centre constituent à eux deux, une boîte en forme de tore : dans ce tore on coule un métal fusible qui assure l'adhérence entre le bandage et le centre de roue.

Ce procédé, qui paraît satisfaisant au point de vue de la tenue du bandage, présente de sérieux inconvénients au point de vue de l'entretien des essieux montés. Il crée des difficultés pour le remplacement des bandages usés; il est à craindre que ces objections pratiques ne nuisent à l'extension du procédé dont il s'agit.

§ **223**. — Outre les difficultés relatives au mode de tenue des bandages, l'accroissement de la dureté du métal constitutif a créé l'obligation de se préoccuper de l'embattage des bandages.

Les bandages en fer étaient toujours mis en place, après avoir été chauffés préalablement à une température souvent assez élevée, de manière à les dilater, la tension résultant du retrait contribuait, pour une bonne part, à la solidité de leur tenue. Avec les bandages en acier, on a dû réduire beaucoup cette tension de pose, qui absorbe une portion plus ou moins considérable de la résistance vive du métal et, par suite, rend les bandages fragiles; mais, en réduisant la tension de pose, on compromet la tenue du bandage : il y a donc là deux termes contradictoires, qu'il faut concilier, et qui empêchent d'augmenter la dureté du métal autant qu'on y serait enclin pour obtenir une plus grande résistance à l'usure.

Nous avons vu que le recuit des métaux fondus a pour effet d'abaisser la charge correspondante à la limite d'élasticité; il est donc vraisemblable qu'on pourrait diminuer les inconvénients de l'emploi des aciers à forte teneur en carbone en leur faisant subir un recuit convenable. C'est effectivement dans cette voie que certaines usines cherchent une solution ; mais le recuit, pour être efficace, doit être effectué dans des conditions toutes particulières encore mal définies; il exige un outillage important, et jusqu'à présent les recherches n'ont pas abouti à des résultats bien sûrs.

§ **224**. — Les Compagnies de chemins de fer, pour se prémunir contre la fragilité du métal, imposent, presque toutes, des épreuves au choc pour la réception des bandages.

Voici, par exemple, les épreuves prévues par les cahiers des charges de la Compagnie Paris-Lyon-Méditerranée.

1° Pour les bandages en fer : les bandages à éprouver sont placés de champ sur un point d'appui très résistant et soumis au choc d'un mouton de 2000^k tombant d'une hauteur de $0^m,500$; ils ne doivent fléchir à chaque coup que de $0^m,010$ au plus et ne se rompre qu'après avoir subi un aplatissement égal aux 0,45 du diamètre intérieur du bandage.

Dans la partie du bandage la moins fatiguée par l'épreuve au choc, on découpe, en un point de la section, un barreau cylindrique de $0^m,020$ de diamètre et de $0^m,200$ de longueur. Ce barreau essayé à la rupture doit donner les résultats suivants :

Charge de rupture en kilog. par m/m □	55^k
Allongement minimum correspondant	20 %

2° Pour les bandages en acier.

Les bandages à éprouver, placés de champ sur un point d'appui très résistant, sont soumis au choc d'un mouton de 600^k tombant de $4^m,50$ de hauteur.

Les bandages de machines et tenders doivent supporter sans se rompre deux chocs semblables, les bandages de voitures et vagons trois chocs : dans la partie du bandage la moins fatiguée par l'épreuve au choc, on découpe un barreau cylindrique de $0^m,020$ de diamètre et de $0^m,200$ de longueur. Ce barreau essayé à la traction doit donner les résultats suivants :

1° Pour les bandages des machines et tenders :

Charge de rupture en kilog. par m/m □	55 à 60^k
Allongement correspondant	15 %

1° Pour les bandages des voitures et vagons :

Charge de rupture minima en kilog. par m/m □.......... 40k
Allongement correspondant......................... 20 %

§ 225. — Les épreuves prévues par les cahiers des charges de la Compagnie de l'Est sont les suivantes :

1° Chauffer le bandage à essayer et le tremper à l'eau dans les mêmes conditions que pour l'embattage.

2° Placer le bandage refroidi sur un point d'appui très résistant et à faire tomber un mouton sur son sommet de manière à lui faire prendre la forme ovale.

Pour les bandages en fer ou en acier d'une épaisseur de 60 m/m la hauteur de chute d'un même mouton de 1000 kilogr. est réglé selon les diamètres de bandages de la manière suivante :

4m,400 produisant une puissance vive de 4400 kilogrammètres pour un diamètre de roulement égal ou inférieur à 1m,500.

3m,500 produisant une puissance vive de 3500 kilogrammètres pour les diamètres supérieurs à 1m,500 jusqu'à 2m,300.

Le bandage essayé doit supporter au premier coup de mouton sans qu'il se manifeste aucune crique ou indice de rupture, sous l'effort de ce premier coup de mouton le diamètre vertical ne devra pas être réduit de plus de $\frac{1}{8}$ pour les bandages en fer, et de moins de $\frac{1}{16}$ pour les bandages en acier.

Voici quelques autres conditions d'épreuves de bandages :

Chemins de fer de l'État belge

§ 226. — *Bandage de vagons :*

Diamètre intérieur	0.865
Largeur	0.135
Épaisseur	0.056
Hauteur du bourrelet	0.084

Essai au choc. — Mouton de 1100 kilog. tombant de 2 mètres de hauteur, 1 coup :

La teneur en carbone devra être au moins de 0,30 %.

Bandages de locomotives et tenders :

Diamètre intérieur	tender	0.930
	locomotive	1.869

Largeur	0.141
Épaisseur	0.065
Hauteur du bourrelet	0.093

Essai au choc. — Mouton de 1100 kilogr. tombant de 2^m,50 de hauteur pour les bandages ayant un diamètre inférieur à 1^m,40 et de 2^m,00 pour ceux de 1^m,40 de diamètre et au-dessus.

La teneur en carbone devra être au moins de 0,30 °/₀

Compagnie des Chemins de fer du nord français

§ 227. — *Bandages de vagons :*

Diamètre intérieur	0.824
Largeur	0.135
Épaisseur	0.160
Hauteur du bourrelet	0.092

Essai au choc. — Mouton de 1000 kilogr. tombant de 4^m,400 de hauteur. Le bandage essayé doit supporter un premier coup sans qu'il se manifeste aucune crique ou indice de rupture. Sous ce premier coup, la réduction du diamètre devra être comprise entre $\frac{1}{16}$ et $\frac{1}{25}$.

Bandages de locomotives et tenders :

Diamètre intérieur (locomotive)	1.322
Largeur	0.135
Épaisseur	0.060
Hauteur du bourrelet	0.092

Essai au choc. — Mouton de 1000 kilogr. tombant de 4^m,400 de hauteur pour un diamètre extérieur égal ou inférieur à 1^m,500 et de 3^m,500 de hauteur pour des diamètres supérieurs à 1^m,500 jusqu'à 2^m,300.

Le bandage supportera un premier coup de mouton sans présenter ni crique ni indice de rupture. Sous ce coup le diamètre devra être réduit de $\frac{1}{16}$ à $\frac{1}{25}$.

Compagnie des chemins de fer du nord de l'Espagne

§ 238. — *Bandages de vagons :*

Diamètre intérieur	0.887
Largeur	0.135
Épaisseur	0.060
Hauteur du bourrelet	0.0865

Essai au choc. — Mouton de 1100 kilogr. tombant de 2 mètres de hauteur :l e bandage ne se rompra qu'après avoir subi un aplatissement de 90 m/m.

Essai la traction. — Des barreaux de 16 m/m de diamètre et de 100 m/m de longueur devront accuser une résistance de 55 à 60 kilogr. par m/m □ et un allongement de 15 à 20 %.

§ **229**. — Certaines compagnies de chemins de fer soumettent les bandages à essayer à des pressions s'exerçant aux deux extrémités d'un diamètre, de façon à les ovaliser. C'est ainsi que M. Thomasset expose dans la classe 50 (voir planche 12, fig. 2) une machine combinée pour soumettre les bandages à ce genre d'épreuve et mesurer les pressions exercées. Cette machine est destinée à la Compagnie des chemins de fer d'Orléans.

Nous croyons que les essais de cette espèce ne sauraient suppléer aux essais au choc, ils ne prémunissent pas contre la fragilité du métal. Ce que nous avons dit au § **78** justifie suffisamment l'opinion que nous venons d'émettre.

§ **230**. La Compagnie des chemins de fer de l'Ouest a institué pour essayer au choc les bandages *posés sur roues*, un appareil spécial qui figure dans la classe 64 de l'Exposition. Cet appareil, représenté planche 12, fig. 1, permet de s'assurer que la fragilité après *embattage* n'est pas trop grande. A cet effet, les roues montées dont on veut essayer les bandages reçoivent un certain nombre de coups de marteau d'une intensité déterminée : ces coups sont frappés sur la surface du roulement des bandages par le travers d'un rivet; on frappe 4 coups par bandage et le marteau pèse 8 kilogr. pour les bandages de voitures et vagons, 12 kilogr. pour les bandages de machines et tenders. La même épreuve est répétée successivement sur trois autres points des bandages à l'endroit d'un rivet.

L'appareil employé pour cette épreuve se compose de deux marteaux avec manches en acier trempé très flexibles de $1^m,500$ de longueur. Les manches sont clavetés sur un arbre qui repose sur deux supports en fonte et qui porte à l'une de ses extrémités un levier muni d'une glissière sur laquelle agit un manneton à galet calé sur l'arbre de commande. Quand on met la machine en marche, le galet vient prendre la glissière, la soulève et ne l'abandonne qu'après lui avoir fait décrire deux tiers de tour ; à ce moment les marteaux, sous l'action de deux ressorts à lames et à pincettes qui ont été comprimées pendant le période précédente et qui agissent par l'intermédiaire d'un galet sur une came en développante de cercle, calée sur le même arbre que les marteaux, sont rabattus brusquement et frappent les bandages. Pendant ce temps, la manivelle achève sa révolution et ne reprend la glissière que lorsque les marteaux ont produit leur effet.

Les roues à éprouver sont amenées à l'appareil par un plan incliné : des cales qui glissent dans des gorges fixes sont ensuite placées à l'extrémité du plan incliné sous les coussinets destinés à recevoir l'essieu. Lorsqu'une paire de roues a été amenée sur les cales dont il s'agit, elle est saisie par la mâchoire d'un levier qui la soulève, on fait glisser les cales et, en manœuvrant le levier, on laisse descendre les fusées de l'essieu sur les coussinets; la paire de roues est alors en position pour l'épreuve.

Ces coups secs et répétés produisent évidemment dans le bandage des vibrations, et si le métal est de telle nature qu'après l'embattage il ne lui reste plus beaucoup de résistance vive disponible, on a grande chance, surtout en frappant par le travers d'un rivet, de casser le bandage.

C'est donc un bon moyen d'éprouver les bandages, mais c'est un moyen un peu périlleux, car en développant ainsi des vibrations répétées, on peut occasionner des commencements de rupture invisibles à l'extérieur et qui s'accroîtront rapidement en service.

§ **231**. Outre la résistance générale à l'usure demandée à la qualité du métal constitutif des bandages, il y a lieu, dans certaines conditions d'exploitation sur des voies à fortes rampes et à courbes accentuées, de se préoccuper de de l'usure spéciale des *boudins*.

La « Staatsbahn », pour combattre cette usure des boudins, a adopté un procédé plus ou moins analogue au procédé anglais de Doods pour durcir les rails dont il a été question au § 210.

Le procédé de la « Staatsbahn » consiste à durcir la surface des boudins des bandages par un procédé spécial. Nous ne savons si ce procédé a fourni le résultat qu'on avait en vue, mais nous appréhendons qu'il ne donne aux bandages une fragilité dangereuse, tout comme le procédé Doods rend les rails fragiles ainsi que nous l'avons vu plus haut.

§ **232**. L'expédient employé par M. Gottschalk, ingénieur en chef des chemins de fer du sud de l'Autriche, pour obvier à l'inconvénient de l'usure rapide des boudins, et qui consiste à lubrifier le boudin pendant la marche même de la machine, nous paraît beaucoup moins dangereux : d'après les publications de M. Gottschalk, il a été appliqué avec un plein succès.

Essieux

§ **233**. — Beaucoup de compagnies de chemins de fer français continuent à employer exclusivement des essieux en fer fabriqués par paquetage de barres de fer puddlé et corroyé ; mais, à l'étranger surtout, l'usage des essieux fabriqués au moyen de lingots de métal fondu étirés au marteau est actuellement très répandu.

L'appréhension des compagnies françaises qui n'ont pas, jusqu'à présent, adopté le métal fondu pour la confection de leurs essieux nous paraît quelque peu justifiée.

Le forgeage des métaux fondus a certainement pour effet d'accroître la charge à la limite d'élasticité comparativement à la charge de rupture et de mettre, par conséquent, le métal dans les conditions envisagées au § 78 ; les variations brusques de diamètre inhérentes aux essieux deviennent, dans ce cas, particulièrement dangereuses.

Nous avons eu occasion, il y a un an ou deux, de soumettre à l'épreuve au choc adoptée par la Cie P. L. M, un essieu en métal fondu de qualité tout à fait supérieure ; cet essieu avait atteint, sous l'action d'un certain nombre de coups de mouton, une flèche très voisine de celle exigée par le cahier des charges, quand, sous un nouveau coup de mouton, l'une des fusées se détacha, net comme du verre, au ras de la portée de calage et fut projetée à une grande distance.

La fusée, cependant, n'avait pas éprouvé directement le choc du mouton, et c'est par contre-coup seulement que la rupture s'était produite.

Cette fragilité des métaux fondus, qui, il faut bien le dire, appartient aussi, mais dans une mesure notablement moindre, aux fers puddlés à grains, nous paraît de nature à justifier l'hésitation que certaines compagnies de chemins de fer mettent à adopter les essieux en métal fondu.

Il faudrait, pour écarter les dangers résultant de l'élasticité exagérée du métal fondu, soumettre les essieux, après leur achèvement, à des recuits opérés avec beaucoup de soin ; mais, comme nous l'avons déjà dit à propos des bandages, ces recuits ont besoin, pour être efficaces, d'être effectués dans des conditions toutes particulières qui n'ont pas encore été suffisamment définies : les consommateurs font donc sagement, suivant nous, d'attendre que les études que poursuivent sur ce point la plupart des grandes usines aient abouti à un résultat précis.

§ 234. — La plupart des Compagnies de chemins de fer prévoient, pour la réception des essieux, des épreuves au choc : les cahiers des charges de la Cie Paris-Lyon-Méditerranée, par exemple, contiennent les clauses suivantes :

1° *Essieux de machines et de tenders*. — L'essieu à essayer placé sur deux points d'appui espacés de $1^m,500$ est soumis au choc d'un mouton pesant 400 kilog. et tombant d'une hauteur de $4^m,500$ sur l'essieu, au milieu de l'intervalle des points d'appui. Les chocs sont répétés jusqu'à ce que l'allongement de la fibre que travaille le plus soit de 10 % de la longueur primitive. Cet allongement est mesuré sur une longueur de 200 m/m au moyen d'une lame flexible en acier.

L'essieu une fois plié doit pouvoir être redressé complètement par des coups de mouton semblables à ceux qui ont effectué le pli, sans qu'il se manifeste ni critique ni rupture.

Le nombre de coups de mouton à pleine hauteur nécessaire pour obtenir le pli spécifié ne doit pas être inférieur à :

5 coups pour les essieux ayant un diamètre au corps de :	0,120 à 0,140
6 coups	0.141 à 0.160
8 coups.	0.161 et au-dessus.

Dans la partie de l'essieu la moins fatiguée par l'épreuve précédente et dans le sens de la longueur, on découpe un barreau d'épreuve ayant 500 m/m □ de section et 200 m/m de longueur. Ce barreau, essayé par traction, doit donner les résultats suivants :

Charge de rupture en kilog. par m/m	35k
Allongement correspondant.	10 %

2° *Essieux de voitures et vagons.*

L'essieu à essayer, placé sur deux points d'appui espacés de 1m,400, est soumis au choc d'un mouton pesant 400 kilogr. et tombant de 4m,500 de hauteur. Les chocs sont répétés jusqu'à ce que la flèche primitive de l'essieu comptée sur la longueur d'appui de 1m,400 ait augmenté de 0m,300. L'essieu est ensuite retourné et redressé au moyen de chocs semblables. L'épreuve de courbure et redressage doit être répétée trois fois, en changeant chaque fois le sens de la courbure sans que l'essieu présente ni crique ni fissure ou dessoudure importante. Chaque fusée de l'essieu est ensuite éprouvée comme il suit :

L'essieu placé horizontalement est encastré à l'une de ses extrémités par la portée de calage dans un bloc de fonte disposé à cet effet et pesant 1000 kilogr. l'autre portée de calage repose sur une enclume ; dans ces conditions on frappe sur le bourrelet de la fusée voisine de l'enclume avec un marteau guidé pesant 400 kilog. tombant de 0m,500 de hauteur, jusqu'à ce que la fusée ait pris une flèche de 20 m/m. La fusée est ensuite redressée par des chocs semblables, elle ne doit ni se criquer ni se rompre dans le ployage ni dans le redressement.

Dans la partie de l'essieu voisine de la portée de calage on découpe un barreau d'épreuve ayant 500 m/m □ de section et 200 m/m de longueur. Ce barreau essayé par traction doit donner les résultats suivants :

Charge de rupture en kilog. par m/m □	35k
Allongement correspondant	10 %

§ **235.** — Voici les conditions imposées par quelques autres compagnies de chemins de fer :

Chemins de fer de l'État belge

Essieu de vagon :

Distance d'axe en axe des fusées	1m900	
Diamètre au milieu du corsage	0m110	
	Diamètre.	Longueur
Fusées	0.080	0.150
Portée de calage	0.130	0.184

Le corsage est brut et conique :

Essai au choc. — Mouton de 700 kilogr. tombant de 4 mètres de hauteur.

Compagnie des Chemins de fer du Nord français

§ **236.** — *Essieux de vagons :*

Distance d'axe en axe des fusées	1m907	
Diamètre au milieu du corsage	0m120	
	Diamètre.	Longueur.
Fusées	0.080	0.170
Portée de calage	0.130	0.178

Le corsage brut est conique.

Essai au choc. — Cinq coups d'un mouton de 500k. tombant de 3m,60 de hauteur, redressement sans qu'il se manifeste ni crique ni rupture par un nombre de coups au moins égal.

Compagnie des Chemins de fer du nord de l'Espagne

§ **237.** *Essieu de vagon :*

Distance d'axe en axe des fusées	2m142	
Diamètre au milieu du corsage	0m120	
	Diamètre.	Longueur.
Fusées	0.081	0.170
Portée de calage	0.1222	0.207

Le corsage brut est cylindrique.

Essai au choc. — Coups de mouton de 500 kilog. tombant de 3^{m},60 de hauteur jusqu'à ce que la flèche atteigne 125 $^{m}/_{m}$, redressement par un nombre de coups au moins égal sans que l'essieu se rompe, se crique ou se fende.

Essai à la pression. — Pression croissante pour déterminer la limite d'élasticité et les flèches.

Essai à la traction. — Barreaux de 16 $^{m}/_{m}$ de diamètre et de 100 $^{m}/_{m}$ longueur, résistance de 55 à 60^{k}. par $^{m}/_{m}$ □, allongement à la rupture de 23 à 25 $^{0}/_{0}$.

Compagnie des Chemins de fer du Midi

§ **238.** *Essieu de vagon :*

	Diamètre.	Longueur.
Distance d'axe en axe des fusées		1^{m}950
Diamètre au milieu du corsage		0.110
Fusées	0.089	0.180
Portée de calage	0.125	0.222

Essai au choc. — Coups de mouton de 400 kilogr. tombant de 4^{m},50 de hauteur jusqu'à ce que la flèche atteigne 200 $^{m}/_{m}$, redressement par un nombre de coups au moins égal sans qu'il se présente ni crique ni gerçure.

§ **239.** — L'emploi du métal fondu pour la fabrication des essieux coudés de locomotives prend beaucoup d'extension : les objections que nous avons formulées au § 233, contre l'emploi du métal fondu dans la confection des essieux, s'appliquent évidemment aux essieux coudés, aussi bien qu'aux essieux droits : cependant il y a lieu de considérer que, dans la fabrication des essieux coudés au moyen de paquets de barres de fer, le métal supporte, par suite du façonnage de l'essieu, de telles fatigues qu'il est difficile d'arriver à un bon résultat en ce qui concerne la durée du service de l'essieu coudé ; le métal fondu se prête mieux, par nature, aux façonnages excessifs qu'exige la forme des essieux coudés, en sorte que si la fragilité du métal est augmentée par le forgeage, d'autre part sa ténacité est moins altérée que ne le serait celle du fer : somme toute, il y a intérêt, selon nous, à employer le métal fondu pour la fabrication des essieux coudés.

Corroyage de l'acier fondu

§ **240.** — La Société des hauts-fourneaux de la marine et des chemins de fer expose une plaque de blindage fabriquée de la manière suivante :

Des lingots d'acier fondu doux, provenant du four Siemens-Martin ou du convertisseur Bessemer, ont été convertis en barres : avec les barres ainsi obtenus on a constitué des paquets qui, corroyés, ont fourni des mises avec lesquelles on a formé le paquet destiné à la fabrication de la plaque de blindage.

La difficulté consistait à souder entre elles les barres d'acier doux qui composent chaque mise, et les mises elles-mêmes qui composent le paquet final.

La cassure de la plaque exposée montre que cette difficulté a été bien résolue.

Le métal fourni par ce corroyage de l'acier doux n'est pas fragile comme le métal fondu : sa résistance doit cependant être élevée : si l'on arrivait à réaliser pratiquement et dans de bonnes conditions ce corroyage de l'acier fondu doux, qui, d'ailleurs, n'est autre chose que du fer fin, on pourrait, ce nous semble, fabriquer ainsi des essieux très satisfaisants.

Centres de roues

§ **241**. — Les centres de roues qui entrent dans la confection des essieux montés des véhicules des chemins de fer sont très variés ; en France, cependant, ils se réduisent à deux espèces principales :

1° Les centres de roues à rayons forgés en étampe, du système auquel M. L. Arbel a donné son nom : une variété de ces centres de roues sont ceux de MM. Brunon frère, de Rive-de-Gier, qui sont soudés à la presse hydraulique.

2° Les centres de roues pleins laminés, qui sont surtout fabriqués en France par la Société des hauts-fourneaux de la marine et des chemins de fer.

Ces systèmes de centres de roues ont depuis longtemps fait leurs preuves : celui de M. Arbel tend à être employé en France d'une manière presque exclusive. Plusieurs usines importantes fabriquent ces centres de roues : nous citerons celles de MM. Deflassieux frères, de la Société des hauts-fourneaux de la marine et des chemins de fer, de la Société de Châtillon et Commentry, et de la Société de Commentry-Fourchambault ; mais l'usine de M. Arbel à Couzon près Rive-de-Gier est incontestablement celle où la fabrication est la plus perfectionnée. M. L. Arbel chauffe ses fours à souder au moyen du régénérateur Siemens, en sorte que les centres de roues qu'il produit échappent aux causes d'infériorité qui résultent du chauffage, souvent inégal, des fours à souder ordinaires.

M. L. Arbel expose dans la classe 64, une roue de locomotive de son système qui a $2^{m},100$ de diamètre extérieur, et dont la jante, variable d'épaisseur sur une portion de son pourtour, joue le rôle de contre-poids. Le poids excentré est donc réparti sur une assez grande longueur, au lieu d'être concentré sous la forme d'une masse unique, comme il en était jusqu'ici dans les roues de locomotive portant un contre-poids : ces nouvelles roues se prêtent plus commodément que les anciennes à l'équilibrage des actions perturbatrices, parce que l'action du contre-poids s'exerce progressivement dans la rotation de la roue, au lieu de se produire instantanément dans un azimut unique à chaque tour de roue.

§ **242.** — Un perfectionnement d'un autre genre, introduit récemment par plusieurs compagnies de chemins de fer français dans leur matériel de roues montées, consiste à ne mettre en service sous les voitures à voyageurs que des centres de roues dans lesquelles la matière est si bien répartie autour de l'axe de figure, que le centre de gravité se trouve presque exactement situé sur cet axe : de cette manière on supprime presque complètement les actions résultant de la force centrifuge qui, à chaque tour de roue, tendent à soulever l'essieu de dessus le rail : on adoucit par suite l'allure de la voiture.

Plusieurs compagnies de chemins de fer français exposent dans la classe 64 des balances agencées pour évaluer le moment d'excentricité du poids des centres de roues et celui du poids d'ensemble des essieux montés. La Cie P. L. M., en particulier, est arrivée à ce résultat, que le moment d'excentricité des poids des centres de roues qu'elle affecte à ses voitures à voyageurs n'équivaut pas à un poids de 0^k250 appliqué au bout d'un bras de levier de 500 $^m/_m$. Ce résultat témoigne d'une rare perfection dans l'exécution d'une pièce de forge brute, comme l'est le centre de roue du système Arbel.

§ **243.** — A l'étranger et particulièrement en Angleterre, les systèmes de centres de roues en usage sont très variés. Parmi ceux qui se sont produits dans ces derniers temps, il faudrait citer les centres de roues en bois et ceux en papier comprimé; mais l'examen de ces inventions nous ferait sortir absolument du domaine de la classe 43, et d'ailleurs en pareille matière, lorsque l'imagination des inventeurs a libre carrière, on risque fort de prôner, comme le *nec plus ultra* de l'ingéniosité, une invention qui le lendemain serait détrônée par une autre plus ingénieuse encore; le parti le plus prudent, ce nous semble, est donc d'attendre que l'expérience ait prononcé sur les véritables mérites pratiques de ces combinaisons, toutes plus ingénieuses les unes que les autres.

§ **244.** — Parmi les systèmes de roues en usage à l'étranger, il en est cependant un, très répandu en Amérique, auquel nous devons une mention spéciale; il s'agit des roues en fonte trempée de Salisbury, dont nous avons déjà eu occasion de parler au point de vue du métal constitutif.

Les roues en fonte doivent satisfaire à deux conditions : 1° présenter la résistance nécessaire pour supporter les secousses auxquelles le corps de roue est exposé; 2° présenter une dureté de la jante et du boudin suffisantes pour qu'ils puissent résister à l'usure. La première condition dépend de la qualité de la fonte, et nous avons vu que la fonte de Salisbury présente une grande résistance; la deuxième condition se réalise par le procédé bien connu qui consiste à couler la fonte dans un moule dont la portion correspondante à la jante et au boudin est formée par une paroi métallique, de manière que la fonte liquide arrivant au contact de cette paroi, se refroidisse rapidement et par suite, selon l'expression consacrée, « trempe en coquille » ; le changement d'état moléculaire que subit le métal par ce refroidissement brusque est une sorte de cristallisation qui commence à la surface et se propage dans la masse à une profondeur plus ou moins considérable, selon la nature de la fonte; elle a pour effet de durcir considérablement le métal.

Il est certaines fontes que le moulage en coquille ne modifie en aucune façon; il n'en résulte pas de durcissement pour leur surface; on dit que ces fontes ne « trempent pas en coquille ».

Certaines fontes, au contraire, sont susceptibles de tremper en coquille, sans qu'on puisse assigner un motif bien plausible à cette propriété particulière. L'intensité du résultat de la trempe varie beaucoup selon la nature des fontes: ainsi, tandis que la trempe ne transforme les unes que sur une petite profondeur, d'autres éprouvent dans presque toute leur masse un effet qui, très accentué à la surface, va en décroissant insensiblement presque jusqu'au centre de la pièce moulée.

La fonte de Salisbury jouit à un haut degré de la faculté de tremper en coquille, et elle est de celles pour lesquelles la trempe fait sentir son action dans presque toute la masse.

Comme ces fontes possèdent d'ailleurs une grande ténacité, on s'explique la faveur dont ces sortes de roues sont en possession dans toute l'Amérique du Nord.

§ **245.** — Parmi les roues remarquables, nous devons encore citer les roues en *acier* moulé pour véhicules de chemins de fer, exposées par M. Hatfield; ces moulages sont obtenus, paraît-il, avec de l'acier fondu au creuset : au moyen de certains artifices assez généralement connus, on arrive à éviter ou tout au moins à atténuer beaucoup les soufflures que présente ordinairement l'acier moulé.

Ressorts

§ **246.** — Il y a dans les ressorts des véhicules de chemin de fer deux qualités à considérer :

1° Celles qui tiennent à la valeur intrinsèque du métal constitutif;

2° Celles qui résultent de la disposition du ressort, c'est-à-dire des conditions dans lesquelles on fait travailler le métal.

Le métal constitutif des ressorts de véhicules de chemins de fer est ordinairement de l'acier obtenu soit par le procédé Bessemer, soit par le procédé Siemens-Martin, plus rarement de l'acier obtenu par fusion au creuset.

La Cie P. L. M. a dans ces derniers temps fait exécuter une série d'essais par traction sur les aciers à ressort, provenant de la plupart des usines françaises qui produisent ces sortes d'aciers. Les expériences ont porté sur 10 barreaux d'épreuve pour chaque sorte d'acier; ces barreaux étaient découpés à la machine-outil dans des lames d'acier ayant 90 × 10 m/m de section ; ils avaient eux-mêmes 25 × 10 m/m de section, et étaient trempés et recuits dans les mêmes conditions que les lames de ressorts sont trempées et recuites lors de leur mise en œuvre pour la fabrication des ressorts. Les allongements étaient mesurés sur 200 millimètres au moyen d'un cathélomètre construit par M. Dumoulin-Froment, et qui mesure le 1/1000 de millimètre ; c'est dire que les allongements élastiques ont été déterminés avec le plus grand soin; au moyen des résultats obtenus, on a construit les courbes de résistance dont il a été parlé au § 12, et l'aire de ces courbes a donné les résistances vives élastiques et de rupture. Dans les colonnes (3) et (4) du tableau suivant sont portées les moyennes de ces résistances vives élastiques et de rupture pour les dix essais effectués pour chaque sorte d'acier.

N^os^ d'ordre.	USINES PRODUCTRICES.	NATURE DU MÉTAL.	Charges moyennes à la limite d'élasticité. (1)	Charges moyennes à la rupture. (2)	Résistance vive élastique moyenne. (3)	Résistance vive de rupture moyenne. (4)	Rapport. $\frac{(3)}{(4)}$	Rapport de (4) au produit de la charge de rupture par l'allongement proportionnel. (5)
1	Hauts-fourneaux de la Marine et des chemins de fer	Siemens-Martin.	70^k^6	98^k^6	123633 [1]	5653966 [1]	0.021	0.933
2	Forges et aciéries de Firminy.	—	69	103	123850	4478850	0.027	0.896
3	Forges et aciéries de Saint-Étienne	Bessemer.	75	101	142850	4120375	0.034	0.906
4	Forges de Commentry-Fourchambault	Siemens-Lechatellier.	74.2	101.3	131060	3421455	0.038	0.941
5	Forges de Châtillon et Commentry	Siemens-Martin.	78.6	101.5	142933	2957619	0.048	0.888
6	Forges et aciéries d'Allevard	—	90	121	246600	5164875	0.043	0.862
7	Jacob Holtzer et Cie. . .	Acier au creuset.	68	103.5	113835	6997950	0.016	0.895
8	Bedel et Cie.	—	76	105.5	130200	6584700	0.019	0.891

(1) Ces résistances vives s'appliquent à un mètre cube de matière.

En examinant ce tableau, on constate que les aciers laminés pour lames de ressorts diffèrent singulièrement les unes des autres, au point de vue des propriétés résistantes ; chacun a en quelque sorte, à ce point de vue, sa physionomie spéciale. Ainsi, lorsqu'on envisage les aciers sous le rapport de leur résistance vive élastique, ils se classent dans un certain ordre ; cet ordre n'est plus le même lorsqu'on s'attache à la résistance vive de rupture. L'ordre de la classification change encore lorsqu'on se place au point de vue envisagé par M. Mangin, et dont il a été question au § 14.

Il peut donc paraître bien difficile d'assigner un ordre de priorité aux divers aciers laminés pour ressorts de fabrication française. Nous croyons, pour notre part, qu'il y a lieu de demander à un bon acier pour ressorts à la fois une grande résistance vive élastique et une grande résistance vive de rupture : une grande résistance vive élastique, afin qu'à la charge à laquelle on fait travailler le métal (50^k par $^m/^m$ □ environ), il reste encore de la marge avant la déformation permanente qui fait bâiller les lames du ressort et le met aussi sûrement hors de service que pourrait le faire une rupture de lame ; une grande résistance vive de rupture, afin de faire largement la part des chocs.

§ **247**. —Examinons maintenant ce qui a trait à la disposition des ressorts, c'est-à-dire, comme nous l'avons dit plus haut, aux conditions dans lesquelles on fait travailler le métal.

On sait que lorsqu'on exerce sur une barre d'acier, dans le sens de la longueur, un effort de R kilogrammes par unité de surface, le travail T développé par le métal exprimé en kilogrammètres est égal à

$$\frac{1}{2}\frac{R^2}{E}\times V$$

V étant le volume de la barre, et E le module d'élasticité du métal. Dans ce cas toutes les fibres métalliques travaillent également et de la même manière.

Une lame prismatique et rectangulaire posée sur deux appuis et sur laquelle on exerce, en son milieu, un effort de R kilogrammes par unité de surface, développe un travail kilogrammétrique

$$t=\frac{1}{18}\frac{R^2}{E}\times V$$

on a donc :

$$t=\frac{T}{9}$$

si la lame est cylindrique, on a dans les mêmes conditions

$$t = \frac{T}{12}$$

Un ressort ordinaire à lames parallèles étagées construit d'après les données de M. Philipps développe, sous la même charge de R kilogrammes par unité de surface, un travail kilogrammétrique résistant $= \frac{T}{3}$.

Enfin un ressort à boudin à section circulaire chargé de R kilogrammes par unité de surface développe un travail kilogrammétrique $\frac{T}{2}$.

Il se produit à l'Exposition deux ressorts nouveaux que nous allons examiner, en nous reportant aux considérations qui précèdent.

Le premier de ces ressorts est le ressort du système Richard Cook, présenté par la Société des hauts-fourneaux de la marine et des chemins de fer.

Le second est le ressort à lames concaves transversalement, présenté par M. Brown Bayley et Dixon de Sheffield.

Ressort Richard Cook

§ **248.** — Ce système de ressorts repose sur la conjugaison d'un ressort à boudin et d'un ressort en arc.

Le ressort à boudin est cylindrique et a une quantité de spires variable; la somme des intervalles qui séparent chaque spire, limite la course du ressort.

Le ressort en arc est formé de trois tiges rondes cintrées suivant une courbe variable. Ces trois tiges sont placées parallèlement, et leurs extrémités recourbées en forme d'anneau sont traversées par un boulon qui les rend solidaires.

Le ressort à boudin et le ressort en arc sont rendus solidaires au moyen

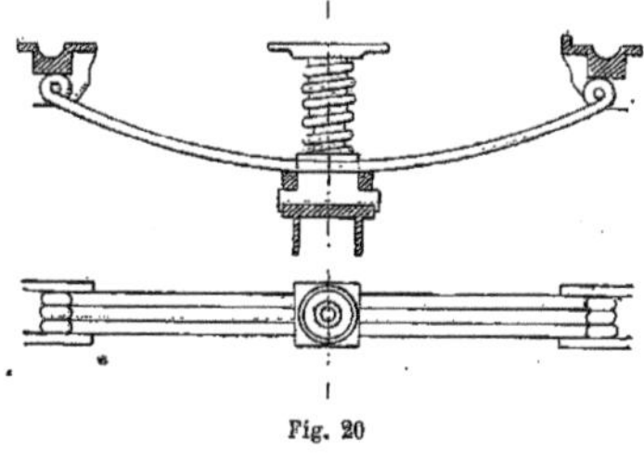

Fig. 20

d'un système de pièces à fourreau désigné sous le nom d'emmanchement télescopique, c'est-à-dire dont l'une des parties entre dans l'autre à la manière des tubes d'une longue-vue ; l'un des fourreaux est solidaire de la boîte à graisse, l'autre est fixé sous le brancard du châssis.

Les principaux avantages attribués par la Société des hauts-fourneaux de la marine et des chemins de fer à ce nouveau système de ressorts, sont les suivants :

1° Il constitue un tout solidaire qui rend inutile les sellettes mobiles, les brides et les étriers qui sont ordinairement employés pour la mise en place des ressorts à lames sur les boîtes à graisse.

2° Il y a trois points de suspension sous le châssis, l'un sur le ressort à boudin, les deux autres aux extrémités du ressort en arc ; les trois points de suspension augmentent la solidité du vagon.

3° Ce ressort est d'une fabrication plus facile, il ne comporte aucun ajustage au marteau après la trempe et le recuit des barres, ajustage qui est obligatoire pour les ressorts à lames plates et qui a souvent l'inconvénient de fatiguer l'acier par un travail d'extension trop grand en certains points ; il supprime les aléas de rupture provenant des trous de rivets, des fentes et des étoquiaux des ressorts à lames. De plus, il est d'une réparation des plus simples, les éléments qui le composent étant isolés et aisément remplaçables.

4° Le système d'emmanchement à fourreau est de telle nature que le ressort ne peut jamais dépasser la flèche maximum qu'il doit prendre sous la charge d'épreuve, et que lors même qu'il y aurait rupture simultanée des deux éléments du ressort à arc et du ressort à boudin, le véhicule ne s'affaisserait que de la course totale du ressort sans jamais tomber sur l'essieu, puisque les pièces en acier jouant à fourreau porteraient l'une sur l'autre et formeraient dans ce cas une suspension sèche.

5° A résistance égale, le ressort Cook pèse environ 40 à 45 °/₀ de moins que le ressort à lames étagées de même force ; seulement sa course et sa flexibilité par tonne sont un peu inférieures.

De ces divers avantages le premier, le deuxième et le quatrième sont de peu d'importance; le troisième seul mérite une très sérieuse considération, et quant au cinquième il est absolument chimérique.

Si nous considérons, en effet, pour prendre un exemple, le ressort de suspension *type nord* exposé par les inventeurs, nous voyons que le poids total de la matière élastique est de 16^k,110 sur lesquels le ressort en arc pèse 12,^{k}350 et le ressort à boudin 3^k,760.

Si nous nous reportons au § 247 précédent, nous voyons que le travail kilogrammétrique du nouveau ressort pour une charge de R kilogrammes par unité de surface, se calculera par la formule :

$$t = \frac{\frac{1}{12} \times 12.35 + \frac{1}{2} \times 3.76}{16.11} \times T$$

d'où,

$$t = \frac{5,5}{T}$$

Il n'est donc pas exact de dire, comme le font les inventeurs, qu'à résistance égale, le ressort Cook pèse 40 à 45 °/₀ de moins que le ressort à lames étagées : en réalité le rapport des poids est de $\frac{\frac{T}{3}}{\frac{T}{5,5}} = 1,8$ c'est-à-dire que, à fatigue égale de la matière par unité de surface, le ressort Cook pèserait près de deux fois plus que le ressort à lames étagées pour développer le même travail kilogrammétrique.

Si donc les inventeurs trouvent une économie de poids en faveur du ressort de suspension *type nord* de leur système, par rapport au ressort à lames parallèles correspondant, c'est qu'ils ne font pas développer le même travail kilogrammétrique à ces deux ressorts, et, en effet, ils reconnaissent que la flexibilité par tonne de leur ressort est un peu moindre que celle du ressort à lames parallèles correspondant.

En résumé, au point de vue de l'utilisation des qualités élastiques de la matière, le ressort Cook est très inférieur au ressort à lames parallèles.

Ressort Brown, Bayley et Dixon

§ **249.** — Les ressorts généralement employés dans les chemins de fer français sont guidés transversalement par des fentes et étoquiaux aux extrémités des feuilles, et ceux employés en Angleterre et en Allemagne sont guidés par des languettes et rainures longitudinales.

Le ressort présenté par MM. Brown, Bayley et Dixon supprime les étoquiaux, languettes ou rainures, et les remplace par une concavité donnée aux feuilles dans le sens transversal.

Cette forme concave donnée à la section transversale des feuilles a non-seulement, disent les inventeurs, l'avantage de bien les guider entre elles, mais encore d'augmenter sensiblement la résistance du ressort; cette allégation leur semble justifiée par les résultats d'essais à la flexion exécutés par leurs soins sur un ressort ordinaire à lames plates comparativement avec un ressort de leur système présentant les mêmes conditions d'établissement. Ce dernier

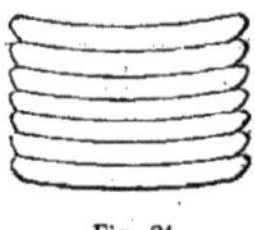

Fig. 21

ressort réaliserait, selon les inventeurs, les mêmes conditions de charge et de flexibilité que le ressort ordinaire avec un poids de 25 °/ₒ moindre. Il développerait donc, de ce fait, un nombre de kilogrammètres plus considérable par kilogramme d'acier et utiliserait mieux la matière.

Voyons ce que vaut cette allégation :

La formule qui donne les flèches f correspondantes aux charges P d'un ressort construit d'après les données de M. Phillips est :

$$f = \frac{P.\,L^3}{2n\,E.\,I}$$

dans laquelle L est la longueur de la maîtresse lame, n le nombre de lames, E le module d'élasticité relatif à la matière et I le moment d'inertie de la section tranversale d'une lame.

On a d'un autre côté :

$$P = \frac{L.\,h}{2n\,R\,I}$$

R étant la charge par $^m/_m$ □ supportée par la matière et h la distance de la fibre neutre à la fibre la plus fatiguée.

Le travail kilogrammétrique du ressort est, par suite,

$$t = \frac{2n.\,L.\,R^2\,I}{E.\,h^2}$$

Si, sans modifier les dimensions des lames, on les rend concaves transversalement, la valeur de $\frac{I}{h^2}$ change, puisque I et h changent tous les deux; mais comme I et h augmentent à la fois, on ne voit pas *a priori* dans quel sens la valeur de $\frac{I}{h^2}$ se modifie. En calculant les nouvelles valeurs de I et de h, on trouve (1)

$$I = 0{,}000000008697$$
$$h = 0^m008$$

(1) Ce calcul a été fait approximativement par la méthode graphique de Thomas Simpson; on pourrait d'ailleurs

Tandis que les mêmes éléments dans le cas d'une lame plate de volume égal sont :

$$I = 0{,}000000005382$$
$$h = 0^m0045$$

La valeur de $\frac{I}{h^2}$ est donc de 0,000 136 pour les lames concaves, tandis que cette même valeur est de 0,000 265 pour les lames plates.

Le travail kilogrammétrique par kilogramme de matière du ressort à lames

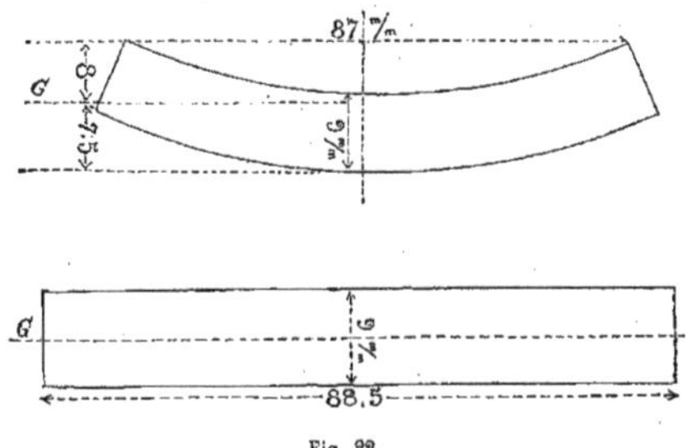

Fig. 22.

plates est par conséquent plus grand dans la proportion de 1,94 à 1 que celui du ressort à lames concaves transversalement.

Le travail kilogrammétrique de ce dernier ressort est seulement de

$$\frac{5{,}82}{T} \qquad (\S\ 248)$$

Ce ressort est donc moins avantageux encore que le ressort système Cook examiné au paragraphe précédent.

Il résulte de là que si MM. Brown, Bayley et Dixon ont obtenu de leur ressort la même flexibilité par tonne que du ressort à lames plates, avec un bénéfice de

---

calculer $\frac{I}{h^2}$ rigoureusement, mais la formule est très compliquée ; on a :

$$\frac{I}{h^2} = \frac{\left[(\rho + h)^4 - \rho\right]\left(\frac{\alpha + \sin\alpha}{8}\right) - \frac{\left[(\rho + h)^3 - \rho^3\right]^2}{(\rho + h)^2 - \rho^2} \times \frac{8}{9}\frac{\sin^2\frac{\alpha}{2}}{\alpha}}{\left[\frac{4\sin\frac{\alpha}{2}}{3\alpha}\left[\frac{(\rho + h)^3 - \rho^3}{(\rho + h)^2 - \rho^2}\right] - \rho\cos\frac{\alpha}{2}\right]^2}$$

ρ étant le rayon de courbure de la lame et α l'angle sous-tendu ; il faut remarquer que ρ change d'une lame à l'autre ainsi que α.

poids de 25 °/₀, cela tient uniquement à ce qu'ils font travailler le métal à une charge par m/m □ supérieure à celle des ressorts à lames plates.

D'un autre côté, il y a lieu de remarquer que pour faire porter les lames les unes sur les autres, il faut leur donner des concavités dont le rayon de courbure varie d'une lame à l'autre, ce qui complique la fabrication du ressort ; de plus ces lames concaves soumises à la trempe et au recuit doivent certainement se déformer, se voiler, et il faut les ajuster l'une sur l'autre à froid, au marteau. Ce qui n'est pas sans nuire à la qualité du métal.

Pour toutes ces raisons, le ressort proposé par MM. Brown, Bayley et Dixon ne nous semble pas destiné à se répandre.

Tubes en fer

§ **250**. — Les tubes en fer de MM. Mignon Rouart et Delinières, de Montluçon, continuent à tenir le premier rang parmi les produits de cette espèce. Ces tubes sont soudés avec recouvrement au moyen du laminoir : leur réputation n'est plus à faire. Il en est de même des tubes exposés par MM. John Russell et Cie dans la section anglaise.

Nous devons mentionner également parmi les fabricants de tubes en fer MM. Chaudoir et Cie, qui ont établi à Saint-Pétersbourg une fabrique de tubes en fer pour lesquels ils emploient principalement des tôles de provenance belge. Dans l'exposition de ces industriels, on remarque des tubes en fer raboutés en cuivre rouge, dans lesquels la brasure de la partie en cuivre avec la partie en fer est exécutée dans des conditions de solidité toutes particulières.

Viroles de tubes à fumée.

§ **251**. — Aux tubes à fumée se rattachent les viroles pour tubes à fumée employées pour faire les joints de tubes avec les plaques tubulaires.

Ces viroles sont fabriquées en France par MM. Damiens et Kister, qui les

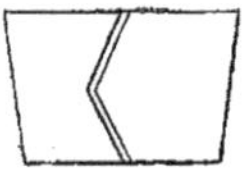

Fig. 23.

produisent en emboutissant, dans une série d'opérations successives, des rondelles en tôle de fer ou d'acier ; des recuits réitérés combattent l'écrouissage du métal produit par ces emboutissages.

MM. Claparède et Cie, de Saint-Denis-sur-Seine, produisent des viroles de tubes à fumée toutes différentes : ces viroles sont obtenues par l'enroulement d'une bande d'acier dont les extrémités sont découpées en langue d'aspic. La virole n'est donc pas fermée, et c'est l'élasticité du métal qui produit l'étanchéité du joint du tube avec la plaque tubulaire.

CHAPITRE VIII

FONTES MOULÉES. — ACIERS MOULÉS. — FONTES MALLÉABLES. — FERRURES DE VAGONS. — ÉTAMPAGES. — FORGEAGE A LA PRESSE HYDRAULIQUE. — TOLES DE PANNEAUX DE VOITURES. — FILS DE FER. — POINTES. — BOULONNERIE. — SERRURERIE. — CHAINES PROCÉDÉ DU DOCTEUR BARFF.

§ **252**. — Nous avons passé en revue, dans le chapitre précédent, les applications du fer et de l'acier aux pièces de grosse forge : nous allons maintenant examiner leurs applications aux pièces de plus petite dimension employées dans le matériel des chemins de fer.

Fontes moulées

§ **253**. — Les cahiers des charges des Compagnies de chemins de fer spécifient généralement que les fontes employées pour le moulage des pièces entrant dans la construction de leur matériel doivent être exclusivement de 2e fusion. Les boîtes à graisse et à huile, par exemple, doivent être moulées en fonte de 2e fusion.

La ténacité et l'élasticité de la fonte sont constatées par certaines épreuves. Voici, par exemple, celles prévues par les cahiers des charges de la Compagnie P.-L.-M.

1° *Épreuves au choc.* — Un barreau de 0^{m},040 d'équarrissage et de 0^{m},200 de longueur, placé horizontalement sur deux couteaux espacés de 0^{m},160 doit supporter sans se rompre, le choc d'un mouton de 12 kilogrammes tombant librement sur le barreau au milieu de l'intervalle des points d'appui d'une hauteur de 0^m,400.

S'il s'agit de pièces d'un moulage très difficile et pour lesquelles la résistance a moins d'importance, cette hauteur est réduite à 0^m,350.

2° *Épreuves par flexion.* — Un barreau de 0^m,08 d'équarrissage soumis par l'appareil de Monge à un effort de flexion doit supporter sans se rompre l'action d'un poids de 960^k sur le levier, à 2 mètres du point d'appui le plus voisin de l'application du poids.

3° *Épreuves par traction.* — Un barreau prismatique carré de 0^m,025 de côté et 200 $^m/_m$ de longueur utile, soumis à la traction, ne doit pas rompre sous une charge inférieure à 16^k par $^m/_m$ □, et la moyenne des charges de rupture pour l'ensemble des barreaux afférents à un lot doit être de 18^k par $^m/_m$ □. Cette charge de rupture moyenne de 18^k est peut-être un peu élevée. Les fontes de qualité supérieure la réalisent assez facilement; mais les fontes ordinaires, celles employées pour la fabrication des boîtes à graisse, par exemple, arrivent difficilement à présenter cette ténacité.

Certaines usines, par l'addition d'une petite quantité d'acier fondu dans les cubilots, arrivent à améliorer considérablement la ténacité de la fonte : de cette manière, des charges de rupture de 18^k à 20^k par $^m/_m$ □ et même plus ne sont pas difficiles à réaliser. Toutefois cet expédient n'est pas à recommander parce que les additions d'acier dans la fonte donnent souvent lieu à des soufflures et à des tassements dans les pièces moulées.

Aciers moulés

§ **254.** — On est arrivé à obtenir des pièces moulées d'une résistance bien supérieure à celles des pièces moulées en fonte, en moulant ces pièces en acier fondu.

Depuis longtemps déjà, on moule ainsi des pignons de laminoirs que présentent, paraît-il, une très grande résistance ; seulement ils sont criblés de soufflures, et bien que, malgré ces soufflures, leur résistance soit encore supérieure à celle des pièces moulées en fonte de même volume, c'est un inconvénient qui empêcherait d'employer ces sortes de pièces dans bien des cas.

Dans quelques usines on est parvenu à mouler en acier des pièces de dimension moyenne, en évitant à peu près complètement les soufflures. C'est par un choix judicieux de la matière première et par certains tours de mains de fabrication qu'on atteint ce résultat.

§ **255.** — L'usine d'Imphy arrive, sous ce rapport, à des résultats très intéressants. On voit dans l'exposition de la Société des forges de Commentry-Fourchambanlt, à laquelle appartient l'usine d'Imphy, des roues de vagonnets moulées en acier qui, à en juger par des spécimens de cassures, ne présentent que peu ou point de soufflures et jouissent d'une très remarquable ductilité.

Le métal employé pour ces moulages est produit par la refonte dans des creusets de plombagine, d'un mélange d'acier puddlé avec de l'acier obtenu soit par le procédé Bessemer, soit par le procédé Martin. Avant la coulée, qui doit se faire à une haute température pour que la fluidité du métal soit très grande, on introduit dans les creusets une petite quantité de matière manganésifère.

Le sable employé pour la confection des moules doit être très *maigre*, et la préparation exige des soins particuliers.

Les pièces sortant du moule sont extrêmement fragiles, elles le sont d'autant plus qu'on a coulé le métal à une haute température et qu'en vue d'éviter les soufflures, on a choisi du métal un peu carburé ; aussi procède-t-on à un recuit en vases clos qui dure 7 à 8 jours. A cet effet, les pièces sont arrimées dans des caisses en tôle munies de couvercles, et l'on remplit les interstices entre les pièces avec du fraisil, de manière à éviter tout contact avec l'air. Les caisses ainsi préparées passent 7 à 8 jours dans des fours spéciaux, après le recuisage, les pièces refroidissent dans les caisses, et on ne les sort qu'entièrement froides.

Elles ont alors perdu leur fragilité et peuvent supporter à froid des déformations au moins égales d'une des pièces semblables en bon fer.

§ **256.** — J'ai fait mouler, par le procédé qui vient d'être indiqué, des barreaux d'épreuve cylindriques qui ont été ensuite recuits exactement dans les mêmes conditions que les pièces moulées de la fabrication ordinaire. Ces barreaux essayés à la traction ont donné les résultats suivants :

NUMÉROS DES BARREAUX.	CHARGE A LA LIMITE d'élasticité.	ALLONGEMENT élastique correspondant °/₀.	CHARGE DE RUPTURE en kilogrammes par m/m □	ALLONGEMENT correspondant °/₀.
N° 1.	23k	0.115	40k	0.5
N° 2.	23	0.115	39	1.08
N° 3.	»	»	50	4.25
N° 4.	»	»	42	3.50
N° 5.	21	0.110	48	2.00
N° 6.	»	»	50	2.50
N° 7.	23	0.110	49	1.42
N° 8.	»	Rompu à la tête à 41k500.		
N° 9.	»	— — à 45k000.		

Comme terme de comparaison, j'avais fait également mouler en acier Bessemer un certain nombre de barreaux qui ont été essayés par traction, tels qu'ils sortaient des moules *sans aucun recuit*. Ces barreaux ayant été rompus, on a constaté que la cassure était criblée de soufflures, en sorte qu'il était bien difficile d'apprécier la surface de la section résistante et, par suite, de déterminer la charge de rupture par $^{m}/_{m}$ □ : en faisant toutefois une supputation approximative du rapport de la surface saine à la surface tot al de la section, on a pu assigner à ces barreaux d'épreuve les éléments de résistance suivants :

NUMÉROS DES BARREAUX.	CHARGE DE RUPTURE.	ALLONGEMENT °/₀.
N° 1.	38ᵏ	0
N° 2.	32	0
N° 3.	35	0
N° 4.	45	1
N° 5.	32	0

§ **257.** — M. Dalifol, de Paris, produit également des objets en acier moulé. Le métal employé provient de la refonte au creuset d'un mélange de fonte et d'acier : à 100 kilogrammes de débris d'acier de ressorts, on ajoute 18ᵏ de fonte.

Le recuit s'opère à peu près dans les mêmes conditions qu'à Imphy.

Deux barreaux d'épreuve carrés de 22 $^{m}/_{m}$ de côté, coulés en même temps que des roues de tricycles moulées en acier par M. Dalifol et recuits dans les mêmes conditions que lesdites roues, ont fourni les résultats suivants :

	CHARGE DE RUPTURE.	ALLONGEMENT.
1er barreau.	35ᵏ	3.0
2e barreau.	40	1.5

Ce métal paraît un peu moins tenace que celui de l'usine d'Imphy.

M. Légénissel, de Paris, expose également des pièces en acier moulé de petite dimension qui, d'après lui, sont malléables à la sortie du moule sans qu'il soit besoin de les recuire en aucune façon. Cet industriel ne donne d'ailleurs aucun renseignement sur le procédé qu'il emploie.

Fontes malléables

§ **258.** — L'emploi de la fonte malléable pour la fabrication des ferrures de vagons tend à se généraliser. Certaines compagnies de chemins de fer, celles du Nord français, par exemple, emploient la force malléable pour cet usage d'une manière presque exclusive.

Il ne faut pas perdre de vue que toutes les fois que la pièce en fonte malléable a une épaisseur supérieure à 1 c/m 1/2, 2 c/m au plus, la décarburation ne pénètre pas au centre, et la pièce n'est pas beaucoup plus malléable après son passage dans les fours de décarburation qu'avant d'y avoir passé.

Cette circonstance restreint quelque peu l'emploi de la fonte malléable dans la confection des ferrures de vagons.

La bonne qualité de la fonte malléable, c'est-à-dire sa *malléabilité*, dépend beaucoup de la nature des fontes qui ont été employées pour la produire.

En thèse générale, la fonte pour malléable doit être très peu carburée et dépourvue de manganèse et de silicium.

Nous avons déjà eu l'occasion de dire que la fonte anglaise de Harrison, Ainslie et C°, fabriquée au charbon de bois avec des minerais hématites et marquée D. P., était une des meilleures fontes pour malléables.

Nous avons vu aussi que la Société des hauts-fourneaux de Saint-Louis produit des fontes pour malléables qui supportent, sous tous les rapports, la comparaison avec la fonte D. P. de Harrison, Ainslie et C°.

Il s'en faut que ces fontes soient exclusivement employées pour la production de la fonte malléable : on ne les emploie généralement que pour les pièces d'un moulage difficile. Pour les pièces courantes, on emploie toutes espèces de fontes ou à peu près : aussi les fontes malléables ne le sont-elles souvent que sur l'étiquette.

Dans certaines usines, les fontes destinées au moulage des pièces à malléabiliser se fondent au creuset : dans d'autres usines, on emploie le cubilot.

En dehors du choix de la matière première, il y a une autre condition essentielle à remplir pour que la fonte malléable jouisse bien des qualités qui lui sont propres, c'est qu'on fasse subir aux pièces un nombre de cuissons en rapport avec leur épaisseur.

On sait, en effet, que la décarburation se produit à la surface de la fonte par l'action oxydante de l'hématite qui est en contact avec elle.

Lorsque la décarburation a pénétré à une certaine profondeur, l'action de l'hématite est épuisée ; prolongeât-on la cuisson plus longtemps (sa durée normale est d'environ 70 à 75 heures), que la décarburation ne pénétrerait pas davantage, et si l'on veut qu'elle s'étende de nouveau, il faut défourner les pièces, remplacer l'hématite épuisée par de l'hématite fraîche et remettre les pièces au four. Le nombre des cuissons nécessaires pour une décarburation complète varie proportionnellement à l'épaisseur des pièces à décarburer et pour des pièces un peu épaisses, il n'est pas rare qu'il faille trois cuissons et même davantage. Ce n'est qu'exceptionnellement que des précautions aussi minutieuses sont prises dans la fabrication, aussi la qualité des pièces en fonte malléable laisse-t-elle fréquemment à désirer.

§ 259. — Nous avons à plusieurs reprises fait exécuter des expériences par traction pour apprécier la ténacité de la fonte malléable. Les barreaux d'épreuve avaient 8 m/m de diamètre et 200 m/m de longueur utile, ils étaient coulés dans des moules en même temps que les pièces à malléabiliser et soumises aux mêmes cuissons décarburantes que ces pièces.

Voici quelques résultats obtenus avec des fontes provenant de M. Dalifol :

NUMÉROS DES BARREAUX.	DESTINATIONS des pièces en fonte malléable correspondantes.	CHARGE DE RUPTURE en kilogr. par m/m □	ALLONGEMENTS correspondants %.
N° 1.	Frettes pour chaufferettes et pièces diverses.	26	1
N° 2.		27	3
N° 3.		30	5
N° 4.		31	4
N° 5.		31	4

On voit que la fonte malléable a une ténacité très modérée et une faculté d'allongement très réduite. Nous nous trouvons donc en présence du fait paradoxal que voici :

La fonte malléable a une faculté de déformation très grande ; un barreau de cette fonte peut être reployé sur lui-même, il peut être aplati sous le marteau, sans se rompre ni se criquer, et cependant sa faculté d'allongement sous traction est très faible. D'un autre côté, la fonte malléable est très tendre, les coups de marteau les plus modérés suffisent pour la déformer. Comment concilier cela avec une si faible faculté d'allongement, alors qu'on considère habituellement la dureté des métaux comme variant en raison inverse de leur faculté d'allongement?

Personne, que nous sachions, n'a appelé jusqu'ici l'attention sur ces anomalies qui donnent cependant matière à bien des méditations.

Ferrures de vagons

§ **260.** — La fabrication des ferrures de vagons a subi, dans ces dernières années, de notables améliorations auxquelles les exigences des compagnies de chemins de fer ont contribué pour une bonne part. Les soudures des pièces, qui se faisaient fréquemment autrefois par encollage simple ou à gueule de loup ou bien par superposition à plat des pièces à souder, se font maintenant exclusivement par amorces et à chaude portée, et une des causes les plus fréquentes de manque de solidité des ferrures de vagons a ainsi disparu. — Les cahiers des charges de la Cie P.-L.-M. renferment, en ce qui touche le forgeage des ferrures de vagons, des prescriptions minutieuses qu'il n'est pas inutile d'observer lorsqu'on veut obtenir des pièces d'une solidité satisfaisante. Voici les plus importantes de ces prescriptions :

« Toute pièce devant être pliée ultérieurement doit être prise dans du fer « d'échantillon assez fort pour qu'on puisse ménager à l'étirage un excédant « de matière, à l'endroit où le pliement doit être effectué, de manière à faire « face à la diminution de section résultant de l'allongement des fibres à « l'extérieur et d'obtenir le renflement qui existe généralement aux coudes « des ferrures.

« Il est formellement interdit de souder un lardon au coude pour obvier au « manque de matière qui aurait pu se produire.

« Quand une ferrure comporte un bras à angle droit avec le corps de la « pièce, dans le cas des arbres de freins par exemple, le bras de levier doit « être obtenu en fendant un massiau sur la moitié de sa longueur, rabattant « les branches en prolongement l'une de l'autre pour former le corps de la « pièce et étirant l'autre moitié pour former le levier.

« Il est interdit d'obtenir le levier en faisant sortir une amorce sur un « massiau de dimensions convenables, au moyen du dégorgeoir, par le procédé « dit *épaulement*, et soudant le corps du levier sur l'amorce ainsi obtenue.

« Toute pièce qui peut être obtenue par étirage ou par refoulement doit « être fabriquée de préférence par étirage; cette dernière opération ne peut « qu'améliorer le fer, tandis que le refoulement lui est défavorable.

« Les chapes doivent être fabriquées de la manière suivante : On fend le « métal à l'aide d'une simple saignée, on rabat les branches jusqu'à ce qu'elles « forment entre elles un angle très obtus, on les étire, on les replie, et on les « soude ensuite pour constituer la chape.

« Il est formellement interdit de produire les chapes en évidant, à chaud,

« à l'aide du poinçon et de la tranche, ou à froid, à l'aide de machines-outils, la « matière comprise dans le vide de la chape.

« Il est interdit d'étamper les pièces pour les parer, soit à froid, soit lors- « qu'elles sont trop refroidies pour avoir conservé une malléabilité suffisante. » Toute pièce qui aurait été parée dans ces conditions doit être recuite.

« Doivent également être recuites, après leur achèvement, toutes les pièces « qui ont été obtenues par matriçage. On obvie ainsi, en partie, à la tendance « qu'ont les fers matriçés à cristalliser et à devenir cassants.

« Les pièces qui doivent être recuites sont chauffées lentement jusqu'au « rouge sombre dans un four bien luté; la durée de la chaude est variable « selon la nature du fer. Les pièces, après recuit, sont refroidies lentement et « à l'abri de l'air.

« Toutes les pièces d'articulation et de frottement, notamment les pièces de « freins, doivent être cémentées et trempées en paquet. La cémentation est « faite de la manière suivante :

« Les pièces à cémenter sont disposées dans une boîte en fonte remplie d'une « matière carburante appropriée ; cette boîte, bien lutée, est chauffée pendant « le temps nécessaire pour que la cémentation pénètre dans les pièces à une « profondeur variable de $0^m,002$ à $0^m,003$. On estime la profondeur à laquelle « la cémentation pénètre, tant au moyen de témoins que par l'examen de la « cassure de quelques-unes des pièces cémentées.

« A la sortie du four de cémentation, les objets cémentés sont trempés à la « chaleur rouge dans de l'eau à la température d'environ 10° centigrades. Les « pièces doivent acquérir par la trempe une dureté telle qu'elles ne puissent « être entamées ni au burin ni à la lime. »

§ **261**. — Parmi les ferrures de vagons, les plus importantes sont assurément celles qui constituent les attelages de véhicules : crochets de traction, tendeurs d'attelages et chaînes de sûreté.

La plupart des compagnies de chemins de fer ont adopté pour leur système d'attelage une résistance à la traction variable, selon les compagnies, de 25,000 à 35,000 kilogrammes.

Voici les résistances adoptées par la Cie P.-L.-M.

NATURE DES PIÈCES.	CHARGES EN KILOGRAMMES sous laquelle la pièce ne doit présenter ni criques, ni déformations permanentes.	CHARGES EN KILOGRAMMES sous laquelle la pièce ne doit pas se rompre.
Tendeurs d'attelage	12.000^k	30.000^k
Crochets de traction clavetés avec les douilles de ressorts de traction	12.000	30.000
Bielles de ressorts de traction	4.000	15.000
Chaînes de sûreté munies de leurs crochets et pitons	6.000	15.000

§ **262**. — La Société des chantiers de la Buire a appliqué aux pièces d'attelage qu'elle a fabriqués pour la Cie P.-L.-M., les procédés de trempe à l'acide dont il a été question au § 90.

Voici les résultats qu'elle a obtenus :

DÉSIGNATION DES PIÈCES.	NON TREMPÉS.		TREMPÉS.		AUGMENTATION obtenue au moyen de la trempe.
	Effort de rupture moyen.	Ouverture en $^m/_m$.	Effort de rupture moyen.	Ouverture en $^m/_m$.	
Crochets de traction	26.900^k	25	34.500^k	34.8	28 %
	25.700	14	29.400	12.4	24
	23.550	17	31.300	12	33
	27.200	15	33.800	21	24
	23.100	14.6	30.500	12	32
	21.930	11.6	28.600	14.8	31
Moyenne de 82 épreuves sur les crochets non trempés, de 88 épreuves sur les crochets trempés	24.000^k		31.550^k		28 %

DÉSIGNATION DES PIÈCES.	EFFORT MOYEN DE RUPTURE.		AUGMENTATION obtenue au moyen de la trempe.
	Non trempé.	Trempé.	
Tendeurs d'attelage	27.900^k	31.450^k	13 %
	28.780	35.900	25
	26.850	42.330	57
	24.600	36.000	48
Moyenne sur 12 épreuves	27.030^k	36.570^k	35 %
Chaînes de sûreté, moyenne sur 19 épreuves	14.750	20.900	41
Colliers de ressorts de traction	28.360	34.040	20
	28.500	36.900	29
	28.270	33.180	17
Moyenne sur 16 épreuves	28.370^k	34.700^k	22 %

On voit que le procédé de la trempe à l'acide augmente considérablement la résistance des pièces d'attelage.

Nous croyons devoir faire remarquer que la Cie P.-L.-M. soumet *toutes les pièces d'attelage sans exception*, avant leur mise en service, aux charges d'épreuves prévues dans la première colonne du tableau du paragraphe précédent. Une pièce seulement sur 50 est essayée jusqu'à la rupture et doit satisfaire aux conditions prévues dans la deuxième colonne de ce même tableau.

§ **263.** — M. Ernest Dervaux Ibled, maître de forges à Vieux-Condé (Nord), a fabriqué des tendeurs d'attelage et des chaînes de sûreté des types de la Cie P.-L.-M., avec de l'acier obtenu par le procédé Bessemer et provenant de la Société des forges d'Anzin. M. Dervaux-Ibled a réduit les dimensions de ces pièces dans le rapport des résistances à la rupture du fer et de l'acier.

Voici les résultats qu'il a obtenus :

1° *Pour les chaînes de sûreté.*

Essai d'une chaîne de sûreté en fer à 5 maillons avec crochet et piston.

Pas de déformation permanente sous la charge de 6000k. A 15,000k la chaîne s'est déformée en totalité de 47 m/m, le crochet s'est ouvert de 25 m/m.

Rupture du crochet à 18,000k.

Le crochet a supporté 13k50 par m/m □.

Poids de la chaîne 12k900.

La chaîne a supporté 38k50 par m/m □.

Poids de la chaîne, 12k,900.

Essai d'une chaîne de sûreté en acier :

Pas de déformation permanente sous la charge de 6000k : à 15,000k, la chaîne s'est déformée en totalité de 60 m/m, le crochet s'est ouvert de 5 m/m.

Rupture d'un maillon (non à la soudure) sous la charge de 16,800k.

Le crochet a supporté 19k,17 par m/m □.

La chaîne a supporté 54k,59 par m/m □.

Poids de la chaîne en acier 8k.000.

Différence de poids en faveur de la chaîne en acier : 4k,900,
d'où il résulte que la résistance par kilogramme du métal est :

Pour le fer.	1310k
Pour l'acier	2100k

2° *Pour les tendeurs d'attelage.*

Essai d'un tendeur en fer :

Pas de déformation permanente jusqu'à la charge de 8000k, allongement permanent de 2 ½ sous la charge de 15,000k.

Rupture de la vis sous la charge de 33,600^k.

La vis du tendeur a donc supporté 39^k,05 par m/m □.

Les manilles ont supporté 34^k,92 par m/m □.

Le poids du tendeur était de 18 kilogrammes.

Essai d'un tendeur en acier :

Pas de déformation permanente jusqu'à la charge de 9000^k. Allongement permanent de 7 m/m sous la charge de 15,000^k.

Rupture d'un tourillon d'écrou à 32,700^k. La vis du tendeur a donc supporté 57^k,11 par m/m □.

Les manilles 53^k,10 par m/m □.

Le poids total du tendeur était de 10^k,800.

Différence de poids en faveur du tendeur en acier : 7^k,200, d'où résulte que la résistance par kilogramme de métal était :

Pour le fer.	1866^k
Pour l'acier.	3000^k

En dépit de ces résultats remarquables, nous ne croyons pas que le moment soit venu d'appliquer les métaux fondus à la fabrication des pièces d'attelage. Indépendamment de la difficulté que présente la soudure du métal fondu, les pièces d'attelages sont exposées à beaucoup de chocs, et nous avons vu au § 78 combien les métaux fondus qui possèdent une grande élasticité sont dangereux en pareil cas.

Si, par des recuits bien entendus, on parvenait à déprimer cette élasticité, au point de placer les métaux fondus dans les mêmes conditions que les fers doux employés à la fabrication des pièces d'attelage, l'objection disparaîtrait ; mais l'art du forgeron n'en est point arrivé là.

§ **264.** — Parmi les pièces de menue forge remarquables qui figurent à l'Exposition, il faut citer les pièces étampées, crochets de traction et autres, fabriquées par MM. Vignoul et Orban, de Liége. Ces pièces se font remarquer, aussi bien par la perfection apparente de leur exécution, que par la modicité extraordinaire de leur prix.

§ **265.** — Il faut citer également les pièces de locomotives, crosses de piston, boîtes à graisse, etc., forgées à la presse hydraulique d'après le système de M. Hatzveld, dans les ateliers de la « Staatsbahn ». La magnifique apparence des pièces forgées à la presse hydraulique est connue depuis longtemps déjà, et l'expérience a prouvé que ces pièces joignent une grande solidité à la perfection d'exécution qui les distingue.

Tôles de panneaux de voitures.

§ **266.** — Autrefois on employait surtout des tôles de fer pour les revêtements de panneaux de voitures : depuis quelques années on a adopté les tôles d'acier qui présentent plus de roideur.

Plusieurs industriels se font remarquer par la perfection du laminage de ces tôles pour panneaux.

Le planage des tôles de panneaux de voitures a révélé un fait très curieux, c'est que les tôles d'acier sont loin d'être uniformément dures dans toutes leurs parties.

Les planeurs habitués au planage des tôles de fer ont été absolument déroutés lorsqu'ils ont été dans l'obligation de planer les tôles d'acier; alors que les premières s'étendent régulièrement sous le marteau de planeur, on rencontre dans les secondes des îlots de matière notablement plus dure qui résistent au marteau et rendent le planage tout particulièrement difficile.

Il résulte de là que le métal fondu obtenu tant par le procédé Bessemer que par le procédé Siemens Martin est loin d'être un métal *homogène*.

Il est infiniment probable que les îlots durs que le planeur rencontre sous son marteau dans les tôles d'acier sont formés d'une matière plus carburée que les matières environnantes : d'après cela la composition chimique du métal fondu ne serait pas constante, dans toutes les régions d'un même lingot.

On peut, il est vrai, objecter que la dureté de certaines régions dans les tôles d'acier pour panneaux de voitures peut tenir à ce que dans le laminage à froid le métal a été écroui dans ces régions plus que dans les autres, mais s'il en était ainsi, cet écrouissage par zones se présenterait aussi dans les tôles de fer, et la pratique démontre qu'il n'en est rien. L'objection n'a donc pas de valeur.

Le fait que nous venons de citer ne peut donc, d'après nous, s'expliquer qu'en admettant que le métal fondu n'est pas homogène. Si, comme le pensent certaines personnes, l'acier résulte d'une dissolution du carbone dans le fer, il faut donc que dans le métal fondu, cette dissolution n'ait pas le même degré de saturation dans les diverses régions de la masse métallique : d'après cela, ce que nous avons appelé au § 132 *la compacité* ne serait autre chose que l'identité du degré de saturation de la dissolution dans toute la masse métallique et cette identité serait plus complète pour l'acier fondu au creuset que pour les aciers obtenus par d'autres procédés.

Tréfilerie — Pointerie

§ **267.** — L'industrie de la tréfilerie du fer, de l'acier et du cuivre est largement représentée à l'Exposition : nous y trouvons des fils des diamètres les plus ténus obtenus par l'étirage à travers des filières constituées par des rubis forés.

Parmi les fils d'acier les plus intéressants il faut citer, les fils pour cordes de pianos, exposés par M. W. D. Houghton (section anglaise) ; un de ces fils porte un poids de 180^k et il a 0^{m}000925 de diamètre seulement : c'est donc une charge de 269^k par $^m/_m$ □.

Nous croyons que jamais on n'avait obtenu de la matière pareille résistance.

Un autre produit intéressant de la tréfilerie sont les fils de fer à section variable obtenus par un procédé nouveau dans les forges de Bligny (Cher).

Si ces fils présentent les mêmes qualités résistantes que les fils ordinaires, ils peuvent recevoir d'utiles applications dans la fabrication des câbles de mines.

§ **268.** — Nous citerons, parmi les produits de la pointerie dignes d'être notés, les pointes cannelées de MM. Margueron et Cie. — Nous croyons savoir qu'il résulte d'essais faits sur ces pointes, dans les arsenaux de la marine nationale, que leur tenue est notablement meilleure que celle des pointes ordinaires à tige lisse; l'emploi de ces pointes dans la menuiserie des véhicules de chemins de fer pourrait avoir son intérêt.

Boulonnerie

§ **269.** — La fabrication des boulons est, en France et à l'étranger, l'objet de perfectionnements incessants tendant surtout à abaisser les prix de revient: on est arrivé, sous ce rapport, à des résultats qu'il paraît difficile d'améliorer davantage. Au point de vue de la perfection de l'exécution des boulons de vagonnage, les efforts tendent à supprimer autant que possible, la dépouille et les bavures des têtes, à réaliser la netteté des contours et la vivacité des arêtes, angles, ergots et collets carrés : comme les boulons de vagons sont bruts de forge, ces divers résultats ne peuvent s'obtenir que par un outillage perfectionné et maintenu en parfait état.

On demande généralement aussi aux boulons de vagonnage une précision dans le filetage assez grande pour que, dans un même type, un écrou pris au hasard puisse monter, sans jeu exagéré, sur un boulon pris au hasard. La réalisation de cette condition qui facilite beaucoup l'entretien des véhicules de chemins de fer ne peut s'obtenir qu'en remplaçant aussi souvent qu'il le faut les tarauds et les filières, l'usure faisant varier assez rapidement leurs dimensions primitives.

Elle exige, en outre, que le filetage et le taraudage soient faits en deux passes. Le filet étant ébauché à la première passe et régularisé à la seconde.

Le taraudage s'effectue généralement à froid, en France au moins, aussi bien pour la boulonnerie de chemins de fer que pour la boulonnerie commune.

Le taraudage à chaud est employé aux États-Unis : il ne paraît pas donner des résultats aussi réguliers que le travail à froid; déjà, en effet, dans le travail à froid le plus perfectionné, le métal subit un allongement en passant par les filières; avec un métal chauffé les irrégularités qui en résultent doivent évidemment être plus considérables.

Le corollaire de l'emploi du taraudage à chaud est de ne se servir que de fers parfaitement calibrés : en effet, le mérite qu'on attribue au taraudage à chaud est d'éviter les déchets de matière; or si le fer n'est pas bien calibré, de deux choses l'une, ou bien le système de taraudeuse employé permet au fer de s'allonger et alors toutes les pièces fabriquées seront de longueurs variables, ou bien le mode de fabrication emprisonne le métal et l'excédant donnera forcément une irrégularité dans l'épaisseur des filets. Cette nécessité de n'employer que des fers parfaitement calibrés est un sérieux inconvénient du taraudage à chaud.

On a prétendu que le taraudage à chaud donnait de meilleurs produits que le taraudage à froid : nous croyons, avec M. Dervaux-Ibled, que c'est une erreur, les efforts de torsion que le métal a à supporter dans le taraudage à froid sont bien loin d'atteindre ceux qui pourraient le détériorer, on ne voit donc pas en quoi le taraudage à froid abaisserait la qualité des produits : dans le taraudage à chaud, au contraire, la nécessité de chauffer le métal, crée le danger de le chauffer parfois plus qu'il ne faudrait, et par suite de le détériorer.

Pour ces raisons, nous croyons que les procédés de taraudage à froid adoptés en France d'une manière générale n'ont pas à redouter la comparaison avec les procédés américains, que beaucoup de personnes sont tentées de considérer comme perfectionnés.

Des observations analogues peuvent s'appliquer au mode de fabrication des écrous : on présente comme un perfectionnement important le procédé de découpage des écrous, à froid, employé aux États-Unis.

La vérité est qu'en France les écrous carrés sont découpés à froid dans bon nombre d'usines, mais lorsqu'il s'agit d'écrous à six pans, les déchets de matière résultant du découpage à froid excèdent notablement le surcroît de dépense résultant de la consommation du charbon dans le découpage à chaud.

Il n'y a donc aucun intérêt à employer dans ce cas le premier de ces deux procédés : la consommation, d'ailleurs, a d'autant moins d'intérêt à ce qu'il soit employé que les écrous découpés à froid sont très certainement d'une solidité bien inférieure aux écrous forgés.

Sur ce point encore, nous croyons que l'on s'abuse, en considérant comme un perfectionnement le procédé préconisé par les Américains.

Au surplus, le prix de revient des pièces brutes de boulonnerie américaine est, croyons-nous, très supérieur à celui des pièces similaires de fabrication française.

Serrurerie

§ 270. — Sur ce terrain encore les procédés américains et les procédés français sont en présence, et les premiers trouvent beaucoup de partisans : nous croyons, quant à nous, que la serrurerie française peut parfaitement soutenir la comparaison.

L'emploi de la fonte malléable devient de plus en plus général dans la serrurerie. Nous croyons que les chemins de fer doivent proscrire absolument la fonte malléable pour toutes les parties des serrures, pène, fouillot, etc., qui sont exposées à des frottements. La fonte malléable, en effet, est excessivement tendre, et une serrure dans laquelle les pièces frottantes sont en fonte malléable est nécessairement hors de service à bref délai.

Parmi les perfectionnements apportés dans ces derniers temps au mécanisme des serrures, nous citerons la serrure à gorges à double mouvement, qui diffère de la serrure à gorges de l'ancien système en ceci : sa sûreté est obtenue par des arrêts, mobiles dans le sens vertical et dans le sens horizontal, qui passent dans des gorges également mobiles, tandis que jusqu'à ce jour un seul arrêt fixe, passant dans des gorges mobiles dans le sens vertical seulement, a constitué la garantie de la serrure à gorges.

M. Graillot, serrurier à Paris, expose des serrures qu'il nomme serrures à bascules et qui présentent sur les serrures à gorges des avantages sérieux au point de vue de la sécurité de la fermeture : cette serrure un peu compliquée peut-être, comme mécanisme, offre cette ingénieuse disposition que la forme de la clef peut être variée à l'infini, sans autre modification dans la serrure que l'interversion de certaines pièces.

Chaînes

§ **271.** — Depuis bien des années, les conditions de résistance des chaînes *sans étais* employées par la marine nationale sont les suivantes :

Toutes les chaînes, avant leur mise en service, doivent supporter sans déformation sensible une charge de 14^k par $^m/_m$ □ de la double section du maillon : en outre, un bout de chaîne d'environ un mètre de longueur ou plus, si la chaîne est de fort échantillon, doit supporter sans se rompre une charge de 26^k par $^m/_m$ □ de la double section du maillon.

Jusque dans ces dernières années le fer nerveux, dit fer à câbles, était uniquement employé pour la fabrication des chaînes et les compagnies de chemins de fer avaient adopté pour les chaînes de leurs grues de chargement, qui sont toutes des chaînes *sans étais*, les conditions de résistance admises par la marine nationale.

§ **272.** — Ce n'est qu'à une date récente qu'on a songé à employer le métal fondu pour la fabrication des chaînes, et nous trouvons à l'exposition de MM. Lobel et Turbot, de Raisne (Nord), les premiers exemples de cette nouvelle fabrication. Ces industriels exposent des chaînes en acier doux soudable, produit par la Société des forges de Denain et Anzin.

Ces chaînes sont fabriquées par les mêmes procédés et avec les mêmes formes que les anciennes chaînes : la nature du métal est seule différente.

D'après les résultats d'épreuves donnés par MM. Lobel et Turbot, la résistance de ces chaînes serait bien supérieure à celle des chaînes en fer.

Nous trouvons, en effet, dans l'exposition de ces industriels, un bout de chaîne de 30 $^m/_m$ de diamètre de tige, dont la résistance à la rupture s'est élevée à 38^k,550 par $^m/_m$ □ de la double section du maillon, avec 37 °/₀ d'allongement de la chaîne et un bout de chaîne de 24 $^m/_m$ de tige qui a résisté à 38^k,700 par $^m/_m$ □ de la double section du maillon avec 40 °/₀ d'allongement.

Des chaînes de même grosseur fabriquées avec du fer nerveux, n° 4 de la Société des forges de Denain et Anzin, ont supporté seulement 30^k par $^m/_m$ □ de la double section du maillon, ce serait donc un gain de résistance de près de 30 °/₀, mais nous devons faire, au sujet de l'emploi du métal fondu dans la fabrication des chaînes, les mêmes réserves que nous avons faites précédemment, dans tous les cas où l'on emploie le métal fondu pour des objets exposés à des chocs.

Nous croyons qu'indépendamment de la difficulté que présente la réussite des soudures de maillons en acier, fût-il extra-doux, si l'on ne soumet pas ces chaînes à des recuits énergiques dans certaines conditions qui restent encore à déterminer, on s'expose, en dépit de leur grande résistance aux charges statiques, à de sérieux mécomptes dans l'emploi.

Chaînes sans soudures de MM. David et Damoizeau

§ **273.** — Un autre mode d'application du métal fondu à la fabrication des chaînes a été imaginé par MM. David et Damoizeau.

Les chaînes de ces industriels ne comportent pas de soudures; chaque maillon est formé par une tige ronde terminée à ses deux extrémités par deux boucles applaties demi-rondes.

Cette tige ronde est cintrée à chaud de manière à juxtaposer les deux boucles.

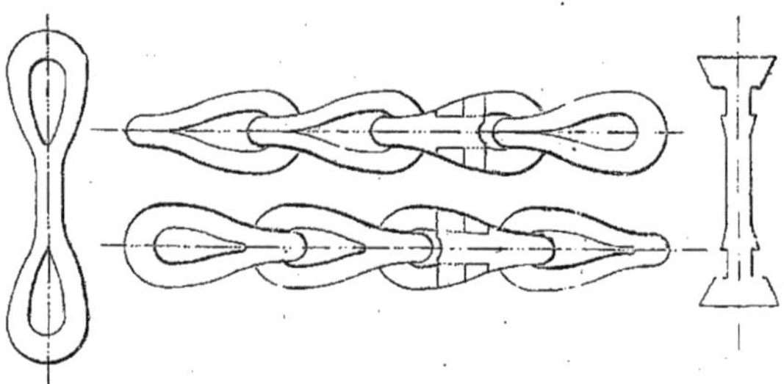

Fig. 24.

La longueur intérieure des boucles est suffisante pour que, en présentant un maillon transversalement au maillon précédent, on puisse l'emmailler sans difficulté.

La question à résoudre pour que le système fût complet était de raccorder les bouts de chaînes les uns aux autres, dans les cas de rupture ou dans tous autres cas, sans qu'il fût besoin d'interposer un maillon soudé.

Les inventeurs ont réalisé cette condition par l'emploi de ce qu'ils appellent *un nabot de raccordement*. Il y a deux sortes de nabots :

Le *nabot à chaud* se compose de deux pièces étampées, identiques comme formes et dimensions, aplaties à leurs extrémités et se réunissant par simple agrafe. Ce nabot nécessite pour sa pose le chauffage d'une des pièces étampées.

Le *nabot à froid* peut se poser à froid et à la main ; les deux parties emmanchées l'une dans l'autre sont fixées par deux goupilles que l'on met en place après la pose.

MM. David et Damoizeau fabriquent trois types principaux de chaînes sans soudures ; à chaque type correspond une forme différente de maillons.

Le type n° 1 dit chaîne marine est employé pour Barbotin, noix, touage, etc.; le type n° 2, dit chaîne ronde, pour enroulement sur treuils, poulies, etc. ; le type n° 3 pour engrenages (chaîne à la Vaucauson).

Des résultats des épreuves par traction subies par leurs chaînes, les inventeurs tirent les conclusions suivantes :

1° Il y a un rapport sensiblement constant pour une même matière entre les poids des chaînes et les résistances qu'elles présentent à la rupture.

2° Un kilogramme de chaîne de fer résiste à une charge moyenne de 1350 à 1700 kilogrammes suivant la qualité, tandis que la résistance moyenne d'un kilogramme de chaîne en acier est de 2750 à 3400 kilogrammes.

3° La charge de rupture est environ le double de la charge d'essai, que l'on peut fixer à 20 kil. par m/m □ de la double section de la tige.

4° L'élasticité à la charge d'essai est d'environ 5 à 7 m/m par mètre. Cette élasticité se conserve jusqu'à la rupture.

MM. David et Damoizeau emploient pour la fabrication de leurs chaînes de l'acier doux présentant de 45 à 50 kilog. par m/m de résistance à la rupture et de 18 à 25 % d'allongement. La teneur en carbone de cet acier est de 0,20 à 0,25 %.

Voici les résultats de l'épreuve par rupture de deux chaînes du type de MM. David et Damoizeau ;

Chaîne de 20 m/m de diamètre de tige : charge de rupture, 41k4 par m/m □ de la double section de la tige; allongement, 12,6 %;

Chaîne de 12 m/m de diamètre de tige : charge de rupture, 46k4 par m/m □ de la double section de la tige, avec 5,7 % d'allongement.

MM. David et Damoizeau ont traité quelques-unes de leurs chaînes par immersion dans un bain de goudron, après les avoir chauffées au rouge. L'essai portait sur des chaînes de 16 m/m de diamètre de tige : à la charge de 14k, l'allongement était de 10 m/m par mètre pour les chaînes non trempées et 5 m/m pour les chaînes trempées; à la charge de 36k, l'allongement total était de 136 m/m pour un mètre pour les chaînes non trempées et de 209 m/m pour les chaînes trempées : l'allongement élastique tombait de 5 m/m à 3 m/m après la trempe. Cette trempe au goudron adoucit donc le métal : elle déprime son élasticité et équivaut à un véritable recuit. Nous croyons que cette opération, ou même un véritable recuit, s'il devait être plus efficace, est indispensable pour que les chaînes de ce système ne présentent pas de danger dans l'emploi. Nous nous reporterons, sur ce point, à ce qui a été dit au § 78.

Le brevet de MM. David et Damoizeau est exploité en France, par la Société des forges de Commentry-Fourchambault (usine d'Imphy) et par MM. Dorémieux et Cie à Saint-Amand (Nord); en Belgique, par la Société de construction de Chapelle-lès-Berlaimont, et en Angleterre, par MM. Brown, Bayley et Dixon.

Procédé du docteur Barff

§ **274.** — Le docteur Barff de Londres a proposé, dans ces derniers temps, un procédé de préservation du fer contre l'oxydation qui paraît aussi ingénieux qu'efficace. Le procédé consiste à provoquer la formation, à la surface des pièces que l'on veut protéger contre l'oxydation, d'une couche d'oxyde magnétique; cette couche, lorsqu'elle prend naissance dans certaines conditions que nous allons exposer, est entièrement adhérente, très compacte et protége le métal contre toute oxydation subséquente.

La production artificielle de l'oxyde noir de fer (Fe^3o^4) ou oxyde magnétique et son application, en couche mince, à la surface du fer, ne sont pas nouvelles, mais ce qu'il y a d'original dans la procédé du docteur Barff, c'est qu'il donne lieu à une couche très adhérente, ayant une cohésion tout à fait identique à celle du métal lui-même.

Lorsqu'on fait passer un courant de vapeur d'eau sur du fer chauffé au rouge vif, il se produit de l'hydrogène et la surface du fer se couvre d'oxyde magnétique Fe^3o^4; mais le dépôt est friable, il n'a ni dureté ni adhérence : cela paraît tenir à ce que la vapeur d'eau qui est amenée au contact du fer rouge est humide et que l'oxydation passe par les différents degrés Feo — Fe^2o^3 et enfin Fe^3o^4; c'est donc seulement à l'extérieur qu'existe l'oxyde magnétique; mais entre lui et le fer sont interposées des couches moins oxydées.

Le procédé du docteur Barff consiste à projeter de la vapeur sèche surchauffée sur le métal porté à une haute température. Dans ces conditions, la couche d'oxyde qui se forme paraît être uniquement de l'oxyde magnétique, et le dépôt est compacte et adhérent.

La température à laquelle le docteur Barff opère actuellement est de 530° ; les fours dont il s'est servi jusqu'à présent sont de petites dimensions : aussi le traitement ne s'est-il appliqué qu'à des objets peu volumineux; mais avec une installation appropriée, et l'inventeur s'occupe de la créer, il n'est pas douteux que le procédé ne puisse s'appliquer avec un égal succès à des pièces de dimensions beaucoup plus grandes.

D'après M. Barff, l'opération n'augmente que de 5 % le prix de revient du fer.

Ce procédé pourrait avoir des applications bien utiles dans l'industrie des chemins de fer, en particulier, pour la préservation des pièces du mécanisme des locomotives.

Nous avons cru utile, pour cette raison, de nous étendre quelque peu sur ce sujet.

CHAPITRE IX

CUIVRE. — BRONZES. — LAITONS. — CUIVRE MANGANÉSÉ. — BRONZES PHOSPHORÉ ET MANGANÉSÉ. — NICKEL. — MAILLECHORTS.

§ 275. — C'est pour la confection des foyers de locomotives que le cuivre est principalement employé dans l'industrie des chemins de fer :

A l'état de cuivre rouge, il constitue les plaques de foyers et les entretoises qui réunissent les foyers aux enveloppes ;

A l'état de laiton, il constitue les tubes à fumée des locomotives, les garnitures de voitures, etc. ;

A l'état de bronze, il a des emplois variés dans la robinetterie, les coussinets, etc. ;

Enfin le tuyautage des machines, la couverture des voitures de 1re classe, etc. emploient aussi le cuivre rouge.

La fabrication du cuivre rouge et de ses alliages a, depuis nombre d'années, acquis une grande perfection ; nous n'aurons donc à signaler, pour ces derniers temps, dans cette branche de la métallurgie, que des améliorations de détail. Nous allons les passer en revue.

§ 276. — En ce qui concerne spécialement l'affinage du métal, nous avons à signaler l'emploi du manganèse par M. P. Manhès, propriétaire de l'usine de Védènes. On sait que le cuivre s'affine par oxydation et prend sa nature définitive par le raffinage, opération dans laquelle on réduit par le charbon l'oxydule de cuivre qui était resté en dissolution dans le cuivre métallique par suite de l'affinage,

M. Manhès a eu l'idée d'effectuer cette réduction de l'oxydule au moyen de manganèse. L'affinité du manganèse pour l'oxygène étant supérieure à celle du cuivre, si l'on introduit du manganèse dans le bain métallique dans l'opération du raffinage, l'oxydule sera décomposé par le manganèse et le cuivre réduit à l'état métallique.

Le manganèse étant un métal éminemment oxydable, la difficulté était de l'introduire dans le bain à l'état métallique. M. Manhès y parvient en fabriquant un alliage de cuivre et de manganèse qu'il emploie dans l'opération du raffinage, exactement de la même manière qu'on emploie le ferro-manganèse ou le spiegel-eisen dans l'opération Bessemer ou Siemens-Martin.

« Qu'il s'agisse de la fabrication du cuivre, du bronze ou du laiton, dit M. Manhès, il n'y a rien à changer dans la marche des opérations métallurgiques, et le traitement spécial n'a lieu que lorsque le métal est prêt à être coulé. Il faut alors couvrir le bain métallique avec du charbon de bois concassé mélangé d'une petite quantité d'un flux alcalin, tel que carbonate de soude, borax, etc., le premier a pour but d'empêcher les effets de l'oxydation par l'air atmosphérique, et le second de scorifier l'oxyde de manganèse qui se produit par la réduction des autres oxydes métalliques.

« On laisse tomber doucement dans le métal la quantité voulue de cupro-manganèse, on continue à chauffer pendant quelques instants pour que la fusion soit bien complète, on agite vivement le métal pour rendre le mélange plus intime, on laisse encore reposer quelques instants pour que la réaction se produise bien, et l'on procède à la coulée comme d'ordinaire. Il est préférable d'introduire le cupro-manganèse dans le métal après l'avoir préalablement fondu *sous charbon*, dans un creuset en plombagine, on évite ainsi le refroidissement du bain métallique. Il est bon d'observer que le bronze, lorsqu'il est traité par le procédé qu'on vient d'indiquer, ne doit pas contenir plus de 10 % d'étain au maximum ; au delà le métal est cassant. »

Les proportions de cupro-manganèse recommandées par M. Manhès sont les suivantes :

3 à 4 kil. de cupro manganèse	pour	100 kil. de bronze.
0,250 à 1 kil. — —	pour	100 kil. de laiton.
0,150 à 1 kil. 200 — —	pour . . .	100 kil. de cuivre rouge.

§ **277**. — Nous passons maintenant à l'examen des procédés de mise en œuvre du cuivre rouge.

Plaques de foyer

Depuis l'adoption des longs foyers dans les machines locomotives à grande vitesse, les dimensions des plaques de foyer, notamment celles de la plaque d'enveloppe se sont considérablement accrues : les difficultés de laminage des plaques ont augmenté en proportion. MM. J. Laveissière laminent couramment des plaques ayant jusqu'à $3^m,30$ de largeur.

La grosse difficulté dans la fabrication des plaques de foyers est d'obtenir des surfaces bien saines, exemptes de pailles, soufflures ou autres défauts qui devenant en service, des centres d'oxydation abrègent la durée des foyers. Pour arriver à ce résultat il faut, non-seulement opérer la coulée du lingot avec les précautions nécessaires pour que la surface en soit bien saine, mais il faut encore que les défauts qui viendraient à se révéler après les diverses passes au laminoir soient soigneusement purgés au burin ou de toute autre manière équivalente au fur et à mesure qu'ils se révèlent. En outre, l'expérience a prouvé que pour avoir des plaques parfaitement saines, il était nécessaire de débarrasser les lingots, au moyen de la machine-outil, de la croûte superficielle crispée par le retrait que présente leur surface libre dans la lingotière. Cette opération est exigée par les cahiers des charges de la Cie P.-L.-M.

§ **278**. — Les plaques tubulaires de foyer sont, comme on sait, écrouies au marteau dans la région qui reçoit les tubes. Le but que l'on poursuit ainsi est de rendre le métal assez dur pour qu'il ne se déforme pas trop sous l'action de l'appareil dit de « Dudjeon » au moyen duquel on fait les joints des tubes. Cet appareil agit, en augmentant violemment le diamètre intérieur des tubes à fumée à leur passage dans les plaques tubulaires et les appliquant ainsi contre lesdites plaques, de manière à produire l'étanchéité du joint. Il est évident que cette étanchéité ne serait pas réalisée si le métal de la plaque était si tendre qu'il cède tout autant que le tube à fumée sous l'action de l'appareil Dudjeon.

M. Bullot, directeur de l'usine de MM. J. Laveissière à Saint-Denis, a institué une expérience fort ingénieuse pour démontrer que lorsqu'on écrouit la surface d'une plaque en cuivre, au moyen du marteau, le durcissement s'étend à toute l'épaisseur du métal. Considérons une barre de cuivre cylindrique de 20 $^m/_m$ de diamètre environ, terminée à ses deux extrémités par des appendices propres à la saisir dans les mâchoires d'une machine à essayer les métaux par traction.

Un semblable barreau d'épreuve, essayé par traction, se comporte de la manière suivante : l'allongement se répartit, d'abord à peu près uniformément, et par suite le diamètre diminue régulièrement sur toute la longueur de la barre.

Lorsqu'on approche du point de rupture, l'allongement se localise dans une certaine région dans laquelle la réduction de section ou striction s'exagère de

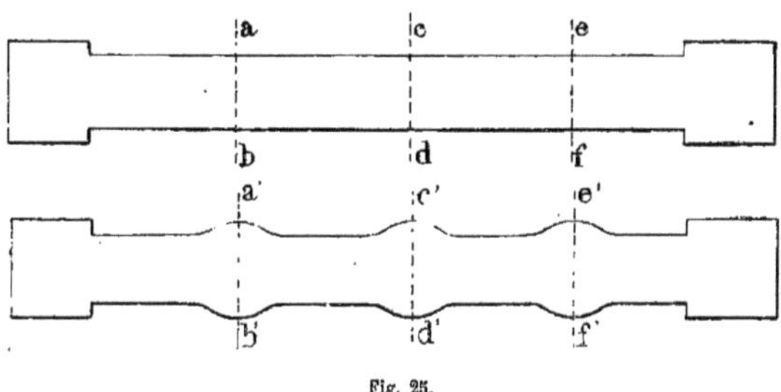

Fig. 25.

plus en plus jusqu'à la rupture : mais en se tenant à une distance suffisante de la rupture, la striction ne se produit pas et la réduction de section est régulière d'un bout à l'autre de la barre. Or M. Bullot écrouit à petits coups de marteau, un pareil barreau d'épreuve, suivant des sections droites, telles que : *ab*, *cd*, *ef*, puis il les soumet à des efforts de traction suffisants pour produire un fort allongement permanent, mais pas assez considérable pour que la striction se produise, et il obtient un barreau déformé qui présente des *nodosités a'b'*, *c'd'*, *e'f'*, là où le métal a été écroui. Cela prouve que, sous l'action du marteau, la faculté d'allongement du métal a été diminué. Cela établi, préparons un deuxième barreau exactement comme le précédent, et enlevons, au tour, la croûte superficielle sur une profondeur de deux ou trois millimètres ou plus. Ce barreau essayé à la traction, dans les mêmes conditions que ci-dessus, présentera les mêmes nodosités que le barreau précédent. Cette expérience établit clairement que le durcissement opéré par le marteau, à la surface du cuivre, se répercute dans toute la masse. Il est probable que cette conclusion ne serait plus exacte si l'on voulait l'étendre à des épaisseurs de métal un peu considérables, mais elle est exacte pour les limites d'épaisseur dans lesquelles on emploie pratiquement le cuivre.

§ **279**. — Nous avons cherché à nous rendre compte de la variation du durcissement, selon qu'on a recours à des martelages plus ou moins énergiques : à cet effet nous avons préparé un certain nombre de barreaux d'épreuve en cuivre ayant pour section des carrés d'environ 25 $^m/_m$ de côté : ces barreaux provenaient d'une même plaque de cuivre très homogène ; nous les avons martelé sur plat, de manière que leur épaisseur fût réduite respectivement de $^1/_2$, 1, $1^1/_2$, 2 et $2^1/$ millimètres, et après avoir régularisé la section par une très légère passe à la machine à raboter, nous les avons rompus par traction les résultats obtenus ont été les suivants :

NATURE DES BARREAUX.	CHARGE de rupture en kilog. par m/m □	ALLONGEMENT °/o.	OBSERVATIONS.
Barreau intact	24k	48 °/o	
Barreau dont l'épaisseur a été réduite de 1/2 m/m par martelage sur le plat.	25	41	
— de 1 m/m	25	41	
— de 1 m/m 1/2 . .	25	37.5	
— de 2 m/m	25	39	
— ne 2 m/m 1/2 . .	24	33.5	Il se manifeste de nombreuses criques sur les arêtes du barreau.

Il résulte de ce tableau que le martelage à froid ne modifie pas sensiblement la ténacité du cuivre, mais diminue sa faculté d'allongement. Cette diminution se fait d'ailleurs sentir dès le plus léger martelage, et elle ne varie plus beaucoup lorsque le martelage devient plus énergique, à moins qu'il ne devienne excessif, et, dans ce cas, le métal devient trop aigre pour être employé.

La conclusion à tirer de ces expériences, qui évidemment demandent à être approfondies, est celle-ci : ce n'est pas à l'*intensité* du martelage qu'il faut demander l'*efficacité* de l'écrouissage ; un écrouissage modéré à petits coups est autant et plus efficace au point de vue du durcissement de la masse qu'un martelage à outrance.

Nous croyons utile de dégager explicitement cette conclusion qui va directement à l'encontre des idées admises sur la matière.

Barres rondes pour entretoises

§ **280.** — La fabrication des barres rondes pour entretoises qui semble se présenter dans les conditions les plus simples, offre des difficultés pratiques assez sérieuses. Les bonnes entretoises sont parfaitement homogènes ; lorsqu'on les filète, le pas de vis est bien lisse, sans aucune trace d'égrénement ou d'arrachement de la matière.

Si le lingot d'où on a tiré la barre d'entretoise n'a pas été coulé avec les précautions voulues, la barre est pailleuse : la matière s'arrache sous l'outil du tour à fileter et l'entretoise est mise hors de service alors même que le lingot est bien sain. Si la barre est obtenue par un simple laminage à chaud, la matière est grasse, elle ne se laisse pas trancher nettement par l'outil de tour, elle l'encrasse. Si, au contraire, l'étirage à la filière qu'on opère à froid pour terminer la barre d'entretoise a réduit le diamètre outre mesure, la matière est aigrie, elle s'égrène sous l'outil de tour.

Il y a donc, en dehors des précautions relatives à la coulée du lingot, une juste mesure à garder dans la fabrication des barres pour entretoises. L'expérience nous a démontré que la réduction du diamètre obtenu par le passage à la filière qui termine la confection de ces barres, ne doit pas s'écarter beaucoup de 1 m/m 1/2.

Dans ces conditions, ces barres essayées à la traction doivent donner les résultats suivants :

Charge de rupture moyenne en kil. par m/m □.	24k
Allongement moyen.	24 %

La plupart des compagnies des chemins de fer emploient, comme on le sait, des entretoises forées dans toute leur longueur, d'un trou de 5 à 6 m/m de diamètre. Si l'entretoise vient à se rompre, ce trou donne passage à un jet de vapeur qui décèle la rupture qui s'est produite.

Ou avait jusqu'ici percé ce trou au foret : quelques industriels ont eu l'idée de produire des barres pour entretoises toutes forées; ces barres s'obtiennent par emboutissages successifs d'une plaque de cuivre qu'on transforme ainsi en un tube que l'on retreint ensuite par le laminage et l'étirage à la filière. Nous craignons que l'étirage final de ces barres creuses n'ait pas la même efficacité pour le durcissement du métal que l'étirage des barres pleines, et que par suite les qualités résistantes des premières ne soient inférieures à celles de ces dernières.

Le procédé d'élaboration employé n'est pas moins intéressant.

Tubes à fumée en laiton

§ **281**. — Chacune de nos usines à cuivre a son procédé de fabrication particulier pour les tubes à fumée en laiton, et tous ces procédés se valent à peu près, au point de vue de la qualité de la matière. La supériorité des tubes, les uns par rapport aux autres, réside surtout dans la parfaite égalité de l'épaisseur du tube en tous les points de son pourtour, et dans l'absence complète de pailles ou tous autres défauts tant à l'intérieur qu'à l'extérieur des tubes; c'est par des soins tout particuliers apportés à la fabrication que l'on arrive à réaliser ces conditions.

Le titre du laiton employé pour la confection des tubes à fumée est généralement :

70 °/₀ de cuivre.
30 °/₀ de zinc.

Parmi les tubes à fumée en laiton, nous citerons les tubes à épaisseur variable, renforcés à leur deux extrémités, à l'emmanchement dans les plaques tubulaires; le renforcement d'épaisseur en cet endroit a pour but de favoriser l'étanchéité des joints, la réduction d'épaisseur dans le reste du tube donne une économie de poids et par suite de prix de revient.

Planches en laiton

§ **282**. — Ce qui établit la supériorité des planches en laiton les unes par rapport aux autres, en dehors des qualités de la matière lesquelles résultent du titre du laiton, c'est la parfaite netteté des surfaces; on obtient cette netteté en enlevant, très soigneusement après chaque passe au laminoir, les pailles et autres défauts au fur et à mesure qu'ils se révèlent.

M. Bullot opère ce dépaillage d'une manière bien ingénieuse, en promenant sur les plaques une très fine fraise à laquelle on imprime un mouvement de rotation très rapide au moyen de l'appareil connu sous le nom de « Stow flexible Shaft ».

Tuyaux sans soudures en cuivre rouge

§ **283**. — Les tuyaux en cuivre rouge, fabriqués par emboutissages successifs à la presse hydraulique et, par conséquent, sans soudures, ne sont plus une nouveauté: la plupart des usines à cuivre les fabriquent couramment dans de bonnes conditions, et leur usage est très répandu. L'exposition en renferme des échantillons de très grandes dimensions.

Parmi les producteurs des tuyaux de cette espèce, il convient de citer la « Brougton Copper Company » de Manchester qui comprime le cuivre fluide au moyen de la presse hydraulique et obtient ainsi des lingots très homogènes et d'un grain très serré qui, traités ensuite par emboutissages successifs, donnent des tuyaux sans soudures d'une homogénéité remarquable.

Ce procédé de compression du cuivre fluide est appliqué par la « Brougton Copper C[y] » depuis nombre d'années, en sorte que sir Joseph Whitworth n'a fait qu'appliquer à l'acier fondu un procédé déjà employé pour le cuivre.

Alliages de cuivre

§ **284.** — Les alliages industriels du cuivre sont, comme on le sait, fort nombreux; voici les compositions des alliages employés par la Cie P.-L.-M., avec leurs applications usuelles :

Désignation de l'alliage.		Quantités de divers métaux pour 100 d'alliage					Applications usuelles.
		Cuivre.	Étain.	Zinc.	Plomb.	Antimoine	
Bronzes.	Titre N° 1.	82	16	2			Pièces à frottement circulaire, telles que : coussinets de boîtes à graisse, de bielles motrices, d'accouplement, coussinets d'arbres de freins, etc.
	Titre N° 2.	84	14	2			Pièces à frottement alternatif, telles que : tiroirs, sièges de soupapes, écrous de vis de freins, etc.
	Titre N° 3.	90	8	2			Pièces non sujettes à frottement continu, telles que : robinets, sifflets, écrous, etc.
Laitons.	Titre N° 1.	70	30				Tubes à fumée.
	Titre N° 2.	67	33				Sièges de colonnes de sifflets, talons de fermes de foyer, boîtes à étoupes de régulateurs.
	Titre N° 3.	65	35				Poignées, contre-poignées, loqueteaux. charnières, etc., de wagons.
	Titre N° 4.	63	37				Rondelles diverses, plaques de compartiments, etc.
Métal.	Pour antifriction.	5	71			24	Intérieur des coussinets de bielles, des colliers d'excentrique.
	Pour garniture Duterne.		14		76	10	Garnitures pour tiges de pistons de tiroir de régulateur.
Soudures à l'étain.	Pour ferblantiers.		45		55		
	Pour zingueurs.		40		60		

§ **285.** — M. Daix, fondeur à Saint-Quentin (Aisne), exposant de la classe 54, classe les bronzes en catégories, dont les compositions varient suivant l'usage auquel ils sont destinés; en dehors du bronze mécanique, le classement de M. Daix comprend :

1re classe : les bronzes devant résister à la vapeur.
2e — — à la pression.
3e — — au frottement.
4e — — aux eaux plus ou moins acides.

Dans les pièces à frottement (coussinets, grains, bagues, etc.) la composition varie elle-même avec la vitesse relative des pièces frottantes et la nature du métal constitutif de l'arbre (fer ou acier). Chaque classe de bronze comporte quatre qualités :

Le bronze ordinaire.
Le bronze 1re qualité.
Le bronze supérieur.
Le bronze extra.

Au point de vue de la *composition*, cette subdivision se réduit en réalité à deux groupes seulement : le bronze ordinaire et le bronze supérieur. Le bronze première qualité ne diffère du bronze ordinaire que par les soins particuliers apportés à la fabrication en vue de la désoxydation et de la perfection de l'alliage.

Le bronze extra ne diffère du bronze supérieur que par le procédé de fabrication qui lui donne une homogénéité et une résistance spéciales.

Dans l'exposition de M. Daix, on voit les cassures de ces diverses natures de bronze.

§ **286.** — MM. Doly et Cie de Paris, fabricants spéciaux de soudures de cuivre, exposent dans la classe 43 une série fort intéressante d'alliages pour soudures.

La soudure, disent ces industriels, doit être composée d'un alliage ayant quelque affinité avec le métal qu'on veut souder et entrer en fusion à une température plus basse que les métaux à réunir. On doit s'astreindre à éviter les proportions résultant des équivalents chimiques qui tendent à donner un produit cristallisé cassant : pour obvier à cet inconvénient on ajoute un des métaux constituants en excès. Il y a lieu aussi de considérer les tendances électro-chimiques des métaux qui entrent dans la composition en vue d'éviter l'oxydation de l'alliage.

MM. Doly divisent les soudures comme suit :

1° Soudure jaune ou forte composée d'un alliage de cuivre rouge, de cuivre jaune et de zinc dans certaines proportions.

Elle sert à souder le cuivre rouge et même le fer.

Elle peut encore se composer, pour la soudure de fer, d'un alliage de laiton, de zinc et d'étain.

2° La soudure grise ou tendre, composée d'un alliage de cuivre rouge et de zinc dans certaines proportions.

Elle sert à souder le cuivre jaune.

3° La soudure-brasure composée de cuivre et d'étain. Elle sert surtout à souder la tôle et le fer mince.

La soudure à l'usage de la ferblanterie et de la plomberie est composée d'étain et de plomb.

Il y a encore les soudures qu'on emploie pour les métaux précieux, tels que l'or, l'argent, et dans lesquelles le cuivre n'entre que pour une part infiniment petite.

§ **287**. — Parmi les alliages de cuivre préconisés dans ces derniers temps, il faut citer les alliages de cuivre contenant du phosphore ou bronzes phosphoreux et ceux contenant du manganèse ou bronzes manganésés.

Bronze phosphoreux

Le bronze phosphoreux n'est pas un produit nouveau. Il y a déjà plusieurs années que MM. Montefiore-Lévy et Cie, et avant eux MM. de Ruoltz et de Fontenay, ont présenté cet alliage comme doué d'une résistance considérable et apte à être employé pour la fabrication des canons. Outre la Société Montefiore-Lévy et Cie, dont le siége est à Liége, des sociétés se sont formées dans divers pays pour l'exploitation de bronze phosphoreux.

1° En Allemagne G. Hoper et Cie à Iserlohn,

2° Aux États-Unis, la Phosphor-bronze C^y^ à Pittsburg,

3° En Angleterre, la Phosphor-bronze C^y^ Canon Street 110 à Londres.

Cette dernière société figure à l'Exposition. D'après les inventeurs, ce nouvel alliage peut, selon le but que l'on se propose, être fabriqué plus ductile que le cuivre, malléable comme le fer forgé ou dur comme l'acier.

« Dans la fusion, il acquiert une fluidité parfaite, et sa cassure a un grain « aussi fin que celui de l'acier fondu.

« Il peut être fondu et refondu à nouveau sans que sa qualité change.

« Il est moins sensible à l'oxydation que le cuivre jaune ou rouge.

« L'alliage spécial de bronze phosphoreux destiné au laminage présente « une ductilité extraordinaire : car des plaques peuvent être réduites au « cinquième de leur épaisseur par une seule passe au laminoir à froid, sans « que les bords en présentent la moindre crique. »

Les alliages de bronze phosphoreux les plus employés sont :

Le n° 1. Pour fils, tubes, tôles, clous, câbles, toiles métalliques, épingles, etc.

N° 2 et 3. Pour engrenages, robinets, tuyères, etc.

Le n° 5 est un peu plus dur que les n°s 2, 4 et 5. — Pour pompes hydrauliques, soupapes, engrenages, etc....

N° 6. Doit être coulé en coquille et résiste à plus de 30 kil. par m/m □ de traction. On l'emploie pour boulons, écrous, tiges de pompes, etc.

N° 7. Plus dur que les nos 2 et 3, pour glissières de machines à vapeur, vis, cylindres hydrauliques, outils (marteaux, couteaux, etc...).

N° 8. Pour cloches.

N° 11. Alliage spécial pour coussinets, tiroirs de machines et autres surfaces frottantes. Ne s'échauffe pas et ne grippe pas.

Voici les résultats d'expériences effectuées par M. Kirkaldy sur le bronze phosphoreux :

1° Bronze phosphoreux étiré en fils (n° 16 de la jauge de Birmingham).

NATURE DU FIL.	CHARGE DE RUPTURE par m/m □ Non recuit.	CHARGE DE RUPTURE par m/m □ Recuit.	ALLONGEMENT correspondant % après recuit.	NOMBRE DE TORSIONS avant rupture sur une longueur de 12 c/m 1/2. Non recuit.	NOMBRE DE TORSIONS avant rupture sur une longueur de 12 c/m 1/2. Recuit.
Bronze phosphoreux . . . . . . (de diverses compositions.)	72k3	34k7	37.5	6.7	80
— — . . . . . . (de diverses compositions.)	85.1	33.6	34.1	22.3	52
— — . . . . . . (de diverses compositions.)	85.2	37.5	42.4	13.0	124
— — . . . . . . (de diverses compositions.)	97.7	42.8	44.9	17.3	53
— — . . . . . . (de diverses compositions.)	112.2	41.7	46.6	13.3	66
— — . . . . . . (de diverses compositions.)	106.3	43.4	42.8	13.8	60
Cuivre rouge.	44.5	25.1	34.1	86.7	96
Acier.	92.9	52.3	10.9	22.4	79
Fer au bois de 1re qualité	46.3	32.4	28.0	48.0	87

2° Bronze phosphoreux fondu.

NATURE DES PIÈCES ÉPROUVÉES.	DIMINUTION de section ou striction.	CHARGE PAR m/m □. A la limite d'élasticité.	CHARGE PAR m/m □. A la rupture.
Cuivre rouge fondu	3.50 %	5k	4k9
Bronze de canon ordinaire. { 9/10e cuivre . . . . 1/10e étain.	3.60	9	11.7
Bronze phosphoreux de diverses compositions	8.40	16.75	37.0
— —	1.50	17.38	32.45
— —	33.40	11.35	31.29

3° Épreuves à la traction par secousses répétées selon la méthode de M. Wöhler (§ 158).

PHOSPHORE-BRONZE NON FORGÉ.			BRONZES ORDINAIRES.		
N° de la barre.	Charge par m/m □	Nombre de secousses jusqu'à la rupture.	N° de la barre.	Charge par m/m □	Nombre de secousses jusqu'à rupture.
N° 1.	16k	408350	N° 1.	16k	Cassé sans supporter la tension.
N° 2.	20	147850	N° 2.	16	4200
N° 3.	12	3100000	N° 3.	12	6300

Enfin une barre de bronze phosphoreux soumise à des torsions répétées de 18 kil. par m/m □ a supporté 2 millions et demi de torsions sans casser.

La dureté du bronze phosphoreux déterminée par la largeur des entailles faites par un couteau en acier sous une pression déterminée (voir § 159) est en raison inverse des chiffres suivants :

Bronze phosphoreux n° 4,	longueur de taille.	12,4 m/m
— n° 5,	—	8,6
Fer forgé,	—	12
Acier Martin doux,	—	9
Acier à canon Krupp,	—	7,7
Bronze ordinaire.	—	12,5

Les industriels auxquels nous empruntons ces renseignements, ont évidemment intérêt à abaisser le bronze ordinaire par rapport au bronze phosphoreux, et les chiffres cités portent en plus d'un endroit la trace de cette préoccupation ; mais, en lui faisant même large part, les résultats d'épreuves n'en dénotent pas moins un métal remarquable et susceptible d'applications multiples.

§ 288. — On remarquera que ni MM. Montéfiore-Lévy, ni la Phosphor-bronze Cy ne donnent le moindre détail sur le mode de fabrication et la composition du bronze phosphoreux. L'intérêt que ces industriels ont à garder le secret sur ce point, explique suffisamment leur réserve : la très intéressante communication faite par MM. de Ruoltz et de Fontenay au jury de la classe 64 nous permet heureusement de combler la lacune que nous venons de signaler.

Ces messieurs, dès 1853, avaient pensé qu'en vertu de sa grande affinité pour tous les métaux, notamment pour les métaux usuels, le phosphore devait faciliter la fusion de leurs alliages et les rendre plus homogènes. Pour les alliages ne fondant qu'à une température élevée, le point de fusion se trouvait considérablement abaissé : de ce fait devaient résulter deux avantage importants : économie de combustible et perfection du moulage par la remarquable liquidité du bain métallique. C'est sur le phosphure de cuivre que l'attention de MM. de Ruoltz et de Fontenay a été appelée tout d'abord; ils avaient observé que ce phosphure jouissait de la propriété d'être stable et de rester combiné avec une proportion très-élevée de phosphore sans se décomposer, même pendant une durée de fusion très-considérable.

C'est au moyen de la *pâte à phosphore* (phosphate acide sirupeux mélangé avec $\frac{1}{6}$ de son poids de charbon et chauffé jusqu'au rouge sombre et dans des creusets en plombagine) que MM. de Ruoltz et de Fontenay préparent le phosphure de cuivre.

Ce phosphure est au titre de 9 % de phosphore.

Au moyen de ce phosphure, ces messieurs préparent pour la Cie des chemins de fer d'Orléans diverses pièces dont les compositions sont les suivantes :

1° Tiroirs de distribution de machines locomotives.

Cuivre phosphoré à 9 % de phosphore	5k500
Cuivre	77k850
Étain	14k000
Zinc	7k650
Total	100k000

2° Coussinets de bielles de locomotives :

Cuivre phosphoré à 9 % de phosphore	5k500
Cuivre	74k500
Étain	11k000
Zinc	11k000
Total	100k000

3° Coussinets d'essieux de wagons.

	1er Type.	2e Type.
Cuivre phosphoré à 9 % de phosphore	2k500	1k500
Cuivre	72.500	73.500
Etain	8.000	6.000
Zinc	17.000	19.000
Totaux	100k »	100k »

4° Bronze spécial pour tiges de pistons de presses hydrauliques et en général pour toutes les pièces qui doivent avoir une grande ténacité.

Cuivre phosphoré à 9 %.	3k500
Cuivre.	85k500
Étain.	8k000
Zinc.	5k000
Total.	100k000

En comparant les alliages ci-dessus avec les anciennes compositions de bronze dont le type est :

Cuivre.	84	à 84
Étain.	14	à 13
Étain.	2	à 3
Total.	100	100

On remarque que le zinc est pour une plus forte proportion substitué à l'étain. C'est à cette modification essentielle que MM. de Ruoltz et de Fontenay attribuent les propriétés caractéristiques des alliages nouveaux. Le phosphore, ayant une affinité très-grande pour tous les métaux, rend l'alliage beaucoup plus fusible et plus homogène, et le zinc, qui s'allie au cuivre beaucoup mieux que l'étain, contribue à cette homogénéité parfaite.

§ **289.** — M. Joëssel, ingénieur de la marine, a effectué en 1872 des expériences comparatives sur la résistance des bronzes ordinaires et des bronzes phosphoreux : les bronzes phosphoreux, sur lesquels ont porté les expériences, provenaient de M. Montéfiore-Lévy qui avait fourni à leur sujet les renseignements suivants :

« Le bronze n° 1 a une teneur en étain de 2 % : il est destiné surtout à la « coulée des plaques pour le laminage, les lames devant servir soit au doublage « des navires, soit à la fabrication des pièces embouties ne demandant pas une « grande dureté.

« Le n° 2, ayant une teneur en étain de 2 %, est destiné à la fabrication des « feuilles laminées pour cartouches embouties.

« Le n° 3, renfermant 5 % d'étain, est propre surtout à la fabrication des « coussinets ; le n° 4, renfermant 7 1/2 % d'étain, est destiné à la fabrication des « pièces mécaniques, telles que : pignons, boulons, etc..., devant montrer « une grande résistance combinée avec de la dureté et de l'élasticité.

« Enfin le n° 5, renfermant 9 %, d'étain est spécialement destiné à la fabri- « cation des bouches à feu. »

M. Montéfiore-Lévy, ajoutait : Il est important de prendre les précautions suivantes pour la fusion de notre métal.

Le chargement étant fait en creusets, on ajoute un peu de verre pilé et on recouvre de charbon de bois concassé. Le métal étant fondu, on coule aussitôt, c'est-à-dire qu'il importe de ne pas laisser le métal dans le four après sa fusion, et il doit être coulé à la plus haute température possible. Les pièces demandant une grande résistance et dont les formes sont simples gagnent à être coulées en coquille.

Nous nous bornerons à reproduire les conclusions que M. Joëssel a tirées de ses expériences sur ces divers bronzes phosphoreux.

1° A titre égal en étain, les bronzes phosphoreux ne sont pas plus résistants que les bronzes ordinaires, mais ils sont plus durs.

2° A dureté égale, ils peuvent être plus résistants que les bronzes ordinaires si le phosphore y a été convenablement dosé.

Bronze manganésé

§ **290**. — Nous avons vu plus haut que M. Manhès propose d'améliorer le bronze ordinaire par l'addition d'une certaine quantité de cupro-manganèse.

Voici les résultats d'essais comparatifs par traction faits par cet industriel sur diverses espèces de bronze.

DÉSIGNATION DES BRONZES.		CHARGE DE RUPTURE EN KIL. par m/m □	ALLONGEMENT °/₀.
Bronze ordinaire	Cu = 90 Sn = 10	20k	4
Bronze manganésé	Cu = 90 Sn = 10 Mn = 0.5	24	15
Bronze manganésé	Cu = 90 Sn = 10 Mn = 1	26	20
Bronze *écroui*	Cu = 90 Sn = 10 Mn = 1	35	6.5

L'introduction d'une petite proportion de manganèse dans le bronze paraît donc en améliorer la résistance et la ductilité. Toutefois, ces expériences ne sont pas bien concluantes.

M. Joëssel, dans les expériences comparatives sur les bronzes ordinaires et phosphoreux, dont il a été parlé au paragraphe précédent, a constaté que la résistance des bronzes ordinaires variait beaucoup selon les conditions dans lesquelles ils ont été préparés.

Voici le résultat des expériences faites à ce sujet :

DÉSIGNATION DES BRONZES.		RÉSISTANCE à la rupture par m/m □	ALLONGEMENT %
Bronze à 5 % d'étain préparé en mettant l'étain dans le creuset seulement après la fusion du cuivre, qui avait duré 2 heures.		23k	17.20
Bronze au même titre préparé en fondant l'étain et le cuivre en même temps.		14k91	4.16
Bronze au même titre, coulé aussitôt après sa liquéfaction		23k	17.20
Bronze au même titre, maintenu liquide pendant 2 heures dans le four, au contact de l'air, avant la coulée.		21k43	9.28
Barreaux de bronze à 8% d'étain, coulés à diverses températures.	A la température maximum du four	18k51	8.35
	A une température moyenne.	23	17.20
	A la plus basse température possible.	20.05	10.85

On voit, d'après cela, que le mode de préparation des barreaux d'épreuves en bronze influe sur leur résistance dans des proportions bien supérieures aux écarts de résistance trouvés par M. Manhès entre les barreaux en bronze ordinaire et ceux en bronze manganésé.

Avant de conclure avec certitude à un excédant de résistance des uns par rapport aux autres, il faudrait donc être bien sûr que tous les barreaux ont été coulés dans les mêmes conditions.

§ **291.** — Nous devons faire les mêmes réserves avant de parler des bronzes manganésés exposés par la « White-Brass Company » de Londres.

Cette compagnie fabrique du bronze manganésé de plusieurs qualités.

Le n° 1 est préparé pour les moulages qui demandent une grande ténacité et une grande raideur : la résistance à la rupture est d'environ 37 kil. par m/m □ et la résistance à la limite d'élasticité de 20 kil. par m/m □. Cette qualité peut être avantageusement employée pour les hélices, armatures d'étambots et autres pièces de même nature, pièces mécaniques, pignons, roues dentées, etc.

Le n° 2 est analogue au n° 1, mais de qualité supérieure ; il est plus dur, sa résistance à la rupture est à peu près la même, mais la charge à la limite d'élasticité est d'environ 26k par m/m □.

Les nos 1 et 2 peuvent être forgés en les chauffant au rouge, moyennant certaines précautions. Ces bronzes ne doivent pas être coulés très-fluides, il faut les couler lorsqu'ils sont visqueux et peu éloignés de la solidification.

Cette particularité peut être gênante lorsqu'il s'agit de mouler des pièces de petites dimensions et de formes compliquées. Dans ce cas les n°s 3 et 4 doivent être employés.

Le n° 3 est appelé à suppléer le n° 1 dans les moulages de pièces minces, petites et délicates ; il est presque aussi doux et tenace que le n° 1.

Le n° 4 est surtout destiné à résister aux frottements, il s'emploie pour les coussinets, boîtes de roues, etc.

Le bronze manganésé fabriqué en lingots marqués 0 se forge et se lamine parfaitement ; laminé, il offre une résistance à la rupture de 46^k,5 par $^m/_m$ □ avec un allongement de 20 à 35 %. Pour forger ce métal il faut le chauffer au rouge cerise clair, au rouge sombre il perd sa malléabilité.

Le bronze manganésé peut être laminé à froid comme le cuivre et le laiton.

Voici le résultat des expériences sur 6 échantillons de bronze manganésé de la « White-Brass Company » effectuées à l'arsenal de Woolwich.

MARQUE DES ÉCHANTILLONS.	CHARGE EN KILOG. par $^m/_m$ □		ALLONGEMENT à la rupture %.	OBSERVATIONS.
	Limite d'élasticité	Rupture.		
1	21^{k}7	37^k	87.5	Coulé en coquille.
1A	19.5	46.5	51.8	Coulé en coquille et forgé.
2	21.7	34.5	5.5	Coulé en coquille.
2A	20	44.5	35.35	Coulé en coquille et forgé.
3	26	36.9	0.38	Coulé en coquille. — Légère paille dans l'échantillon.
3A	18.4	48.5	2.57	Coulé en coquille et forgé.

Le diamètre des échantillons était de 13 $^m/_m$,5 ; les allongements ont été mesurés sur 50 $^m/_m$ de longueur.

§ **292.** — M. Létrange, qui a étudié les alliages de cuivre et de manganèse, donne à leur sujet les renseignements suivants :

Le manganèse produit avec le cuivre des alliages blancs, très-durs, mais ductiles et tenaces.

Le cupro-manganèse se distingue des alliages au nickel, en ce que sa teinte blanche au lieu de tirer sur le gris, comme dans ceux-ci, est légèrement rosée.

L'introduction du manganèse dans le laiton en blanchit la couleur et lui fournit de la dureté et de la ténacité sans lui retirer de la ductilité. Il peut dans bien des cas se substituer au nickel.

Seul avec le cuivre, il forme des alliages assez ductiles, très-durs, très-tenaces et susceptibles d'un beau poli. La couleur de ces alliages s'échelonne du blanc au rose, suivant la proportion du manganèse et du cuivre.

Nickel

§ **293**. Depuis la découverte des importants et riches gisements de nickel de la Nouvelle-Calédonie par M. Jules Garnier, les conditions industrielles de ce métal tendent à subir une transformation radicale. Deux importantes usines ont été fondées en France, l'une à Septènes près de Marseille par M. Jules Garnier, l'autre à Saint-Denis près de Paris par M. Christofle, et la production du nickel est devenue assez importante pour que son prix se soit considérablement abaissé.

On peut entrevoir le moment où le nickel deviendra l'un des métaux employés couramment dans la pratique industrielle.

Ce métal paraît avoir de grandes analogies avec le fer, ou plutôt avec l'acier, au point de vue des propriétés physiques : ténacité, ductilité, etc. ; il jouit en outre d'une très-grande inoxydabilité : son introduction dans l'industrie des métaux présenterait donc un grand intérêt.

Pour le moment il n'est employé qu'à l'état d'alliage avec le cuivre et le zinc, avec lesquels il constitue le maillechort.

Le minerai de la Nouvelle-Calédonie ou *Garniérite* est un silicate multiple de nickel, de fer, de magnésie et de chaux ; il contient de 6 à 15 % de nickel métallique.

Ce minerai est traité dans l'usine de M. Christofle par les anciens procédés de la métallurgie du nickel qui empruntent la voie humide. Il est traité à Septènes par des procédés nouveaux que M. Jules Garnier a fait breveter et qui présentent de grandes analogies avec les procédés de la métallurgie du fer.

Le maillechort, dont la belle couleur blanche et l'inoxydabilité sont bien connues, peut être avantageusement employé, maintenant surtout que le prix en a subi une forte baisse, dans les garnitures de chemins de fer pour lesquelles on employait jusqu'ici le laiton. L'emploi pour cet usage du maillechort fondu, est infiniment préférable à la nickelisation des pièces en laiton qui avait été usitée dans ces dernières années.

En effet, la couche de nickel déposée galvanoplastiquement est très-mince, et avec les astiquages au tripoli, usités dans la plupart des chemins de fer, on ne tarde pas à la faire disparaître. Rien de pareil n'est à craindre avec les garnitures de voitures en maillechort fondu ; nous croyons donc que l'emploi de cet alliage est appelé à prendre de l'extension.

Nous trouvons à l'Exposition plusieurs fabricants de maillechort.

MM. Gombault et Cie, l'un des plus importants, emploient un maillechort ayant la composition suivante :

Cuivre	60
Zinc	20
Nickel	20
Total	100

M. Guillemin introduit dans ses maillechorts une petite proportion de *sodium* : il estime que ce métal empêche que dans les moulages d'objets en maillechort il se rencontre des soufflures.

Cet inventeur fabrique en conséquence un alliage de sodium et de nickel qu'il additionne en petite proportion aux coulées de maillechort. Le maillechort de M. Guillemin a la composition suivante :

Cuivre	58
Zinc	16,65
Nickel	25
Sodium	0,55
Total	100

M. Christofle ne fait aucune addition pour empêcher les soufflures; il estime que par l'emploi du borax ou du verre pilé, et avec des précautions convenables dans les coulées, on obtient des produits parfaitement sains.

APPENDICE

ANNEXE AU CHAPITRE IV

Expériences faites aux États-Unis au sujet de l'influence du phosphore sur les propriétés physiques de l'acier

M. A. L. Holley a dernièrement rendu compte, à la Société des ingénieurs civils anglais, des essais faits aux États-Unis sur des aciers présentant des teneurs en phosphore élevées.

Ces aciers, fabriqués au four Siemens-Martin, ont été l'objet de nombreuses analyses chimiques et ont été soumis à des épreuves par traction, par compression et par torsion par les soins du professeur Thürston.

Une circonstance notée par M. Holley est que tous ces aciers contenaient en même temps une proportion élevée de manganèse ; il pense que cela a pour effet d'améliorer la malléabilité des aciers riches en phosphore : nous avons vu au § 81 que la Société de Terrenoire présente ce fait seulement comme le résultat forcé des conditions de la fabrication des aciers phosphorés.

M. Holley s'étend sur les difficultés qui se sont rencontrées dans le laminage des barres d'acier phosphoré. Il est arrivé fréquemment, paraît-il, qu'au passage dans les cannelures ogivales du laminoir, ces barres se sont criquées plus ou moins fortement, et l'on a été, dès lors, amené à classer les aciers plus ou moins phosphorés dans un certain ordre de mérite selon qu'ils s'étaient plus ou moins bien comportés dans l'étirage au laminoir.

Celui qui s'est le mieux comporté sous ce rapport avait la composition suivante :

N° 1.	Carbone.	0.124 °/₀
	Silicium.	0.005
	Soufre.	0.095
	Phosphore.	0.254
	Manganèse.	0.627
	Total.	1.105 °/₀

et celui qui s'est le plus mal comporté :

N° 2.	Carbone.	0.230 °/₀
	Silicium.	0.043
	Soufre.	0.178
	Phosphore.	5.383
	Manganèse.	0.596
	Total	1.430 °/₀

D'après cela, la malléabilité à chaud paraît varier en raison inverse de la teneur en phosphore.

Des essais de pliage à froid furent exécutés sur des barreaux de 27×18 m/m de section, provenant des mêmes coulées. Ces barreaux furent pliés, les uns après trempe, les autres après recuit : le n° 1 supporte le ployage infiniment mieux que le n° 2 aussi bien après trempe qu'après recuit.

Les essais à la traction exécutés par le professeur Thŭrston, sur des barreaux de 20 à 22 m/m de diamètre et de 15 c/m de longueur, ont donné les résultats suivants :

Le n° 1.	Charge à la limite d'élasticité.	30k
	Charge de rupture.	46k
	Allongement correspondant.	7.5 °/₀
Le n° 2.	Charge à la limite d'élasticité.	34k
	Charge de rupture.	53k
	Allongement correspondant..	5 °/₀

De l'ensemble des résultats de ces essais par traction le professeur Thŭrston tire les conclusions suivantes :

1° Les aciers phosphorés qui n'ont qu'une faible teneur en carbone ne durcissent pas par la trempe.

Cette conclusion est contraire à celle que nous avons tirée, au § 76, *des essais de la Société de Terrenoire.*

2° Les aciers phosphorés ont une limite d'élasticité supérieure à celle des aciers ordinaires à ténacité égale.

C'est ce que nous avons fait remarquer au § 78.

3° Ils ne sont pas aussi ductiles que les aciers ordinaires.

4° Ils présentent parfois des défauts de structure qui paraissent tenir à un manque d'homogénéité ou à une répartition inégale des « éléments du durcissement » dans la masse du métal.

L'expression imagée « éléments du durcissement » (hardening elements) s'applique aux métalloïdes que contient l'acier.

Expériences faites aux États-Unis au sujet de l'influence de la composition chimique et de l'étirage au laminoir, sur les propriétés physiques du fer

M. A. L. Holley, dans l'un des derniers numéros de la Revue métallurgique américaine, rend compte des recherches récemment faites par « le Comité des essais des États-Unis », et qui ont porté sur l'influence de la composition chimique et du mode de traitement sur les propriétés résistantes du fer puddlé.

Les essais par traction, qui ont porté sur 2000 barres de fer, ont été effectués sous la direction de M. Beardslee, et les analyses chimiques ont été faites parM. Blair.

Les conclusions qu'on peut tirer de ces expériences sont, d'après M. Holley, les suivantes :

1° La présence du phosphore dans le fer puddlé accroît, en général, saténacité en même temps que sa fragilité ; cependant il arrive que des fers riches en phosphore sont plus doux que d'autres qui en renferment moins.

Les fers phosphoreux que nous avons cités au § 78 *présentent cette particularité.*

2° Lorsque le fer puddlé renferme du silicium en forte proportion, la ténacité et la ductilité sont, en général, à la fois, très-faibles.

Les fers essayés renfermaient de 0,18 à 0,32 °/₀ de silicium, outre une proportion moyenne de phosphore, carbone et de scories.

3° Les expériences ont confirmé ce que tout le monde sait de la propriété qu'a le carbone d'augmenter la ténacité et la fragilité du fer puddlé.

4° Le manganèse ne paraît pas avoir d'influence sensible sur la ténacité du fer puddlé ; la dose la plus élevée, parmi tous les échantillons essayés, n'était, il est vrai, que de 0,097 °/₀.

5° Les échantillons essayés ne contenaient pas au delà de 0,046 °/₀ de soufre : à cette teneur, le soufre ne paraît pas exercer d'effet sensible *sur la ténacité.*

6° Le cuivre, bien que sa teneur s'élevât à 0,43 °/₀ dans certains échantillons, n'a semblé avoir aucune influence sur la ténacité.

7° Les scories, dont la teneur variait de 0,38 à 2,26 %, ne paraissent pas non plus influer sur la ténacité.

8° La soudabilité du fer puddlé paraît dépendre de la température à laquelle le métal est porté beaucoup plus que de sa composition chimique.

Un échantillon riche en phosphore se soudait très-bien à une certaine température et très-mal à une température plus élevée.

Le travail mécanique auquel a été soumis le métal paraît également influer sur sa soudabilité. C'est ainsi qu'un échantillon a fourni de bien meilleures soudures qu'un autre de même composition chimique qui avait été moins corroyé au marteau.

C'est exprimer, en d'autres termes, ce fait généralement admis que l'étirage diminue la soudabilité.

9° L'étirage au laminoir influe sur la résistance du fer au moins autant que les différences de composition chimique.

Pour mettre ce fait en évidence on a fait subir, au laminoir, à des échantillons de fer présentant la même composition chimique, des étirages variés de manière que la section finale des barres était une fraction plus ou moins grande de la section primitive. Les résultats des épreuves par traction, subies par ces barres, ont été les suivants :

DIAMÈTRES DES BARRES.	SECTION DE LA BARRE en tant % de la section primitive du paquet.	CHARGE DE RUPTURE en m/m □	CHARGE DE LA LIMITE d'élasticité.
50m/m	11.63	36.4	22k7
46	10.22	37.8	23.7
43	8.90	38.7	24
40	7.68	39.4	25.2
37.8	11.78	37.4	24.3
34	9.90	38.2	23.6
31.6	8.18	39.6	23.5
28.5	9.62	39.6	22.6

On voit que d'une barre à l'autre les charges de rupture diffèrent de 3k,4.

D'autre part, les charges de rupture des fers contenant le plus d'impuretés, comparées à celles des fers qui en contenaient le moins, ont présenté des écarts de 2k,4.

Celles des fers aciéreux les plus tenaces (0,28 % de carbone) comparées à celles des fers les plus doux (0,03 % de carbone) ont présenté des écarts de 4k,8.

Celle d'un fer renfermant 0,25 % de phosphore différait de celle d'un fer n'en contenant que 0,09 % de 3k,48.

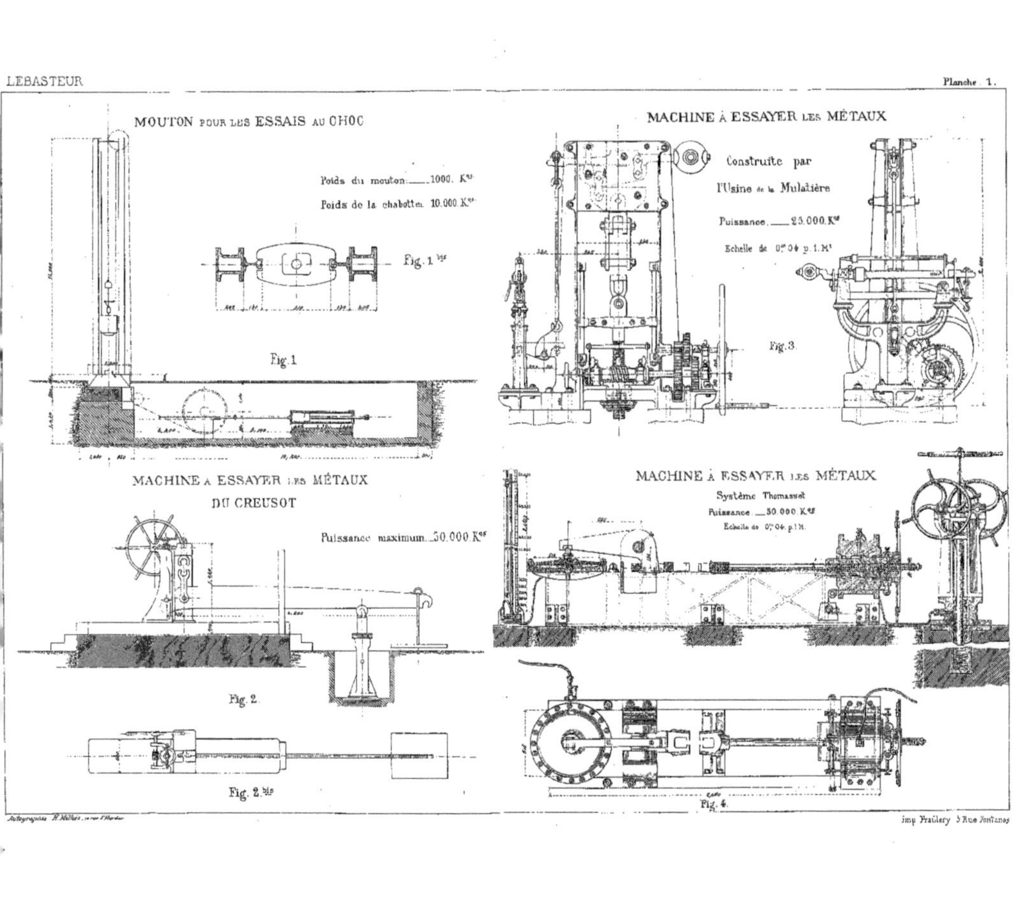

MOUTON POUR LES ESSAIS AU CHOC

Poids du mouton .... 1000. K^{gs}
Poids de la chabotte 10.000 K^{gs}

Fig. 1 bis

Fig. 1

MACHINE À ESSAYER LES MÉTAUX DU CREUSOT

Puissance maximum ... 50.000 K^{gs}

Fig. 2.

Fig. 2 bis

MACHINE À ESSAYER LES MÉTAUX

Construite par
l'Usine de la Mulatière
Puissance ... 25.000 K^{gs}
Echelle de 0^m 04 p. 1 M^t

Fig. 3.

MACHINE À ESSAYER LES MÉTAUX

Système Thomasset
Puissance ... 50.000 K^{gs}
Echelle de 0^m 04 p. 1 M.

Fig. 4.

Autographie R. Malhet ... Imp. Fraillery 5 Rue Fontanes

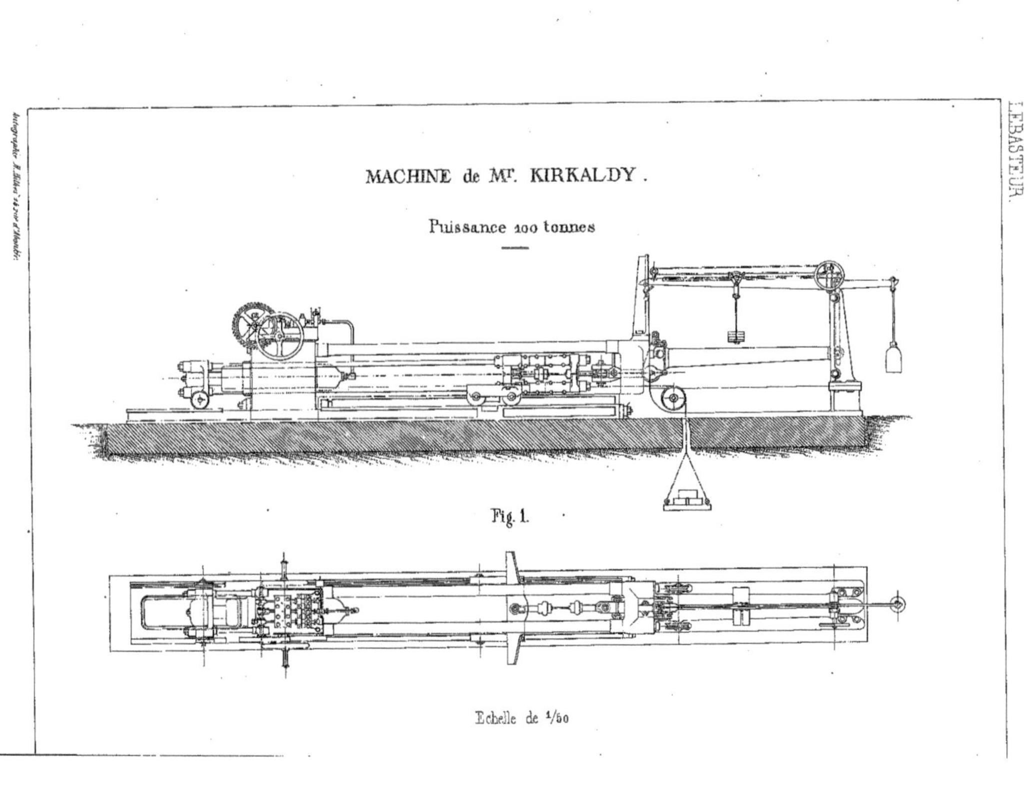
MACHINE de Mr. KIRKALDY.
Puissance 100 tonnes
Fig. 1.
Echelle de 1/50
LEBASTEUR.

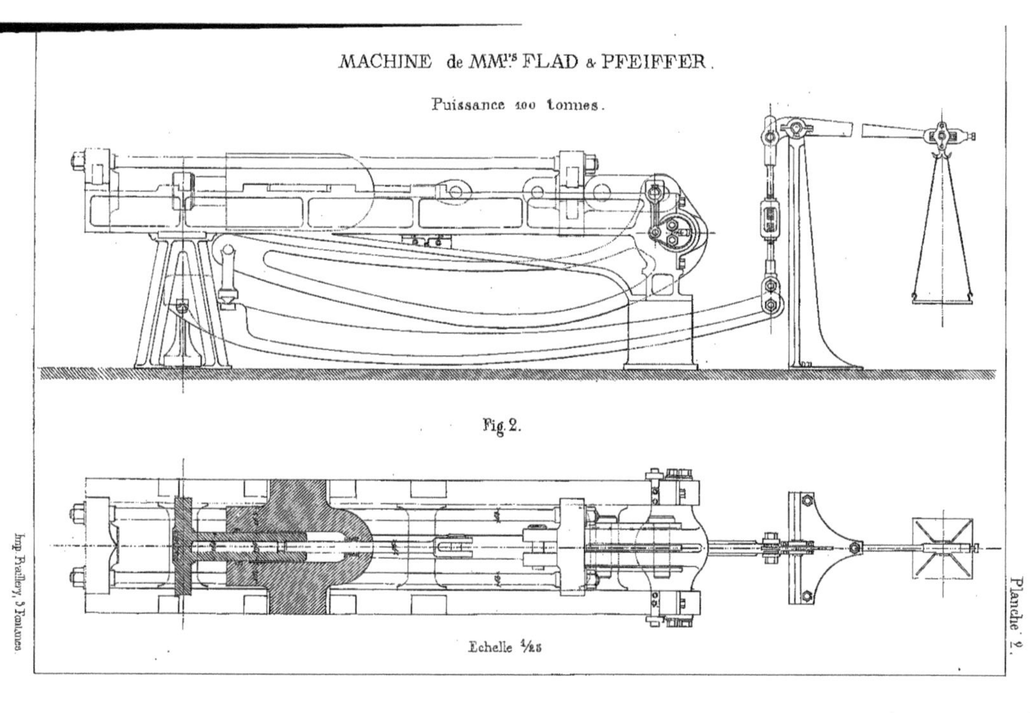
MACHINE de MM.rs FLAD & PFEIFFER.
Puissance 100 tonnes.
Fig. 2.
Echelle 1/25
Planche 2.
Imp. Fraillery, 3 Fontaines.

Ateliers des Chemins de Fer de Lyon

MACHINE A ESSAYER LES MÉTAUX.

Ensemble

Echelle de 1/30

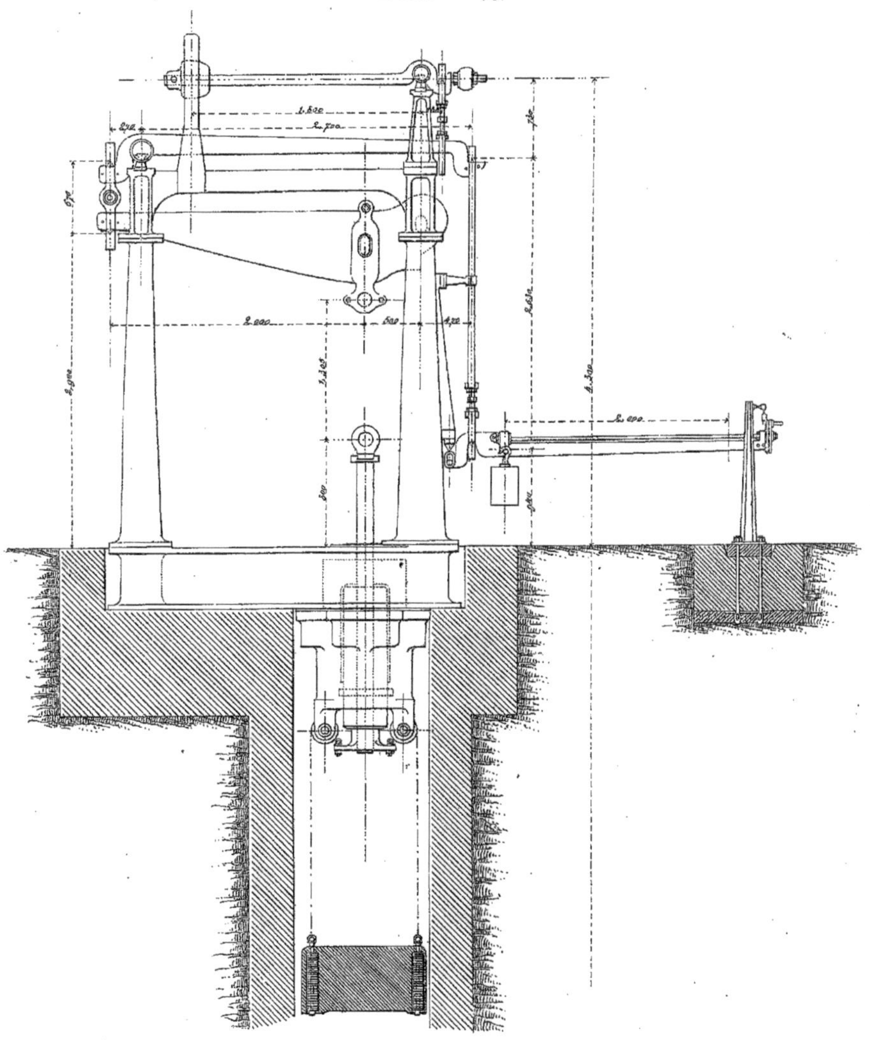

Fig. 1.

Autographie H. Milhès, 14 rue d'Aboukir.

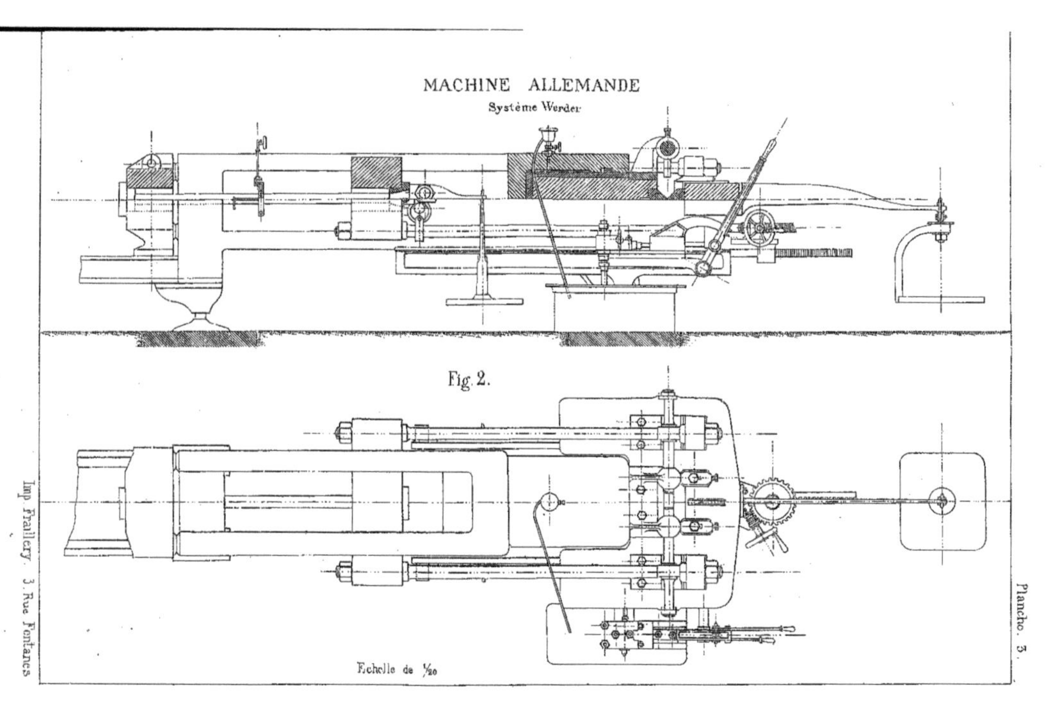
MACHINE ALLEMANDE
Système Werder
Fig. 2.
Echelle de 1/20
Imp. Frallery. 3. Rue Fontanes
Planche. 3.

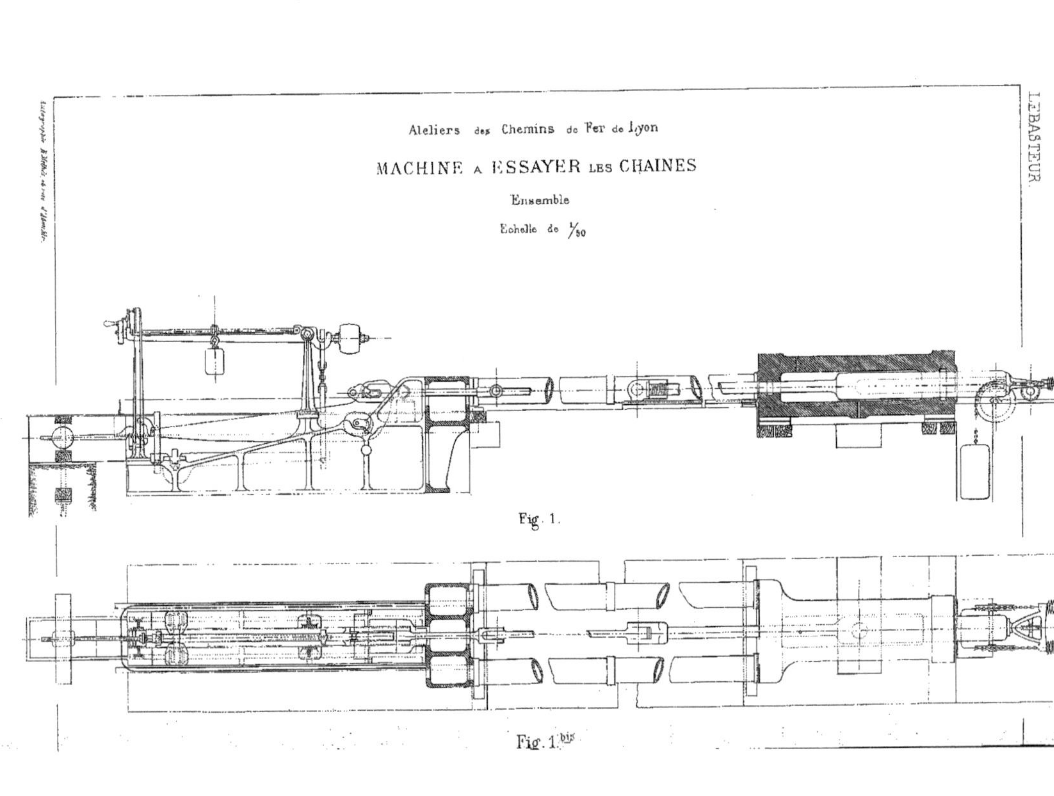

Fig. 1.

Fig. 1 bis

Echelle de $1/18$

Fig. 2.

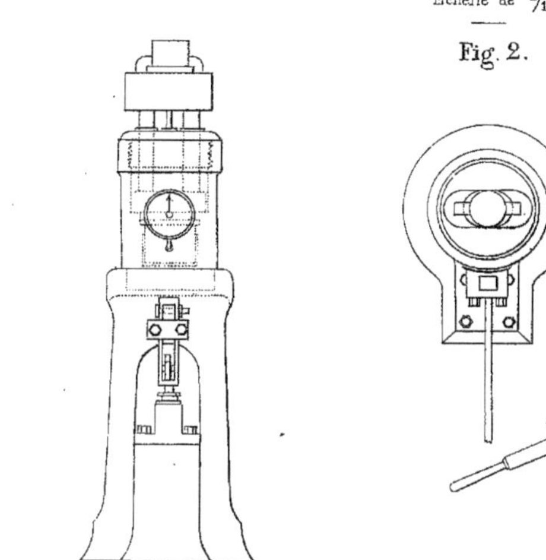

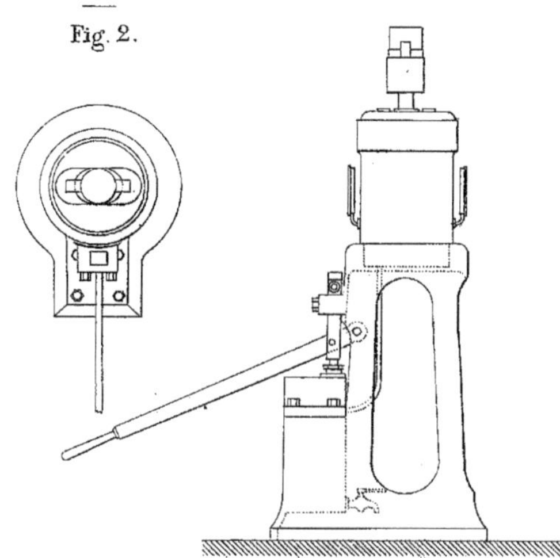

MACHINE de MM. CHAUVIN et Marin DARBEL

Echelle de $1/25$

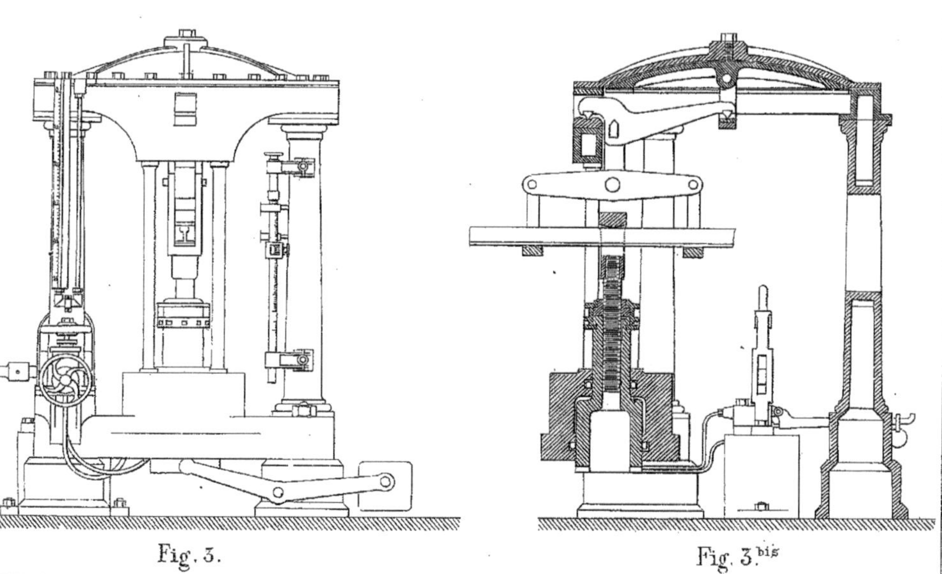

Fig. 3. Fig. 3.bis

Imp. Fraillery. 3 Rue Fontanes

LEBASTEUR

Autographie H. Millet 14, Rue d'Aboukir

MACHINE du Colonel MAILLARD

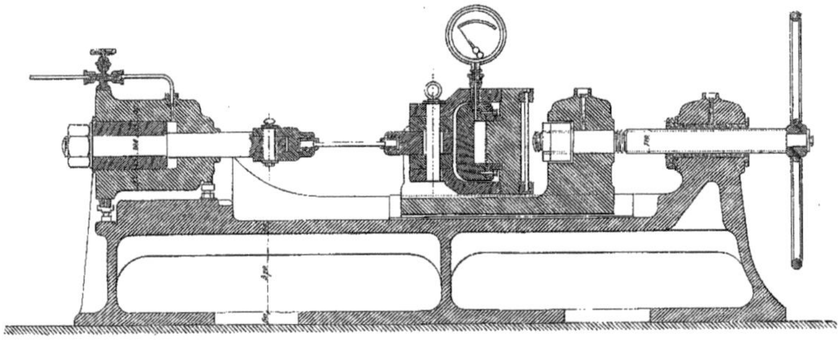

Fig. 1.

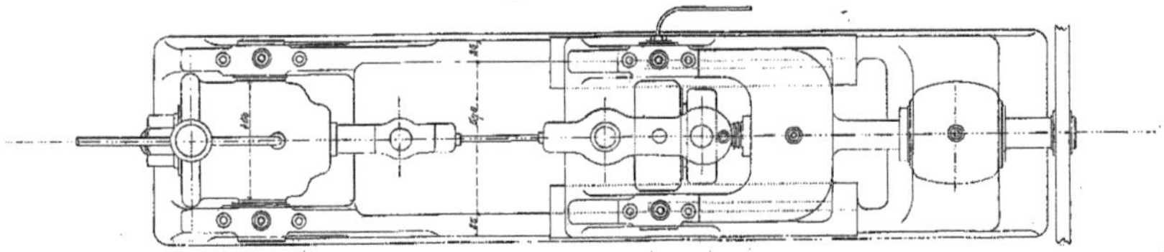

Echelle de

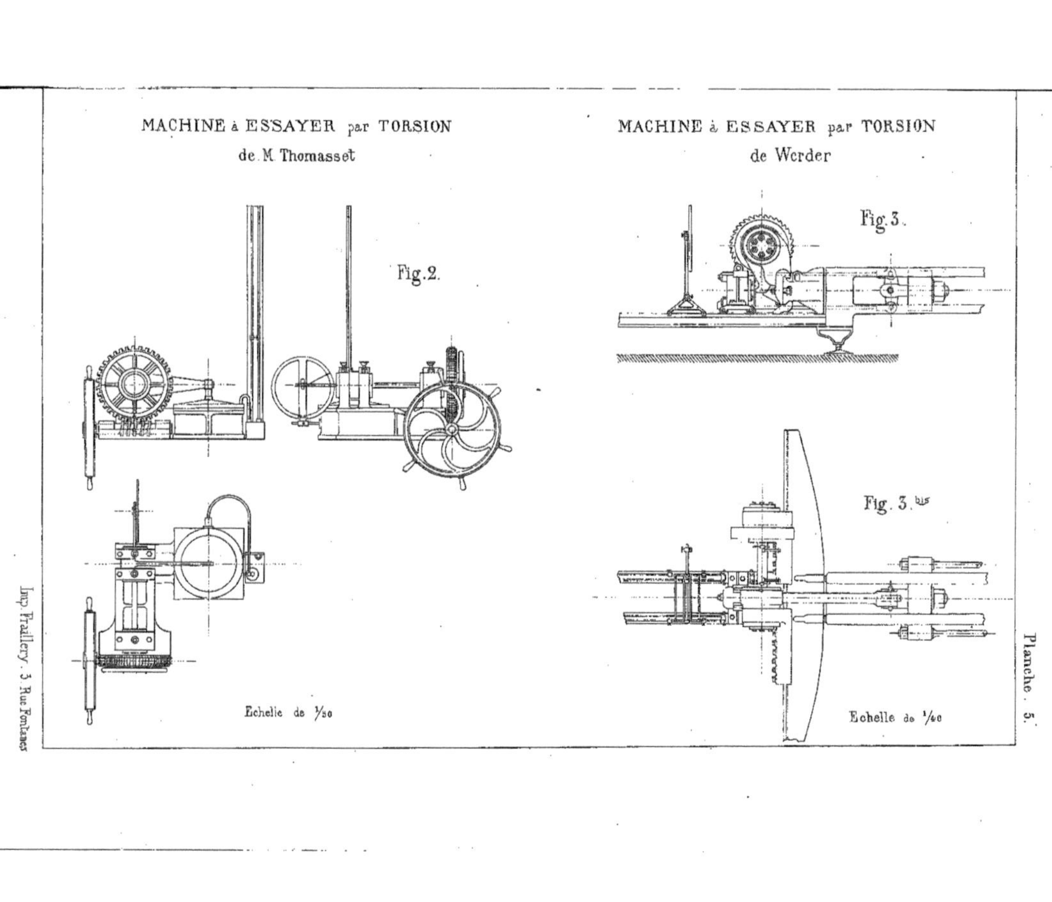
MACHINE à ESSAYER par TORSION
de M. Thomasset
Fig. 2.
Echelle de 1/30
MACHINE à ESSAYER par TORSION
de Werder
Fig. 3.
Fig. 3. bis
Echelle de 1/40
Planche. 5.
Imp. Fraillery. 3. Rue Fontanes

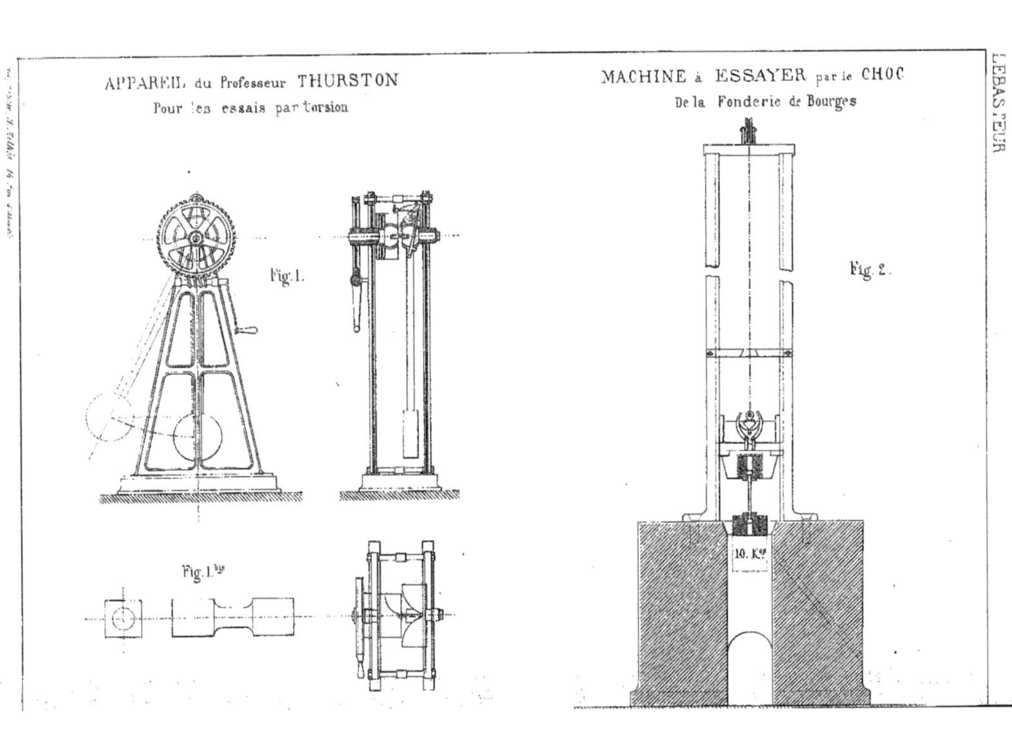
APPAREIL du Professeur THURSTON
Pour les essais par torsion
Fig. 1.
Fig. 1.bis
MACHINE à ESSAYER par le CHOC
De la Fonderie de Bourges
Fig. 2.
10. Kg
LEBASTEUR

MACHINE à ESSAYER les BANDAGES

Du Chemin de Fer de l'Ouest

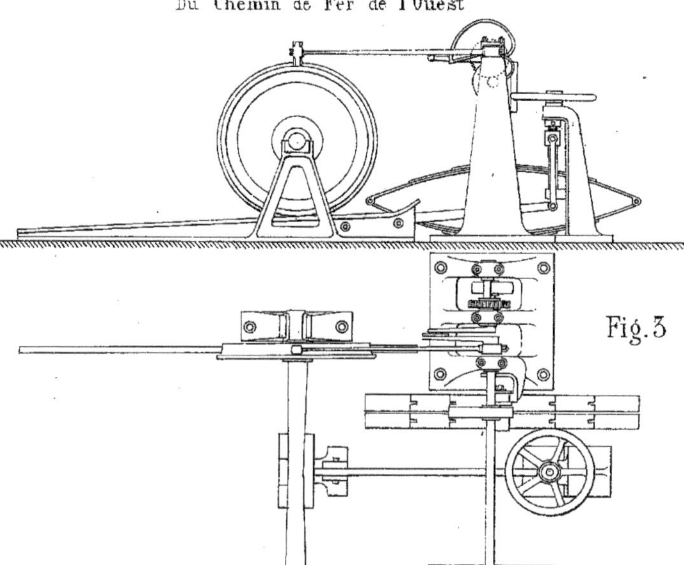

Fig. 3

Echelle de 1/40

MACHINE à ESSAYER les BANDAGES

Du Chemin de Fer d'Orléans

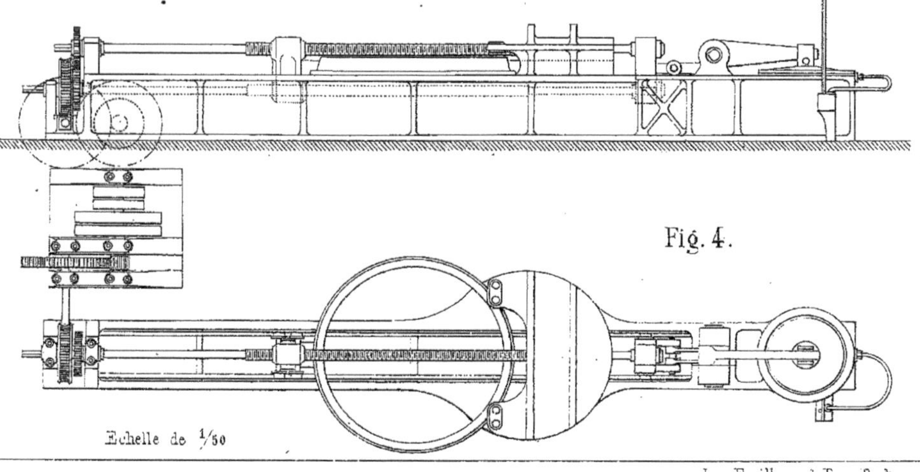

Fig. 4.

Echelle de 1/50

Imp. Fraillery. 3 Rue Fontanes

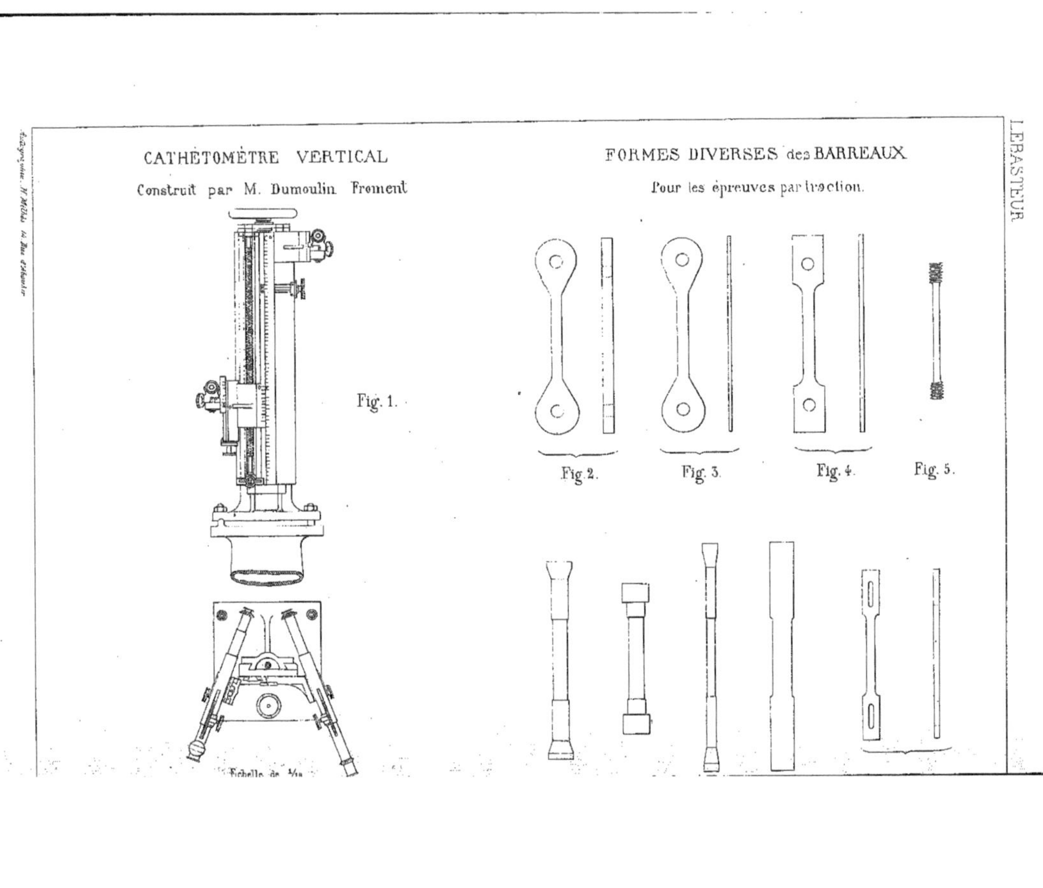
CATHÉTOMÈTRE VERTICAL
Construit par M. Dumoulin Froment
Fig. 1.
FORMES DIVERSES des BARREAUX
Pour les épreuves par traction.
Fig. 2.
Fig. 3.
Fig. 4.
Fig. 5.
LEBASTEUR

APPAREILS DIVERS pour la MESURE des ALLONGEMENTS

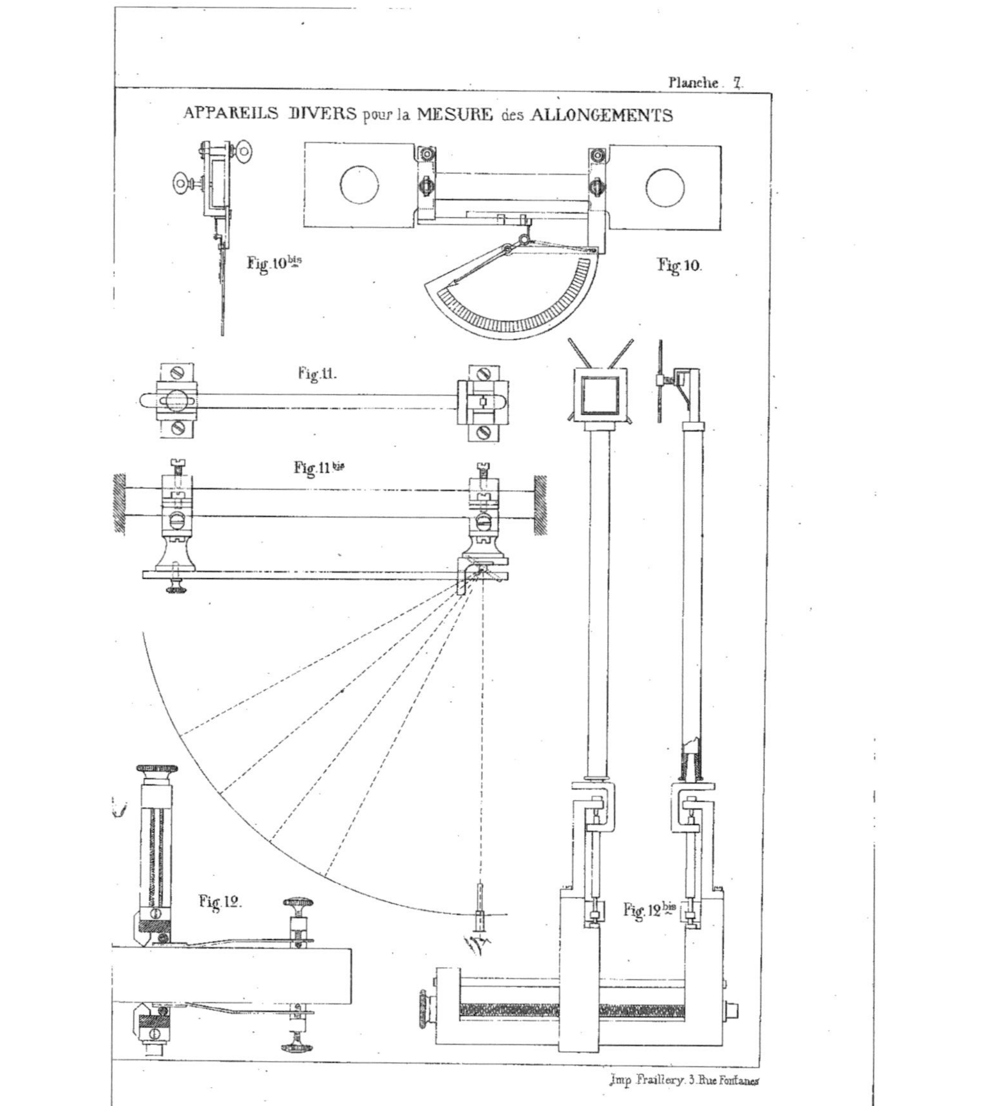

Imp. Fraillery. 3. Rue Fontanes

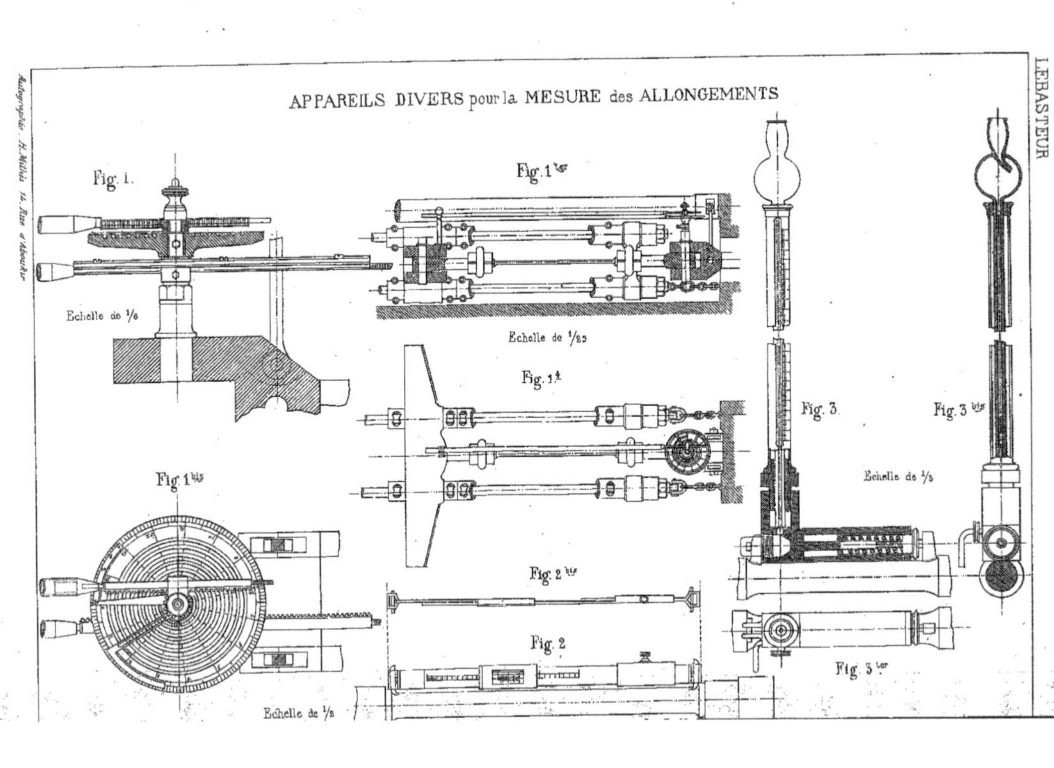
APPAREILS DIVERS pour la MESURE des ALLONGEMENTS
LEBASTEUR
Autographie H. Millet 14, Rue d'Aboukir
Fig. 1.
Echelle de 1/5
Fig. 1ter
Echelle de 1/25
Fig. 1A
Fig. 1bis
Fig. 2bis
Fig. 2
Echelle de 1/2
Fig. 3.
Fig. 3bis
Echelle de 1/5
Fig. 3ter

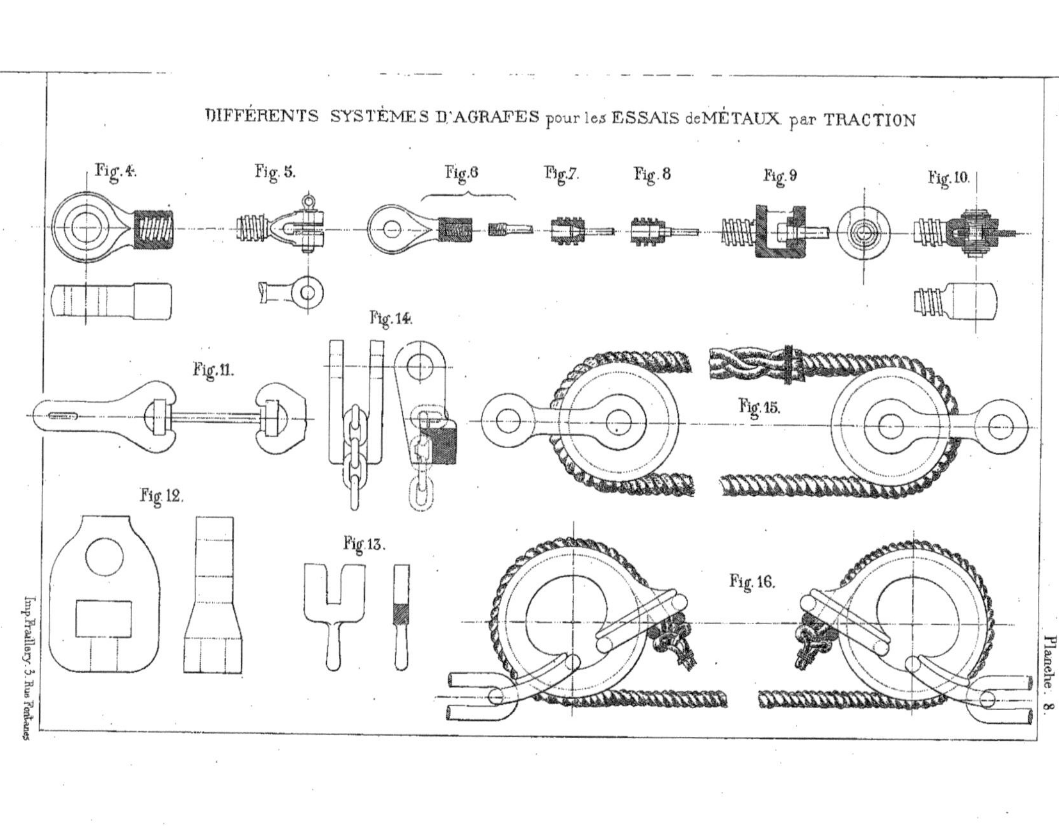
DIFFÉRENTS SYSTÈMES D'AGRAFES pour les ESSAIS de MÉTAUX par TRACTION
Fig. 4.
Fig. 5.
Fig. 6
Fig. 7.
Fig. 8
Fig. 9
Fig. 10.
Fig. 11.
Fig. 12.
Fig. 13.
Fig. 14.
Fig. 15.
Fig. 16.
Planche. 8.

Ces écarts sont absolument du même ordre que ceux qui résultent de la préparation mécanique du métal.

Au sujet de l'influence de la traction sur l'élasticité des métaux.

Nous avons dit au § 99, d'après le colonel Rosset, que l'élasticité des métaux persistait lorsque la limite d'élasticité a été dépassée. Nous avons vérifié l'exactitude de cette assertion sur un barreau d'épreuve de 200 millimètres de longueur, découpé dans une lame d'acier pour ressort.

Ce barreau, soumis à des tractions progressivement croissantes, a commencé à prendre de l'allongement permanent sous la charge de 30^k par $^m/_m$ □. Nous avons poussé la charge jusqu'à 60^k; après quoi nous l'avons supprimée. Le barreau avait alors acquis un certain allongement permanent. En soumettant derechef le barreau, ainsi déformé, à des tractions progressivement croissantes, nous avons constaté que les allongements qu'il prenait restaient proportionnels aux tractions jusqu'à la charge, de 50^k par $^m/_m$ □: la limite d'élasticité était donc montée de 30^k à 50^k; le barreau a rompu sous la charge de 75^k par $^m/_m$ □.

ANNEXE AU CHAPITRE V

Classification des fers et aciers proposée par l'union des chemins de fer allemands.

Nous avons fait connaître, dans le chapitre V, les classifications du fer et de l'acier adoptées dans un grand nombre d'usines françaises et étrangères.

Cette question est depuis quelques années l'objet des préoccupations générales. C'est ainsi qu'en Allemagne, l'étude de la classification des fers et aciers a été confiée à une commission qui, à l'heure qu'il est, poursuit encore ses investigations.

Dans le congrès général de l'Union des chemins de fer allemands, tenu à la Haye en 1877, un sous-comité présenta un rapport sur la question dont il s'agit.

Ce rapport s'étend d'abord sur l'urgence d'une classification des fers et des aciers : il insiste sur les grandes inégalités qui se rencontrent parmi les différents spécimens de fer et d'acier dans une même fabrication et sur l'ignorance dans laquelle on est des lois qui président à ces différences de qualité.

Dans l'état actuel de la métallurgie, et sauf révision ultérieure, si les conditions actuelles de la fabrication venaient à changer, le rapport propose de prendre, comme bases de la classification, deux qualités du métal :

1° Sa résistance, représentée par l'effort de rupture à la traction, en kilogrammes par millimètre carré ;

2° Sa ductilité, représentée par le tant pour cent de la contraction que subit la section transversale au point de rupture.

La classification des fers et aciers, basée sur ces deux éléments, serait la suivante :

NATURE DES MÉTAUX.	CHARGE DE RUPTURE en kilogrammes par m/m □	CONTRACTION DE LA SECTION de la rupture en tant °/. de la section primitive.
A. — Acier Bessemer. — Acier fondu ou acier Siémens-Martin employé comme matériel de construction pour rails, essieux, bandages, etc. :		
1re qualité. Classe *a*, dur	65	25
1re qualité. Classe *b*, moyen	55	35
1re qualité. Classe *c*, doux	45	45
2e qualité. Classe *a*, dur	55	20
2e qualité. Classe *b*, doux	45	30
B. — Barres de fer :		
1re qualité	38	40
2e qualité	35	25
C. — Tôles :		
1re qualité. En long	36	25
1re qualité. En travers	32	15
2e qualité. En long	33	15
2e qualité. En travers	30	9

Tous les métaux, dont les éléments de résistance tomberaient en dessous des chiffres ci-dessus indiqués, seraient désignés sous le nom de : Métaux non classés.

Le rapport conclut en proposant d'établir un comité de recherches pour compléter l'étude de cette question, dont les renseignements précédents ne donnent qu'un aperçu.

ERRATA

Page 32, tableau : en tête de la 4e colonne, au lieu de : Différences (1)-(2), lisez : Différences (2)-(1).

Page 75, avant-dernière ligne ; au lieu de : « d'augmenter la charge de rupture et l'allongement du fer » ; lisez : « d'augmenter la charge de rupture du fer. »

Page 97, alinéa : 3° allongement à la rupture, 2e ligne ; au lieu de : « avec ceux trempés à l'état naturel » ; lisez : « avec ceux à l'état naturel. »

Page 109, 5e ligne ; au lieu de : « est réduit de surf. *obdp* à surf. *ogq*.... » ; lisez : « est réduite de surf. *obdf* à surf. *o'gq*.... »

Page 120, *Classification spéciale des aciers à outils ;* au lieu de : « Les aciers fondus au Creusot ; lisez : « Les aciers fondus au *creuset*. »

Page 157, en tête de la 2e colonne du tableau ; au lieu de : « Numéros de sûreté » ; lisez : « Numéros de dureté. »

PLANCHES

TABLE DES MATIÈRES

22252 — Typographie Lahure, rue de Fleurus, 9, à Paris.

www.ingramcontent.com/pod-product-compliance
Ingram Content Group UK Ltd.
Pitfield, Milton Keynes, MK11 3LW, UK
UKHW020603230726
13926UKWH00005B/2169